## Zu der Buchreihe «Kulturgeschichte der Naturwissenschaften und der Technik»

Naturwissenschaftliche und technische Gegenstände sind nicht eindeutig, sondern vieldeutig. Ihre humanen, sozial- und geistesgeschichtlichen Beziehungen zeigen sich nicht in Funktionsbeschreibungen. Ebenso sagt die rein fachliche Darstellung der Geschichte von Naturwissenschaft und Technik nichts aus über deren gesellschaftliche, wirtschaftliche und allgemein geistesgeschichtliche Voraussetzungen und über die sich ergebenden Konsequenzen. Demgegenüber versucht die gemeinsam vom Deutschen Museum und dem Rowohlt Taschenbuch Verlag herausgegebene neue Buchreihe «Kulturgeschichte der Naturwissenschaften und der Technik» auch jene Bezüge, welche die Fachgebiete übergreifen, zu beschreiben und durch Bilder zu veranschaulichen.

Die Bände richten sich an Lehrer und Ausbilder; doch sind sie so gestaltet, daß jeder interessierte Laie sie verstehen kann. Es zeigt sich, daß der Weg durch die Geschichte nicht eine zusätzliche Erschwerung des Lehr- und Lernstoffes bedeutet, sondern das Verständnis der modernen Naturwissenschaften und der Technik erleichtert.

Erik Eckermann

# Vom Dampfwagen zum Auto

Motorisierung des Verkehrs

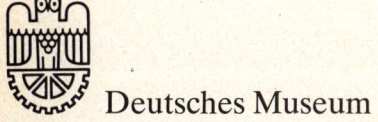

Deutsches Museum

Rowohlt

Die Buchreihe zur Kulturgeschichte der Naturwissenschaften und der Technik entstand im Rahmen zweier Projekte am Deutschen Museum.
Projektmitarbeiter: Günther Gottmann, Bert Heinrich, Friedrich Klemm †, Gernot Krankenhagen, Helmuth Poll, Jürgen Teichmann, Jochim Varchmin.
Verantwortliche Betreuung des vorliegenden Bandes: Bert Heinrich und Michael Matthes
Technikgeschichtlicher Berater: Friedrich Klemm †
Redaktion im Deutschen Museum: Bert Heinrich
Bildredaktion: Erik Eckermann, Ludvik Vesely und Dorine Paetzold
Die dieser Veröffentlichung zugrunde liegenden Entwicklungs-arbeiten wurden mit Mitteln des Bundesministers für Bildung und Wissenschaft und der Stiftung Volkswagenwerk gefördert.
Die Interpretation der Fakten gibt die Meinung des Autors, nicht die des Deutschen Museums wieder.

11.–13. Tausend Oktober 1984

Originalausgabe

Umschlagentwurf: Werner Rebhuhn
(Fotos: «Dampfwagen von Cugnot» – Nachbildung im Deutschen Museum – von Frese/Grunow.
Autobahnverkehr, Archivbild)
Layout: Edith Lackmann
Veröffentlicht im Rowohlt Taschenbuch Verlag GmbH, Reinbek bei Hamburg, Dezember 1981
Copyright © 1981 by Rowohlt Taschenbuch Verlag GmbH, Reinbek bei Hamburg
Satz Times (Linotron 404)
Gesamtherstellung Clausen & Bosse, Leck
Printed in Gemany
1280-ISBN 3 499 17707 2

# Inhalt

Ersatzkraftstoffe, Wankelmotor und alternative
Antriebssysteme  190

**100 Jahre Motorisierung des Straßenverkehrs –
Rückblick und Ausblick**  197

**Studien im Deutschen Museum**  199

# Einleitung

Wahrscheinlich schon mit der Erfindung des Rades versuchten Menschen, einen sich aus eigener Kraft fortbewegenden Wagen zu bauen. Es entstanden im Laufe der Zeit Windkraftwagen, auf Räder gestellte Segelschiffe und Muskelkraftwagen (Abb. 1 und 2), in denen versteckt oder offen, menschliche oder tierische Körperkraft als Antrieb herangezogen wurde. Ein entscheidender Fortschritt war damit nicht verbunden, weder Wind- noch Muskelkraftwagen waren schneller, leistungsfähiger oder ausdauernder als der Verbund von Wagen und Pferd. Die Entwicklung eines sich aus eigener Kraft bewegenden Straßenfahrzeugs hing also von einer geeigneten Antriebsquelle ab. Es kam nicht auf die Erfindung eines motorisierten Fahrzeuges als Ganzes, sondern auf die Entwicklung eines geeigneten Antriebs an.

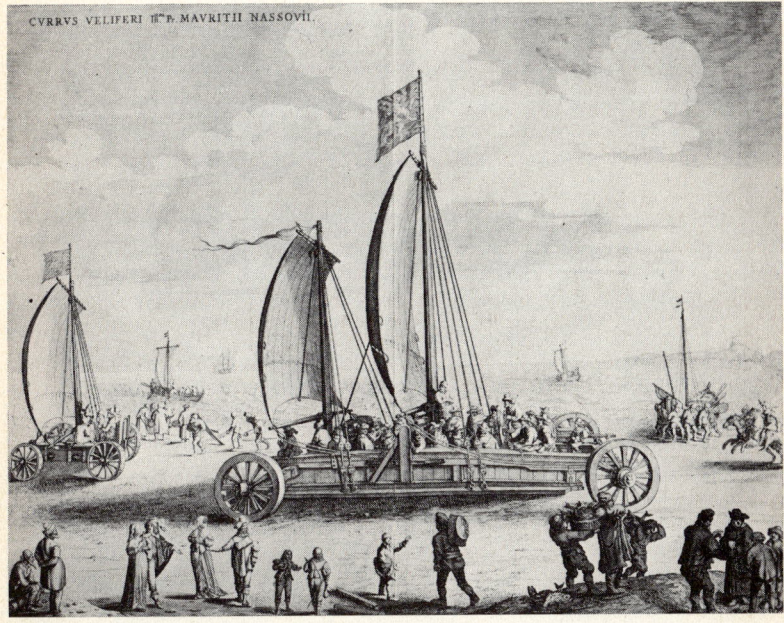

1: Windkraftwagen, um 1600.
Der von Simon Stevin gebaute Windkraftwagen besaß eine drehbare Hinterachse zum Lenken und zwei Masten.

2: Muskelkraftwagen, 1765.
Vierrädriger Muskel-
kraftwagen mit Trethebel
und Sperradgetriebe von
Jackman, London.

Als dieser Antrieb in Form eines leichten Hubkolben-Verbrennungsmo-
tors ab etwa 1885 zur Verfügung stand, führte er zur neuerlichen Umwälzung
des Verkehrswesens, nachdem die Eisenbahn rund 50 Jahre vorher den Verkehr erstmals revolutioniert hatte. Plötzlich war es möglich geworden, Zwei-
räder, Kutsch- und Lastwagen, aber auch Boote, Straßenbahnen, Luftschif-
fe, Flugzeuge, Feuerspritzen und vieles mehr mit einem Motor auszurüsten,
der dank des mitgeführten flüssigen Kraftstoffs überall einsetzbar war. Die
motorisierten Straßentransportmittel konnten den jahrzehntealten Vorsprung der Eisenbahn abbauen und ihrerseits neue Maßstäbe für Flächenver-
kehr, Zeitersparnis und individuelles Reisen schaffen. Dabei drohen die
durch die Massenmotorisierung hervorgerufenen Probleme wie Energiever-
brauch, Rohstoffverknappung, Umweltverschmutzung, Klimaveränderung,
Unfallhäufigkeit, um nur einige zu nennen, außer Kontrolle zu geraten. Das
Auto kann nicht nur unter technischen oder unter wirtschaftlichen, sondern
muß ebenfalls unter ökologischen Gesichtspunkten betrachtet werden.

# Zeittafel

| Zeit | Entwicklung des Wagens und des Fahrzeugmotors | Allgemeinhistorische und gesellschaftliche Daten |
|---|---|---|
| v. Chr. | | |
| um 3000 | älteste sumerische Darstellung eines Wagens | |
| um 2600 | Standarte von Ur | |
| um 2500 | | Bau der Cheopspyramide |
| um 1700 | | Einfall der Hyksos in Ägypten |
| um 800 | | Griechische Siedlungen in Süditalien, Sizilien und Spanien |
| 776 | | Erste olympische Spiele |
| 753 | | sagenhafte Gründung Roms |
| 680 | Viergespann-Rennen in Olympia als Wettkampfart zugelassen | |
| 333 | | Sieg Alexanders des Großen über Darius III. bei Issos |
| um 100 | Erfindung der Drehschemellenkung | |
| 125 | Bau der Via Domitia (Verbindungsstraße zwischen Italien und Spanien) | |
| 51 | | Gallien wird römische Provinz |
| 12 | | Vermessung des römischen Imperiums |
| n. Chr. | | |
| um 400 | | Beginn der Völkerwanderung |
| 476 | | Untergang Westroms |
| um 900 | Einführung des Kummets und des Hufbeschlags. Erfindung des Steigbügels | |
| 1492 | | Entdeckung Amerikas |
| um 1500 | Entwicklung der Kutsche | |
| 1517 | | Beginn der Reformation in Deutschland |
| 1520 | | erste Erdumsegelung |
| 1567 | | Beginn des Freiheitskampfes der Niederländer gegen die Spanier |
| 1588 | | Niederlage der spanischen Armada |
| 1618– 1648 | | Dreißigjähriger Krieg |
| 1673 | Schießpulvermaschine von Huygens | |
| 1683 | | Türken belagern Wien |
| 1690 | Vorläufer der atmosphärischen Dampfmaschine von Papin | |
| 1694 | | Gründung der Bank von England |
| um 1700 | Einführung des Hemmschuhes | |
| 1712 | Dampfmaschine von Newcomen | |
| 1733 | | Erfindung des Schnellschützen am Webstuhl |

| Zeit | Entwicklung des Wagens und des Fahrzeugmotors | Allgemeinhistorische und gesellschaftliche Daten |
|---|---|---|
| 1768/69 | Versuchsdampfmaschine von Watt | |
| 1771 | Dampfwagen von Cugnot | |
| 1776 | | Unabhängigkeitserklärung der Vereinigten Staaten Adam Smith: «Natur und Ursachen des Volkswohlstands» |
| 1785 | | Mechanischer Webstuhl von Cartwright |
| 1789 | | Beginn der Französischen Revolution |
| 1801 | Gasmotor von Lebon d'Humbersin | |
| 1803 | Dampftaxi von Trevithick | |
| 1804 | Erfindung der Blattfeder | Napoleon wird Kaiser der Franzosen |
| 1806 | | Kontinentalsperre |
| 1807 | Versuchsfahrzeug von de Rivaz | Erste Gasbeleuchtung in London |
| 1817 | | Erfindung der Draisine |
| 1821 | Erfindung des Zahnradwechselgetriebes | |
| 1823 | | Monroe-Doktrin (Amerika den Amerikanern) |
| 1825 | Erfindung des Gelenkkopfes | Bau der Eisenbahnlinie Stockton–Darlington |
| 1828 | Erfindung des Differentials | |
| 1829 | | Erste Eisenbahn in den USA und in Frankreich |
| 1831 | Dampfomnibusverkehr in England | |
| 1835 | | Eisenbahn Nürnberg–Fürth |
| 1844 | | Aufstand der schlesischen Weber |
| 1845 | | Engels: «Die Lage der arbeitenden Klasse in England» |
| 1848 | | Revolutionen in Europa Erste Glas- u. Waffenfabrik in Japan |
| 1849 | | Beginn der politischen Reaktion in Europa |
| um 1850 | Einführung der eisernen Achse und der Klotzbremse im Wagenbau | |
| 1851 | | Weltausstellung in London |
| 1853 | | Intervention der USA und Rußlands in Japan |
| 1854– 1856 | | Krimkrieg |
| 1859 | | Erdölbohrungen in Pennsylvania |
| 1860 | Erfolgreicher Gasmotor von Lenoir | Untergrundbahn in London |
| 1861– 1865 | | Amerikanischer Sezessionskrieg |
| 1864 | Patent für Collings ‹patented axle› | |
| 1865 | Red Flag Act | |
| 1866 | | Österreich-Preußischer Krieg |
| 1870 | Gründung der Standard Oil Co. of Ohio (Esso) | |

| Zeit | Entwicklung des Wagens und des Fahrzeugmotors | Allgemeinhistorische und gesell- schaftliche Daten |
|---|---|---|
| 1871 | | Gründung des Deutschen Kaiser- reichs. |
| | | Aufstand der Pariser Kommune |
| 1874 | | Gründung des Weltpostvereins |
| 1876 | Viertaktmotor von Otto | |
| 1883 | Spritzdüsenvergaser von Maybach | Sozialversicherung in Deutschland |
| 1884 | Konstruktion der ‹Standuhr› von Maybach | |
| 1885 | Motorrad von Daimler und Maybach | Erfindung des Maschinengewehrs von Maxim |
| 1886 | Benz-Motorenwagen | Elektrolytische Herstellung von Aluminium |
| | Nichtigkeitserklärung des Patents von Otto | |
| | Daimler-Motorkutsche | |
| 1888 | Maybachs Stahlradwagen | |
| | Marcus-Wagen | |
| 1889 | | Weltausstellung in Paris (Eiffelturm) |
| 1890 | Maybachs Vierzylinder-Motor | |
| 1893 | Benz-Velo | |
| 1894 | Wettbewerb Paris–Rouen | |
| 1895 | Geschwindigkeitsrennen Paris– Bordeaux–Paris | Gründung der Nobel-Stiftung |
| | Verwendung des Luftreifens für Automobile | |
| | Chicago Times Herald Contest | |
| | Patenterteilung für Seldens Motorbuggy | |
| | Benz-Omnibus | |
| 1896 | Aufhebung des Red Flag Act | Wiederaufnahme der Olympischen Spiele |
| | Daimler-Lastwagen | |
| 1897 | ‹Erster Dieselmotor› | Elektrische Straßenbahn in London |
| 1898 | Automobilsalon in Paris | Dreyfus-Affäre in Frankreich |
| 1899 | Jenatzys Rekordfahrt mit einem Elektrofahrzeug (105,88 km/h) | Friedenskonferenz in Den Haag Carson-Kaufhäuser in Chicago |
| 1900/01 | erster Mercedes | Boxeraufstand in China Quantentheorie von Max Planck |
| 1901 | O-Bus von Schiemann und Siemens & Halske | |
| | Kennzeichenpflicht in Deutschland | |
| 1903 | | Verbot der Kinderarbeit in Deutschland |
| | | Motorflug der Brüder Wright |
| 1906 | Einführung der Luxussteuer für Personenwagen in Deutschland | |
| 1908 | Produktionsbeginn des Ford T-Modells | |
| | Langstreckenrennen New York– Paris | |
| 1909 | Einführung der Automobil-Haft- pflichtversicherung in Deutschland | |

| Zeit | Entwicklung des Wagens und des Fahrzeugmotors | Allgemeinhistorische und gesellschaftliche Daten |
|---|---|---|
| 1913 | Einführung des Fließbandes in der Automobilindustrie durch Henry Ford<br>Einweihung des Lincoln Highway von Boston nach Sacramento | |
| 1914 | Ganzstahlkarosserie | Ausbruch des Ersten Weltkrieges |
| 1916 | Einsatz britischer Tanks in Frankreich | |
| 1917 | | Eintritt Amerikas in den Krieg<br>Russische Revolution |
| 1919 | Einführung des Fließbandes in der Automobilproduktion Europas (Citroën) | Vertrag von Versailles<br>Gründung des Völkerbundes |
| 1920 | Wissenschaftliche Untersuchungen zur Aerodynamik des Autos (Jaray) | Insulingewinnung |
| 1921 | Rumpler-Tropfenwagen.<br>Einführung der hydraulischen Bremse im Pkw | |
| 1922 | Einführung der Kfz-Steuer in Deutschland<br>Sieg eines Kompressor-Rennwagens (Mercedes) | Vertrag von Rapallo zwischen der Sowjetunion und Deutschland |
| 1923 | | Einführung der Rentenmark |
| 1924 | Diesel-Lkw (Benz, MAN) | Regelung der deutschen Reparationszahlung durch den Dawes-Plan |
| 1926 | Gründung der Daimler-Benz AG | Aufnahme Deutschlands in den Völkerbund<br>Gründung der PAN-Europa-Bewegung |
| 1927 | Ford T-Modell erreicht die Stückzahl von 15 007 033 | |
| 1929 | General Motors übernimmt Opel<br>Einführung des Synchrongetriebes beim Pkw | Beginn der Weltwirtschaftskrise |
| 1932 | Gründung der Auto Union AG | |
| 1933 | | Machtergreifung der Nationalsozialisten in Deutschland<br>Reformgesetze des New Deal in Amerika |
| 1934 | Neue Rennwagenkonzepte aus Deutschland (Auto Union, Mercedes-Benz) | |
| 1935 | Einführung der selbsttragenden Karosserie in Pkw-Großserienbau (Opel Olympia) | |
| 1936 | Diesel-Pkw (Mercedes-Benz) | Bürgerkrieg in Spanien |

| Zeit | Entwicklung des Wagens und des Fahrzeugmotors | Allgemeinhistorische und gesellschaftliche Daten |
|---|---|---|
| 1938 | Grundsteinlegung des Volkswagenwerkes und Vorstellung des Volkswagens | |
| 1939 | | Ausbruch des Zweiten Weltkrieges |
| 1940 | Einführung des automatischen Getriebes beim Pkw Produktionsbeginn des Jeep in den USA | |
| 1945 | Produktionsbeginn des Volkswagens | Potsdamer Abkommen. Atombombenabwurf auf Hiroshima und Nagasaki. Gründung der Vereinten Nationen |
| 1947 | | Marshall-Plan für Europa |
| 1948 | Produktionsbeginn des Citroën 2 CV | Gründung der Bank Deutscher Länder |
| 1949 | | Gründung der Bundesrepublik Deutschland und der DDR |
| 1952 | Einführung der Benzineinspritzung bei Sport- und Rennwagen | Explosion der ersten Wasserstoffbombe |
| 1956 | BRD an erster Stelle im Automobilexport, an zweiter Stelle in der Automobilproduktion | Suez-Krise Volksaufstand in Ungarn |
| 1957 | Drehkolbenmotor von F. Wankel | Gründung der Europäischen Wirtschaftsgemeinschaft Sowjetischer Erdsatellit im Weltraum |
| 1959 | Produktionsbeginn des Mini Compactcars von GM, Ford und Chrysler Erste Serienlimousine (Mercedes) nach Knautschpatent von Barényi | |
| 1964 | Erster Personenwagen mit Wankelmotor | |
| 1965 | Sicherheitstechnische Vorschriften für den Pkw-Bau in den USA | |
| 1969 | Europa überrundet die USA in der Automobilproduktion | Landung des ersten Menschen auf dem Mond |
| 1971 | Japan überrundet die BRD in der Automobilproduktion | Anti-Vietnam-Demonstration in Amerika. Aufnahme Chinas in die Vereinten Nationen |
| 1972 | Der VW-Käfer überrundet stückzahlmäßig das Ford T-Modell | Umweltschutzkonferenz der Vereinten Nationen Club of Rome ‹Grenzen des Wachstums› |
| 1973 | Erste allgemeine Ölkrise | Jom-Kippur-Krieg Vietnam-Konferenz in Paris |
| 1975 | | Beginn des Nord-Süd-Dialogs Konferenz über Sicherheit und Zusammenarbeit in Europa (KSZE) |

| Zeit | Entwicklung des Wagens und des Fahrzeughalters | Allgemeinhistorische und gesell- schaftliche Daten |
|------|-----------------------------------------------|---------------------------------------------------|
| 1979 | Amerikanische Autohersteller bringen wirtschaftliche Pkws heraus | Direktwahlen zum Europäischen Parlament Iranische Revolution |
| 1980 | Japan größter Autoproduzent der Welt | |
| 1981 | Der VW-Käfer erreicht eine Stückzahl von 20 Millionen | |

# Die Vorgeschichte des Automobils
# (von den Anfängen bis 1885)

## Über die Entwicklung des tiergezogenen Wagens

Die Entwicklung des zwei- oder vierrädrigen Wagens verliert sich im Dunkel der Geschichte, wenn wir das Rad als wesentlichstes Bauteil betrachten. Es dürfte zusammen mit dem Wagen wohl im Zweistromland im späten 4. Jahrtausend v. Chr. erfunden worden sein. Zumindest glaubt man das aus den ältesten sumerischen Darstellungen (um 3000–2800 v. Chr.) ableiten zu dürfen unter der Annahme, daß die bildhaft dargestellten Objekte (Abb. 3) ein paar Jahrhunderte älter sind. Mehrere Funde aus der Zeit um 2600 v. Chr., darunter die Standarte von Ur (Abb. 4), das Modell eines Karrens (Quadriga aus Tell Agrab) und die Überreste von tatsächlichen Wagen (Königsgräber von Kisch, Mesopotamien) lassen Rückschlüsse auf die Wagenbautechnik zu. Danach hat es anfänglich nur Scheibenräder gegeben, die aus mehreren, mindestens aber zwei Brettern bestanden. Offensichtlich war es damals noch nicht möglich gewesen, große Scheiben mit einem Durchmesser von 50 bis 100 cm herzustellen. Die Vollräder waren etwa 4,5 cm dick und trugen Reifen aus Lederstreifen, Nägeln oder einen Kupferradkranz. Ein solches Rad wog je nach Bauart und Größe zwischen 30 und 70 kg (zum Vergleich: eine heute

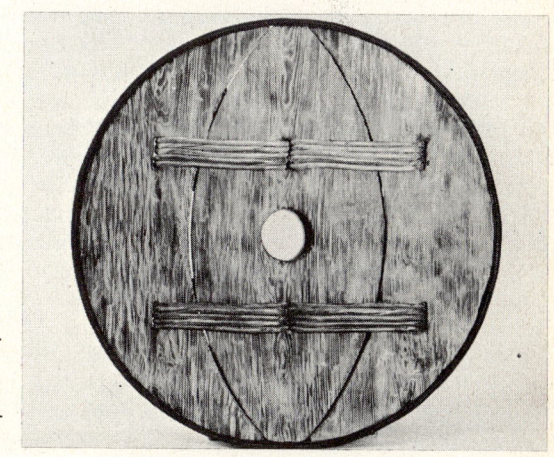

3: Vollrad, um 3500 v. Chr.
Sumerisches Vollrad, bestehend aus drei Scheibenteilen, Lederreifen und Nabenloch. Nachbildung.

4: Sumerischer Wagen, um 2600 v. Chr.
Vierrädriger, von Onagern (halbwilde Esel) gezogener Wagen aus Sumer mit offenem
Wagenkasten. Die Wagenräder bestehen aus mehreren Teilen.


übliche 13"-Autostahlfelge mit Reifen wiegt etwa 11 kg). Die Räder, im Na-
benbereich meist verstärkt, drehten sich um die Achsen, auf denen unmittelbar der Wagenboden oder der Aufbau befestigt war. Es gab aber auch Wagen, deren Räder fest mit der Achse verkeilt waren, bei denen sich also die
Achse samt Rädern unter dem Wagenboden drehte (s. Anhang). Lenkvor-
richtungen waren noch nicht vorhanden. Vierrädrige Wagen liefen nur gera-
deaus, weshalb sich in Kurven der Kraftaufwand für die Zugtiere erheblich
vergrößerte. Die Wagenaufbauten, meist einfache Kästen, waren oben offen. Metalle, z. B. Kupfer und Bronze für Radreifen oder Blei und Zinn zum
Überziehen von einzelnen Teilen, schützten oder verzierten das Holz, aus
denen Kästen, Räder, Achsen und Deichseln gefertigt waren.
   Was aber führte zu der wahrscheinlichen Erfindung oder Entwicklung des
Wagens im Zweistromland? Die Sumerer und Akkader galten ab etwa 3000
v. Chr. als Träger der ältesten uns faßbaren Kultur. Sie hatten ihre eigenen
Gesetze, entwickelten die Bildzeichenschrift als Vorstufe der Keilschrift, er-
richteten im südlichen Mesopotamien zahlreiche Stadtstaaten, bauten Dei-
che und gruben Kanäle. Sie bezogen von fernher Waren und setzten eigene
Getreideüberschüsse in einem weiten Umkreis ab. Auch wenn ein Teil der
Handelswaren mit Lastkähnen auf dem Euphrat befördert wurde – bei zunehmender Größe der Staaten bestand auch ein Bedürfnis für den Transport

landwirtschaftlicher und anderer Produkte auf dem Landweg. Das Räderfahrzeug, war es erst einmal erfunden, konnte sich demzufolge durchsetzen.

In Sumer begegnet uns bereits der ‹fertige› Wagen. Hinweise auf Vorformen fehlen bisher. Trotzdem muß es Vorstufen gegeben haben. Ein so komplexes Gebilde wie ein Räderfahrzeug kann nur von bekannten Geräten abgeleitet worden sein. Vorstufe des Wagens war vielleicht ein auf Rollhölzer, später auf Scheibenräder gesetzter Schlitten. Aus dem ‹Gleit›-zeug auf Kufen wäre so ein ‹Fahr›-zeug auf Rädern geworden.

Den Vorgänger des Karrens sehen wir heute in der Schleife (Abb. 5).

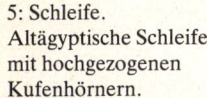

5: Schleife.
Altägyptische Schleife
mit hochgezogenen
Kufenhörnern.

Schlitten und Schleife sind Kufen-Fahrzeuge; beim Schlitten (Abb. 6) ist der Abstand zwischen Erdboden und Ladeplattform größer als bei der Schleife, bei der das Transportgut über den Erdboden geschleift wird. Schlitten oder Schleifen auf Rollhölzern wurden übrigens auch dann noch verwendet, als das Räderfahrzeug schon bekannt war, z. B. beim Bewegen schwerer Lasten für den Bau von Pyramiden, Obelisken und Tempeln in Ägypten um 1500 v. Chr. Sowohl Schleife als auch Schlitten wiederum stammen von der

6: Schlitten.
Schlitten mit «... Schlittenkasten, worein sich Leute setzen, oder die Last gelegt wird, auf vier Stollen ... wodurch der Kasten hinlänglich erhöht wird ...» (Ginzrot).

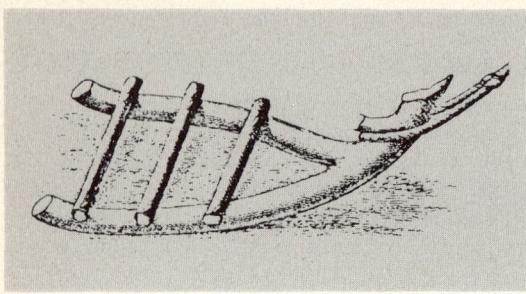

7: Urschleife.
Die Urschleife bestand
aus einer Astgabel mit
oder ohne Querhölzer.

‹Urschleife› (Abb. 7) ab, einer Astgabel mit oder ohne Querhölzer zum Heimschleifen des erlegten Beutetieres.

Die Entwicklung des zweiachsigen, vierrädrigen Wagens und des einachsigen, zweirädrigen Karrens verlief unterschiedlich schnell. Während der Wagen vor allem dem Gütertransport diente und wegen der Zugrinder, der fehlenden Lenkung und den schweren Scheibenrädern ungefügig und langsam war, wurde die Eignung des Karrens als Jagd- und Streitwagen schon recht früh erkannt. Die Ägypter, die Pferd und Wagen von dem um 1700 v. Chr. aus den eurasischen Steppen nach Ägypten eingefallenen Volk der Hyksos kennengelernt hatten, führten ab etwa 1550 v. Chr. mit Hilfe vorstürmender Streitwagen-Einheiten siegreiche Feldzüge gegen die Hethiter, gegen Syrien und gegen das Mitanni-Reich. Der leichte und auf Speichenrädern laufende Streitwagen veränderte nicht nur Kriegsführung und Heeresordnung, sondern wirkte sich auch auf das soziale und wirtschaftliche Gefüge des Landes aus.

Neue Berufe wie Wagenbauer, Radmacher, Werkzeugmacher und Pferdezüchter entstanden. Auch die bildende Kunst nahm sich des neuen Gefährtes (Abb. 8) an. Die Fülle der uns bekannten Darstellungen von Jagd- und Streitwagen auf Reliefs, Wandmalereien und Gegenständen läßt vermuten, daß sich die ägyptischen Handwerker sehr viel gründlicher mit dem Räderfahrzeug befaßten als die Künstler des 20. Jh. mit dem Auto.

Obwohl nicht auszuschließen ist, daß auch in anderen Teilen der Welt Rad und Räderfahrzeuge erfunden worden sind, breiteten sich die Kenntnisse hierüber vom Vorderen Orient nach Europa aus.

Um 2000 v. Chr. tauchte der Wagen erstmals in Kreta auf, diesmal als schwerer, von Rindern gezogener Lastwagen. Die leichten Streitwagen waren erst seit dem 16. Jh. in Mykene bekannt. Berühmt wurde vor allem der von vier nebeneinandergespannten Pferden gezogene zweirädrige, offene Streit-, Renn- und Triumphwagen, von den Römern Quadriga genannt. Während sie in Griechenland ab 680 v. Chr. an Wettkämpfen bei den olympischen Spielen zugelassen war, dienten Quadrigarennen in Rom zur Unterhaltung des Volkes. Auf der Quadriga zogen aber auch siegreiche römische Feldherren in die Stadt ein. Ab dem 17. Jahrhundert schmückte sie als Siegessymbol Paläste, Triumphbögen, aber auch Münzen.

In den Stadtstaaten Griechenlands mit ihrer auf das Mittelmeer und Schwarze Meer ausgerichteten Handels- und Kolonialpolitik spielte der Seeverkehr gegenüber dem Landverkehr eine überragende Rolle. Außerhalb der Gemeinden waren im allgemeinen Wege und Fahrdämme ungepflegt und kaum zu befahren. Der Wagenverkehr blieb auf die Siedlungen und deren nähere Umgebung beschränkt. Das Römische Imperium umfaßte dagegen binnenländische Gebiete in Europa, Afrika und im Vorderen Orient. Rom verfügte schließlich über ein Straßennetz, das von Nordafrika bis Britannien und von Mesopotamien bis zur Iberischen Halbinsel reichte. Die Straßen waren nach Möglichkeit so angelegt, daß sie zwei Punkte auf dem kürzesten Weg miteinander verbanden. Natürliche Hindernisse wurden nicht umgangen, sondern, soweit es die damaligen technischen Hilfsmittel erlaubten, auf direktem Wege überwunden.

Die Straßen bestanden aus geschotterten, etwa drei Meter breiten Fahrdämmen. Einzelne Straßen, so Teile der Via Appia, waren bis zu 4,5 m breit und gepflastert. Erwähnenswert ist, daß in Rom tagsüber Straßen für den

8: Streitwagen.
Schon früh wurden zweirädrige Karren als Streit- und Jagdwagen benutzt. Hier ein altägyptischer Streitwagen mit Speichenrädern um 1290 v. Chr.

19

Wagenverkehr gesperrt waren – Vorläufer der Fußgängerzonen in unseren Städten heute?

Rom war in der Lage, Truppen mit und ohne Wagen auf seinen Straßen relativ schnell an ihren jeweiligen Einsatzort zu bringen. Der Kampfwagen aber nahm zugunsten der beweglicheren und billigeren Kavallerie immer mehr an Bedeutung ab. Nach dem 3. Jh. v. Chr. kam er fast nicht mehr zum Einsatz. Dafür entwickelte sich das Reise- und Verkehrswesen auf den Straßen. Privatpersonen konnten in allen größeren Orten zwei- und vierrädrige Leihwagen mieten, für den Güterverkehr standen Packwagen zur Verfügung. Um Christi Geburt war ein staatlicher Kurier- und Depeschendienst mit Pferdewechselstationen eingerichtet worden. Der feste Standort dieser Stationen (posita statio) wurde später im italienischen Sprachgebrauch zu Posta. Das Wort Post bezeichnete demnach ursprünglich keine Verkehrseinrichtung, sondern einen festen Platz (zum Pferdewechseln). Erst Ende des 15. Jh. erfuhr das Wort eine Bedeutungsänderung. Das römische Postwesen erwies sich trotz mancher Krise als so stabil, daß es selbst den Untergang des

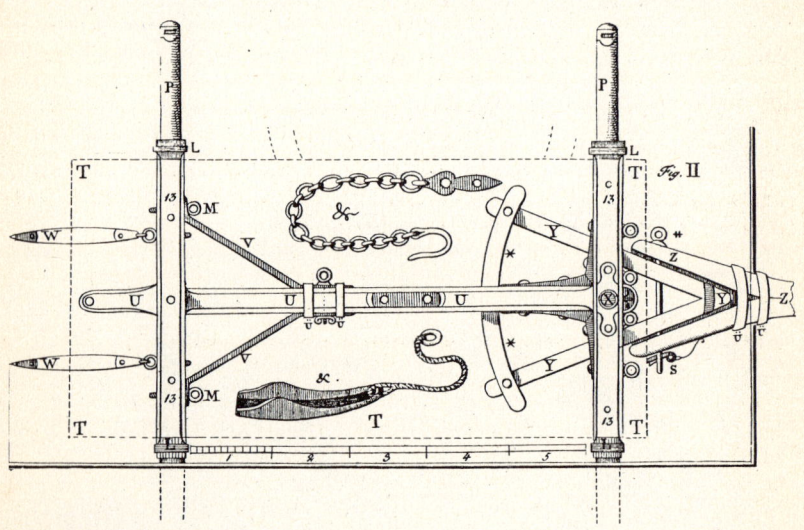

9: Drehschemellenkung.
Die Deichsel Z bewegt die Deichselarme Y mit der daran befestigten Vorderachse P um den Reibnagel X. Das Reibscheit ∗. unter dem Langbaum U durchlaufend, hält das Vordergestell in der Waagerechten.

10: Rheda.
Die Rheda, ein römischer Vielzweckwagen, hier mit Pferdebespannung, Plane und
Einstieglatz.

Weströmischen Reiches (476 n. Chr.) überlebte und von den eingefallenen
germanischen Stämmen für deren eigene Zwecke aufrechterhalten wurde.

Vermutlich haben die Kelten die Drehschemellenkung (s. Anhang) erfunden. Beim Durchfahren einer Kurve schwenkte nun die ganze Vorderachse
und mit ihr die Vorderräder (Abb. 9) um einen senkrecht angeordneten Zapfen. Dadurch wurde den Zugtieren die Arbeit erleichtert.

Eine der vielen benutzten Wagentypen war die lenkbare Rheda (Abb.
10), ursprünglich ein keltisches Fahrzeug, das von den Römern übernommen
und verbessert worden war. Die Rheda, ein vierrädriger Pritschenwagen mit
oder ohne Verdeck, eignete sich für alle Beförderungsaufgaben: Sie war
Stadt- und Reisewagen, Post-, Heer- und Leihwagen zugleich und diente mit
luxuriöser Ausstattung sogar den Kaisern und Vornehmsten des Reiches,
«wenn sie ohne Pracht erscheinen wollten» (J. Ch. Ginzrot: Die Wägen
und Fahrwerke der Griechen und Römer und anderer alten Völker, 1817,
S. 288).

Mit dem Niedergang des Weströmischen Reiches und der beginnenden
Völkerwanderung kam der Straßenverkehr der damaligen Welt allmählich
zum Erliegen. Die Straßen verfielen, die Wagenbautechnik verzeichnete keine Fortschritte mehr, weil durchweg zu Pferd gereist wurde.

Im 9. Jh. wurde der Hufbeschlag allgemein eingeführt, und das Kummet
löste das vom Rinderzug her bekannte Joch für das Pferd ab.

Beide Maßnahmen erhöhten die Leistungsfähigkeit des Pferdes und damit
seinen Einsatz. Die Technik des Wagens dagegen blieb auf dem Stand der
Römer stehen.

21

11: Berline, 1830.
Der Wagenkasten wird von C-Federn aus Stahlblättern und Lederriemen abgefedert. Ein Langbaum verbindet Vorder- und Hinterachse. Die kleinen Vorderräder können beim Wenden den Kastenvorbau unterlaufen.

Erst im 15. Jh. erlangte der Straßenverkehr wieder mehr Bedeutung, als Mitteleuropa einen allgemeinen wirtschaftlichen Aufschwung erlebte. Auch die überseeischen Entdeckungsfahrten (1492: Entdeckung Amerikas; 1498: Öffnung des Seewegs nach Indien) begannen sich auszuwirken. Sie verlagerten das wirtschaftliche Schwergewicht vom Mittelmeer zur atlantischen Küste und erforderten für den Absatz der Waren ein erweitertes Straßennetz von den wichtigsten Überseehäfen Lissabon, Sevilla und Antwerpen zum binnenländischen Europa.

In dieser Zeit sind auch wieder Fortschritte im Wagenbau zu verzeichnen. Vermutlich aus Ungarn stammt die Bauart, die wir heute als Kutsche (von Kocs, Ortschaft bei Preßburg) bezeichnen. Bei ihr hing ein gedeckter Wagenkasten in Lederriemen, die als Federung gedacht waren, aber wohl nur die gröbsten Fahrbahnstöße mildern konnten. Im 17. Jh. tauchten erstmals Federn aus Stahlblättern auf, die unten am Fahrgestell eingespannt und oben mit einer Aufnahme für die den Wagenkasten tragenden Lederriemen versehen waren. Die Durchmesser der Hinterräder nahmen zu, weil größere Räder auf unebener Straßenoberfläche stoßfreier laufen. Der Wagenkasten kam dadurch höher zu hängen, was das Spiel von Federn und Riemen begünstigte (Abb. 11). Um die Wendigkeit des Gespanns zu verbessern, wurden die Vorderräder so klein ausgelegt, daß sie den Wagenkasten oder dessen Vorbau (Durchlauf) unterlaufen konnten. Die Räder erhielten statt der scheiben- eine schüsselähnliche Form, notwendig geworden aus dem Achsschenkelsturz (Abb. 12), der die Radnabe aus Sicherheitsgründen nicht mehr gegen die Achsmutter, sondern gegen die Stoßscheibe laufen ließ. Da aber die unterste Radspeiche senkrecht zum Erdboden stehen muß, um die Achslast ohne Bruch übertragen zu können, erhielten auch die Speichen einen entsprechenden Winkel zur Nabe (Speichensturz, Abb. 13).

Die Lastfuhrwerke veränderten sich gegenüber den Kutschen technisch fast gar nicht. Der landwirtschaftliche Wagen oder die schweren Lastwagen der Kaufleute, die von Stadt zu Stadt, aber auch quer durch Europa rumpelten, blieben ungefedert, ungefüge und meist auch ungebremst. Das Lastfuhrwerk hat mit Ausnahme der Drehschemellenkung seit der Antike so gut wie keine Verbesserung erfahren.

Das überrascht insofern, als Lastfuhrwerke zu allen Zeiten benötigt wurden, der Personenwagen im Mittelalter aber vom Reitpferd verdrängt wor-

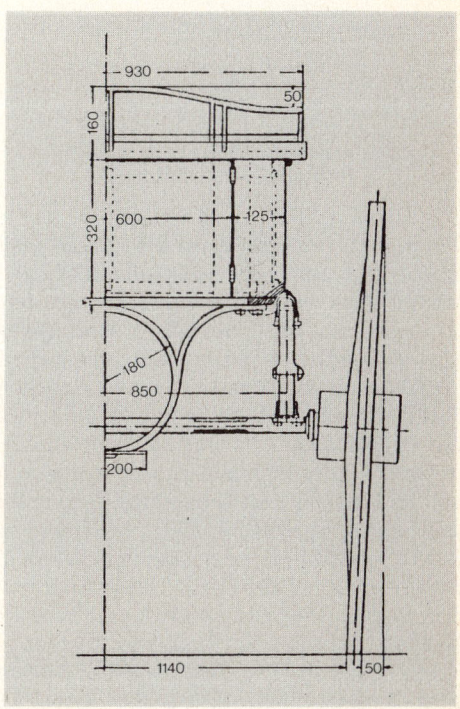

12: Achsschenkelsturz.
Bei waagerecht angeordnetem Achsende (= Achsschenkel) läuft die Radnabe gegen die Achsmutter. Sie kann sich lösen, das Rad kann von der Achse laufen. Um dies zu vermeiden, erhält entweder der Achsschenkel eine Neigung nach unten (Sturz) oder es wird eine leicht gekrümmte Achse mit dem Bogen nach oben eingebaut. Die Radnabe läuft jetzt gegen die Achsschenkelbegrenzung (Stoßscheibe).

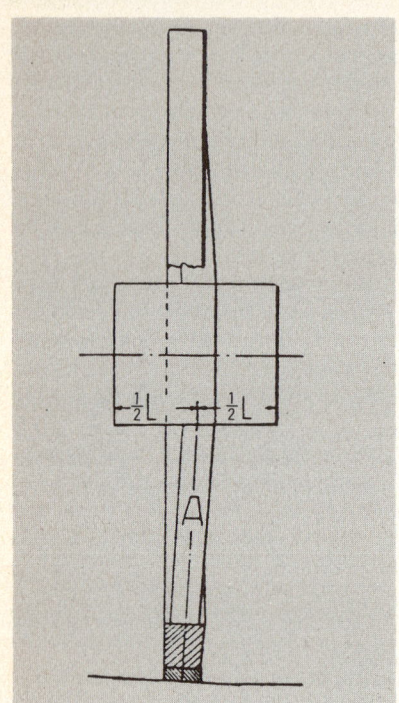

13: Speichensturz.
Die unterste Radspeiche muß senkrecht zum Erdboden stehen, um die Achslast ohne Bruch übertragen zu können. Bei geneigtem Achsschenkel (Achsschenkelsturz) müssen daher auch die Speichen unter einem Winkel (Speichensturz) zur Nabe angeordnet sein.

den war und erst zu Beginn der Neuzeit wieder in Mode kam. Der deutsche Technologe und Ökonom Johann Beckmann schreibt in seinen ab 1782 veröffentlichten «Beyträgen zur Geschichte der Erfindungen», daß «sogar dem Frauenzimmer der Gebrauch verdeckter Wagen lange Zeit erschwert (ward) ...» und «Männer es für unanständig hielten zu fahren». Ein Sinneswandel trat offenbar zuerst im Spanien des ausgehenden 16. Jh. ein. Zu dieser Zeit bestimmte Spanien, entsprechend seiner politischen und wirtschaftlichen Bedeutung, Lebensstil und Mode an fast allen europäischen Höfen. Der europäische Adel übernahm den Gebrauch der Kutschwagen, wobei die Karossen im Lauf der Zeit immer prächtiger ausfielen und man in ihnen weniger ein Gebrauchsgut als vielmehr ein Statussymbol erblickte.

Mit der Katastrophe der spanischen Armada 1588 kündigte sich Englands Aufstieg zur politisch, wirtschaftlich und technisch führenden Großmacht Europas an. Der Gebrauch der Kutschwagen blieb hier im Gegensatz zu Spanien nicht auf Hof und Adel begrenzt, sondern fand Aufnahme beim Großbürgertum. Das Reisen mit der Postkutsche wurde zu einer gewöhnlichen Angelegenheit. Eine ganze Anzahl leichter, gebrauchstüchtiger Wagentypen entstand. Fast alle Verbesserungen im Kutschwagenbau stammen seit dem 18. Jh. aus England.

Einen großen Fortschritt gegenüber den bisher bekannten Stahlfedern in Ellbogen- oder C- Form stellten die vom Engländer Obadiah Elliott 1805 erfundenen Blatt- oder Elliptikfedern dar (Abb. 14). Sie wurden direkt zwischen Achsen und Wagenkasten eingebaut. Der die Vorder- und Hinterachse verbindende Langbaum konnte damit entfallen, was Gewicht und Einstiegshöhe verminderte und den Federungskomfort erhöhte. Halbelliptikfedern werden heute noch bei fast allen Lastkraftwagen und bei vielen Personenwagen verwendet.

Bremsvorrichtungen sind seit dem frühen 17. Jh. bekannt. Um die Bremskraft der Pferde und der sich in die Radspeichen stemmenden Begleitpersonen zu unterstützen, wurden Hemmschuhe eingeführt. In U-förmig geschmiedete Eisen ließ man die Hinterräder einlaufen, so daß diese sich nicht mehr drehen konnten. Der zwischen Radreifen und Erdboden schleifende und von einer Kette in Position gehaltene Hemmschuh übernahm die Bremswirkung. Die gestängebetätigte Klotzbremse, heute noch bei Güterwaggons der Eisenbahn anzutreffen, tauchte erst Mitte des 19. Jh. im Kutschwagenbau auf.

14: Coupé, um 1890.
Der Wagenkasten ruht auf Vollelliptik- oder Blattfedern, ein Langbaum kann entfallen.

Nach 1850 verdrängten eiserne Achsen die Holzachsen. Zusammen mit einer Öl-Dauerschmierung der Nabe und einer Einstellvorrichtung für das axiale Spiel der Räder stellten sie eine wesentliche Verbesserung dar. Denn nun brauchten die Räder nicht mehr von der Achse abgezogen, geschmiert und wieder eingestellt zu werden. Auch diese ‹patented axle› nach Colling kam aus England.

Im Zeitalter der Aufklärung beschäftigte man sich erstmals wissenschaftlich mit dem Wagenbau, «fast 5000 Jahre nach der Erfindung des Wagens, rund 100 Jahre vor derjenigen der Dampflokomotive» (W. Treue: Achse, Rad und Wagen. München 1965, S. 226). Akademien in Stockholm, Paris und Kopenhagen regten ab 1717 wissenschaftlich begründete Theorien über den Wagenbau an. Die in den folgenden Jahrzehnten erschienenen Abhandlungen, Untersuchungen und Bücher, der auf die Sattler- und Wagenbaukunst bezogene Teil (1772) der französischen Enzyklopädie von Denis Diderot sowie die Arbeiten von Beckmann in Deutschland befaßten sich vornehmlich mit der Technik des Wagens. Die in den Schriften angeregten Verbesserungen, z. B. hohe Räder, dünne eiserne Achsen und Öl- statt Teerschmierung, wirkten sich fruchtbar auf die Wagenbautechnik aus. Das Wagenbaugewerbe und seine Handwerker wie Stellmacher, Schmiede, Sattler, Posamentierer und Maler brachten es zu hohem Ansehen.

## Die Suche nach einem Fahrzeugmotor

Seit tausenden von Jahren gab es bereits den gezogenen Wagen, ehe es gelang, ihn selbst-beweglich, auto-mobil zu machen. Der Wagen stand nicht im Mittelpunkt des technischen Interesses. Die vorhandenen Fahrzeuge genügten ab dem Ende des 17. Jh. durchaus den bestehenden Anforderungen. Im Zeitalter des Absolutismus und Merkantilismus galt es, andere technische Aufgaben zu lösen, die mit den herkömmlichen Energieformen wie Muskel-, Wind- und Wasserkräfte nicht oder nur unvollkommen zu bewältigen waren: Die Wasserkünste der barocken Gärten, besonders aber die Hebung des Grubenwassers in Bergwerken, beschäftigte viele Gelehrte. Der niederländische Physiker, Mathematiker und Astronom Christiaan Huygens (1629–1695) versuchte, auf die vorhandenen natürlichen Kräfte zur Energieerzeugung zu verzichten, indem er Schießpulver einsetzte. Aufbauend auf den Versuchen des deutschen Naturforschers und Staatsmannes Otto von Guericke (1602–1682) erzeugte Huygens 1673 in einem Zylinder durch die Explosion von Schießpulver einen Unterdruck, so daß ein Kolben vom äußeren Luftdruck in den Zylinder hineingetrieben wurde und Arbeit verrichtete (Abb. 15). Obwohl Experimente und Vorführungen mit der kleinen Pulvermaschine zufriedenstellend ausfielen und Huygens sogleich an die Erfindung von «... neuen Arten von Fahrzeugen für Wasser und Land ...» (Klemm:

15: Schießpulvermaschine von Huygens, 1673. Huygens stellte in einem Zylinder mit Hilfe einer Pulverexplosion ein Vakuum her: ein Kolben D hing an einem über die Rolle H geführten Seil in dem oben offenen Zylinder A-B, dessen untere Öffnung durch die Pulverpfanne C verschlossen werden konnte. Nach Entzündung des Schießpulvers in der Pfanne C durch eine Lunte erfüllten die heißen Pulvergase den Zylinder und strömten durch die als Ventil wirkenden Lederschläuche E-F ins Freie. Im Zylinder entstand ein Unterdruck, so daß der atmosphärische Druck die Lederschläuche zusammendrücken und den Kolben

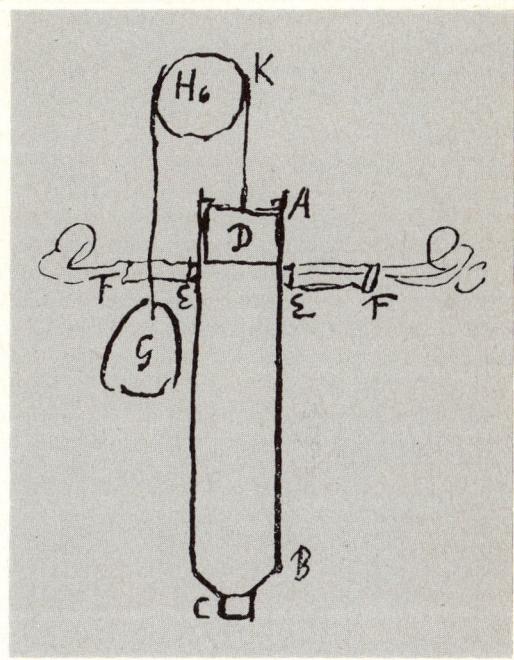

in den Zylinder hinein treiben konnte, wobei die Nutzlast G gehoben wurde.

Kurze Geschichte der Technik, Freiburg 1961, S. 107) denken ließ, gelang es ihm nicht, mit seiner Maschine einen kontinuierlichen Arbeitsprozeß zu erreichen. Dessenungeachtet ist Huygens' Pulvermaschine der älteste uns bekannte Apparat, in dem durch die Verbrennung in einem Zylinder mechanische Energie freigesetzt wurde. Er darf daher durchaus als der Vorläufer der atmosphärischen Gasmaschine angesehen werden.

Auch der Franzose Denis Papin (1647–1712/14) konnte trotz einiger Verbesserungen an seiner Schießpulvermaschine von 1688, die den Huygensschen Apparat zum Vorbild hatte, keinen geordneten Betrieb erzielen. Die Pulvermaschine erwies sich schon wegen der Gefährlichkeit des Schießpulvers als nicht entwicklungsfähig und regte die Erfindertätigkeit nicht weiter an.

Papin konstruierte 1690 eine neue Maschine, bei der der Zylinder durch die Kondensation von Wasserdampf evakuiert wurde. Sie eignete sich nicht für die Praxis, zeigte aber Grundzüge der späteren atmosphärischen Dampfmaschine.

Auf die mit Dampf arbeitenden Maschinen (s. Anhang) scheinen sich in der Folgezeit alle Erfinder, Naturforscher und Mechaniker konzentriert zu haben. Der Engländer Thomas Savery baute 1698 eine Dampfpumpe, bei der die expansive Kraft des Dampfes und der Druck der Atmosphäre abwechselnd wirkten. Sie konnte durch ihren Hebelmechanismus Wasser fördern, war in den Bergwerken aber wegen der großen Förderhöhen zunächst kaum einsetzbar. Das erreichte erst Thomas Newcomen (1663–1729) mit seiner Maschine von 1712. Er trennte den Dampfkessel vom Arbeitszylinder und kühlte den Dampf im Zylinder mit Wasser ab, wodurch der Kolben vom Druck der Atmosphäre in das entstandene Vakuum in den Zylinder geschoben wurde. Den Kolben hatte Newcomen über Kette und Balancier (Waagebalken) mit dem Pumpengestänge zur Hebung des Grubenwassers verbunden.

Obwohl Newcomens atmosphärische Dampfmaschine in England eine weite Verbreitung fand, arbeitete sie immer noch äußerst unwirtschaftlich. Der Zylinder mußte bei Dampfeintritt möglichst heiß, bei der Kondensation

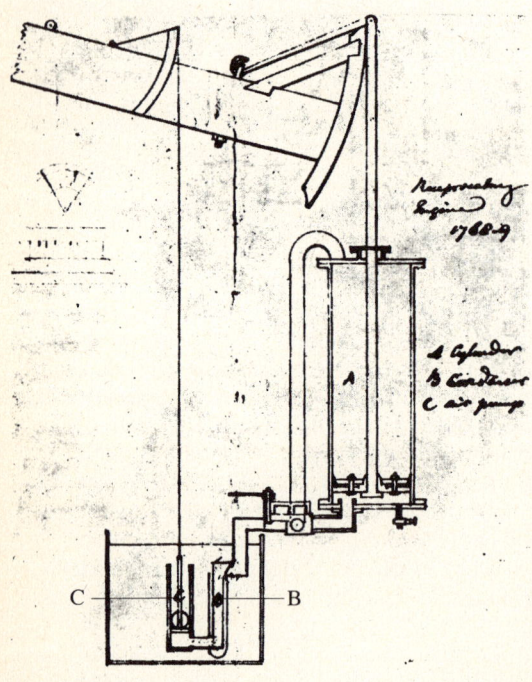

C = Luftpumpe.

16: Einfachwirkende Dampfmaschine von Watt, 1768/69.
Unterhalb des im Arbeitszylinders A stehenden Kolbens wird vom Kessel Dampf eingelassen. Unter- oder oberhalb des Kolbens herrscht dann gleicher Dampfdruck, weil der Raum über dem Kolben dauernd mit dem Kessel verbunden ist. Das Übergewicht des auf der anderen Seite des Balanciers hängenden Pumpengestänges zieht den Kolben in seine obere Endlage, worauf der Raum unter dem Kolben mit dem Kondensator B verbunden wird. Dort wird der Dampf verdichtet. Der Überdruck des Dampfes oberhalb des Kolbens gegenüber dem im Kondensator herrschenden Druck drückt den Kolben wieder nach unten.

möglichst kalt sein, um ein gutes Vakuum zu erreichen. Ein abwechselnd heiß und kalt werdender Zylinder aber führt zu großen Wärme- und damit zu Energieverlusten. Diese physikalischen Zusammenhänge wurden von dem Schotten James Watt (1736–1819) erkannt und in die Praxis umgesetzt. Watt baute 1768/69 eine Versuchsmaschine mit einem stets heiß bleibenden Arbeitszylinder für den Kolben und einem stets kalt bleibenden, vom Zylinder getrennten Kondensator. Aus Abbildung 16 geht hervor, daß nicht mehr der atmosphärische Druck, sondern der Dampf selbst die treibende Kraft ist. Die direktwirkende Dampfmaschine war damit erfunden. Der Kohlenverbrauch der ab 1776 von Boulton und Watt gelieferten einfachwirkenden Dampfmaschine betrug nur etwa die Hälfte einer verbesserten Newcomen-Maschine. Durch Änderung des Dampfdrucks ließ sich sogar die Leistung, die bei 20 PS lag, variieren.

Waren anfänglich die mit immer größer werdenden Wasserschwierigkeiten kämpfenden Cornwall-Gruben Hauptabnehmer auch der Wattschen Dampfmaschinen, so verlangten bald andere aufblühende Industrien, besonders die Textilindustrie, Maschinen mit Drehbewegung. Da Watt die Kurbel (s. Anhang) als Maschinenteil zur Übertragung der geradlinigen Zylinderbewegung in eine Drehbewegung aus patentrechtlichen Gründen nicht einsetzen konnte, meldete er 1781 das durch seine Maschinen bekannt gewordene Planetenräderwerk (s. Anhang) zum Patent an. Dessen eigentlicher Erfinder allerdings war sein Gehilfe William Murdock (1754–1839).

Eine weitere, wichtige Verbesserung Watts stellt die doppeltwirkende Dampfmaschine von 1782 dar. Zur Kraftübertragung der in beide Richtungen wirkenden Kolbenstange auf das Balancier entwickelte er eine Parallelogramm-Konstruktion, die die einseitig wirkende Kette als Kraftübertragung ablöste. Zur Regelung der Umdrehungszahl bei Belastungsänderungen erfand er den Zentrifugalregulator.

Watts Dampfmaschinen waren der Auslöser für die rapide einsetzende Mechanisierung und Industrialisierung, für die industrielle Revolution, die von England aus ihren Anfang nahm. Als Wasserpumpe konnte man mit ihr tiefer als bisher nach Kohle und Erzen vorstoßen. Als Antriebsmaschine bedurfte sie zu ihrer Herstellung anderer Maschinen und führte zur Entwicklung von neuen Werkzeugmaschinen. Als Dampfpflug ebnete sie den heute weltweit eingesetzten Dieseltraktoren den Weg. Völlig neue Möglichkeiten schuf die Dampfkraft für den allgemeinen Verkehr. Die Dampfeisenbahn machte die Menschen in vorher nie gekanntem Ausmaß beweglich, Dampfschiffe beförderten Millionen von Auswanderern zu anderen Erdteilen. Die Dampfmaschinen führten zum Ausbau und zu Neugründungen von Industriebetrieben, zu einem wachsenden Bedarf an Kohle und Eisen.

Es lag nahe, die schwere, ortsfeste Dampfmaschine kleiner und leichter und damit als Antrieb für Fahrzeuge geeignet zu machen. Auf Veranlassung von Etienne-François Choiseul-Amboise, dem Minister des Auswärtigen,

17: Dampfwagen von Cugnot, 1771.
Nach Fertigstellung des Fardiers interessierten sich die neuen politischen Machthaber nicht mehr für Cugnots Dampfwagen. Der Überlieferung nach sollen Bedienstete eine unbeaufsichtigte Probefahrt unternommen haben, es kam zum ersten Verkehrsunfall mit einem Kraftfahrzeug.

gelang dem französischen Ingenieur Nicolas Joseph Cugnot (1725–1804) im Jahr 1769 als erstem der Bau eines dampfgetriebenen Dreiradfahrzeuges für vier Personen, dem nach mehreren zufriedenstellenden Versuchsfahrten 1771 ein verbesserter großer Lastkarren (fardier) gleicher Grundbauart folgte (Abb. 17).

Cugnot verließ das damals allein übliche atmosphärische Prinzip und verwendete Frischdampf, womit die Kondensationseinrichtung und deren Steuerung entfiel. Er gruppierte Kessel, Maschine und Antrieb um das einzelne Vorderrad und erhielt dadurch eine große Ladefläche (zum Transport von Munition). Als Zugfahrzeug (zum Schleppen von Geschützen) mußte ein steter Kraftfluß gewahrt bleiben, den Cugnot durch eine Maschine mit zwei Zylindern mit zeitlich aufeinanderfolgenden Arbeitshüben der Kolben und durch eine sinnvolle Verbindung der Kolbenstangen über Umkehrhebel und Zuggeschirr erreichte. Die Kolbenhübe wandelte Cugnot über einen Sperrklinkenantrieb, der zugleich eine Rückwärtsfahrt des Fardiers erlaubte, in eine Drehbewegung um (Abb. 18).

18: Sperrklinkenantrieb von Cugnot, 1771. Cugnot erreichte einen steten Kraftfluß, indem er zwei Zylinder vorsah und die Arbeitshübe zeitlich aufeinander folgen ließ. Kolbenstangen, Umkehrhebel und Zuggeschirr übertrugen die Leistung auf einen Sperrklinkenantrieb, der die hin- und hergehenden Bewegungen der Kolben in eine Drehbewegung umwandelte.

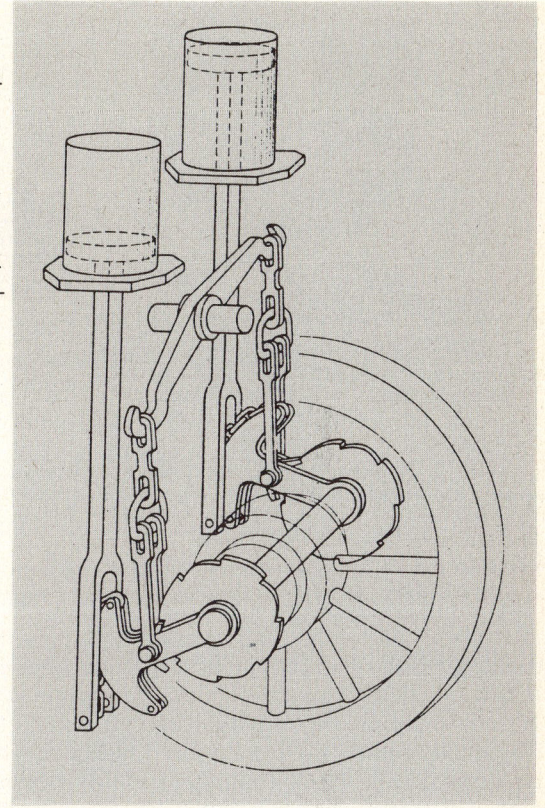

Eine offizielle Probefahrt mit dem Fardier unterblieb, weil der Auftraggeber Choiseul-Amboise in den Wirren während des Niedergangs der absoluten Monarchie in Frankreich 1770 gestürzt worden war und seine Nachfolger einem mechanisch angetriebenen Fahrzeug für Kriegszwecke offensichtlich keine Bedeutung beimaßen.

Cugnots Lastwagen, erstes funktionsfähiges Automobil, ist heute im Conservatoire National des Arts et Métiers in Paris aufbewahrt, ein Modell ist im Deutschen Museum ausgestellt.

In England führten Versuche von Richard Trevithick an Hochdruck-Dampfmaschinen zum Bau eines Dampfwagens, der mit einigem Erfolg 1803 in London zur Personenbeförderung eingesetzt wurde – das erste motorisierte Taxi (Abb. 19). Die Voraussetzungen zum Betrieb von Dampfomnibussen waren jedoch erst rund 20 Jahre später gegeben – wiederum in England,

19: Trevithicks London Vehicle, 1803.
Die Schemazeichnung zeigt den hoch über dem liegenden Einzylinder-Dampfmotor angeordneten Kutschkasten zur Beförderung von Personen.

dessen Überlegenheit in Technik und Industrie zur damaligen Zeit unzweifelhaft war. Sir Goldsworthy Gurney baute mehrere Dampfomnibusse (Abb. 20), von denen einer dreimal täglich zwischen den 14 Kilometer voneinander entfernten Städten Gloucester und Cheltenham verkehrte. Die Durchschnittsgeschwindigkeit betrug einschließlich Haltezeiten etwa 18 km/h. Im Jahr 1831 richtete Walter Hancock mit seinem «Infant», der 14 Personen befördern konnte, einen regelmäßig verkehrenden Busdienst zwischen London und Stratford ein.

Wichtige Erfindungen, die später beim Auto wieder auftauchten, stammen aus dieser Zeit: Das Zahnradwechselgetriebe wurde 1821 entwickelt, das Gelenkkreuz 1825, das Differential oder Ausgleichgetriebe (s. Anhang) 1828. Trotz aller Verbesserungen gab es immer wieder Rückschläge. Kurbelwellen brachen, die Leitungen leckten, Ketten zerrissen und Kessel explodierten. Die Vibrationen der Dampfmotoren, die man nicht wie bei stationären Anlagen durch ein starkes Fundament unterbinden konnte, der scharfe Geruch verbrannten Öls, umherfliegender Ruß und Kohlenstaub trieben die Reisewilligen schnell wieder zurück auf Pferdewagen oder zur Eisenbahn, deren Streckennetz immer größer wurde.

Auch lagen die Wegegelder für Dampfomnibusse höher als die für Pferdeomnibusse. Die 9 km lange Strecke zwischen Liverpool und Prescott kostete

20: Dampfomnibus von Gurney, 1828.
Neben Hancock baute auch Gurney um 1830 einige Dampfomnibusse, die bereits Durchschnittsgeschwindigkeiten von knapp 20 km/h erreichten. Die Abbildung zeigt einen Gurney-Bus bei Highgate.

48 Schillinge für den Dampfomnibus, aber nur 4 Schillinge für den Pferdeomnibus. Die Öffentlichkeit stand der Neuerung verständnislos, ja feindlich gegenüber. Das Kapital wanderte zur Eisenbahn ab, die Ingenieure beschäftigten sich lieber mit der Weiterentwicklung von Lokomotive und Dampfschiff. Um 1840 kam die Entwicklung von Dampfomnibussen in England fast zum Stillstand.

Die wenigen Ingenieure und Betriebe, die weiterhin Dampfwagen herstellten, konzentrierten sich auf pferdegezogene Wagen mit aufgesetzten Dampfmaschinen für landwirtschaftliche Zwecke (Portable Steam Engines) und auf langsame Dampf-Zugmaschinen zum Schleppen schwerer Lasten (Traction Engines), die mit ihren liegenden, großen Kesseln eher auf Straßen fahrenden Lokomotiven glichen und eigentlich nicht als Vorläufer des Autos angesehen werden können. Die Traction Engines erwiesen sich in der Landwirtschaft als eine große Hilfe. Bis 1865 kamen immer mehr von ihnen in Gebrauch, ein Teil konnte sogar exportiert werden. Dennoch wurden Dampfmaschinen von Straßen-Inspektoren und Pferdewagenbesitzern angefeindet, weil sie die Straßen beschädigten und die Pferde erschreckten. Unter dem Druck der Bevölkerung verabschiedete das Parlament in London 1865 schließlich ein Gesetz, das u. a. Höchstgeschwindigkeiten von vier Meilen (6,4 km) außerhalb und von zwei Meilen (3,2 km) pro Stunde innerhalb von

Ortschaften vorschrieb, Maß- und Gewichtsgrenzen festsetzte und bestimmte, daß jedem Dampffahrzeug auf öffentlichen Straßen ein Mann mit einer roten Fahne vorauszugehen habe – zur Warnung von Mensch und Tier.

Dieses Red Flag Act genannte Gesetz hatte für die betroffene englische Industrie verheerende Folgen. Entwicklung und Herstellung von Dampffahrzeugen kamen nun ganz zum Erliegen, die Erfahrungen im Bau weniger schwerer Fahrzeuge nach den Vorbildern von Hancock und Gurney gingen verloren. Ein Anreiz für intensivere Ingenieurtätigkeit und für Kapitalbeteiligungen war erst wieder gegeben, als dieses Gesetz 1896 aufgehoben wurde. Da aber war es für England zu spät: Die Franzosen hatten nach dem deutsch-französischen Krieg 1870/71 die Führung im Dampfwagenbau übernommen. Auch waren inzwischen in Frankreich die theoretischen Grundlagen für die Vorläufer unserer heutigen Verbrennungsmotoren geschaffen worden. In Deutschland tauchten Mitte der achtziger Jahre bereits die ersten Autos mit Benzinmotoren auf. Als es auf dem Kontinent schon rund zehn Autohersteller gab und Benz sein Velo in einer wenn auch kleinen Serie vertrieb, erschienen die ersten mit Benzinmotoren angetriebenen englischen Prototypen (Bremer 1894, Knight 1895) – rund zehn Jahre später als auf dem Festland. Das englische Parlament hatte mit dem Red Flag Act aus der Werkstatt der Welt eine Hinterhofschmiede werden lassen.

In Frankreich waren seit 1828 vereinzelt Lastwagen, Zugmaschinen und Motorräder mit Dampfantrieben aufgetaucht, doch erst Amédée Bollée Vater ließ mit seinen Dampfomnibussen ab 1873 das eigentliche Experimentierstadium hinter sich. Albert de Dion (1856–1946) bemühte sich bei seinen Dampffahrzeugen ab 1883, das hohe Gewicht und damit die Schwerfälligkeit zu verringern. Er übernahm Konstruktionsmerkmale aus dem Fahrradbau wie Rohrrahmen, Drahtspeichenräder und Gabellenkung. Leichtbau versuchte auch Léon Serpollet ab 1887. Ihm gelangen zahlreiche Verbesserungen in der Dampfmotorentechnik, z. B. die Verkürzung der Dampfbereitstellungszeit, doch führten diese wieder zu Gewichtszunahmen. Der Dampfwagenbau hatte um diese Zeit einen hohen technischen Stand erreicht. Die Voraussetzungen für eine Motorisierung breiter Bevölkerungskreise aber waren schon wegen komplizierter Handhabung und schwerer Bauweise nicht gegeben.

War es nicht möglich gewesen, mit der Schießpulvermaschine einen kontinuierlichen Arbeitsprozeß zu verwirklichen, gelang dies mit der Dampfmaschine. Allerdings war der Wirkungsgrad gering. Erst der Benzinmotor, dessen Entwicklungsgeschichte mit den Gasmaschinen beginnt, eröffnete eine neue Möglichkeit als Antriebsquelle für Straßenfahrzeuge.

Mit der Entdeckung des Leuchtgases, eines bei der trockenen Destillation von Steinkohle und anderen Brennstoffen entstehenden Brenngases, setzten Ende des 18. Jahrhunderts Überlegungen zum Bau von Gasmaschinen ein. Gasmaschinen sind mit Gas betriebene Verbrennungskraftmaschinen, bei denen die Mischung von brennbaren Gasen und Luft meist in einer besonderen Mischkammer außerhalb des Arbeitszylinders erfolgte. Dieses Prinzip wandte der Franzose Philippe Lebon d'Humbersin (1769–1804) bei seinem doppeltwirkenden Zweitaktmotor an, den er sich 1801 schützen ließ. Danach sollten Gas und Luft vorverdichtet, durch einen elektrischen Funken gezündet und als brennendes Gemisch über Kanäle in den Arbeitszylinder geführt werden, um dort beide Seiten des Arbeitskolbens zu beaufschlagen. Die Ausführung scheiterte an dem damaligen Stand der Technik. Lebon hat jedoch erstmals die Vorverdichtung eines Gas-Luft-Gemisches und die Funkenzündung erwähnt und kann daher als Erfinder der Gasmaschine angesehen werden.

Möglicherweise ohne Kenntnis von Lebons Arbeiten experimentierte auch der Walliser Isaac de Rivaz (1752–1829) an einem Motor mit elektrischer Zündung, den er auf ein Fahrgestell mit vier Rädern gesetzt hatte. In

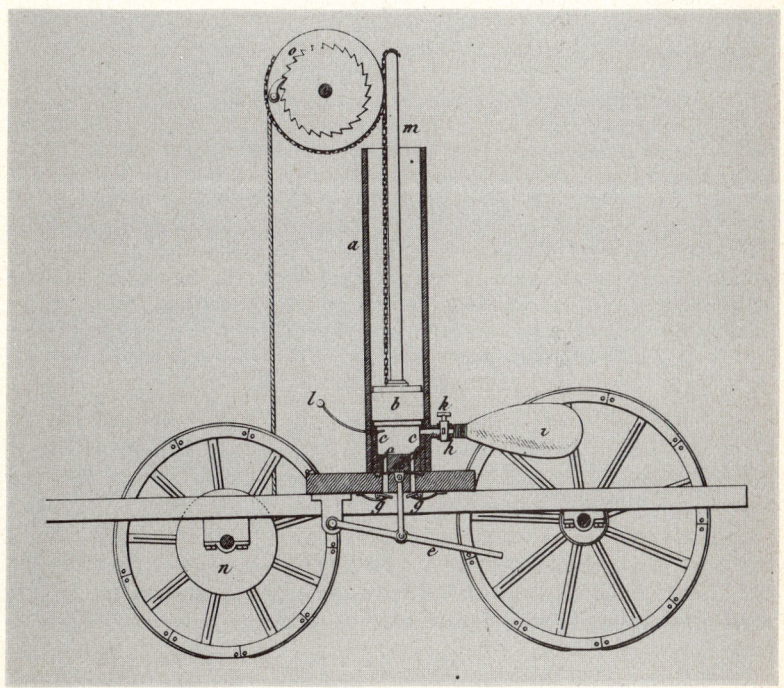

21: Fahrzeug von Isaac de Rivaz, 1807.
Rivaz brachte ein Gemisch aus Wasserstoff und Luft mit Hilfe einer Elektrode zur Explosion. Der hochgeschleuderte und vom Luftdruck wieder nach unten gedrückte Kolben trieb das Fahrzeug über einen Sperrklinkenantrieb an.

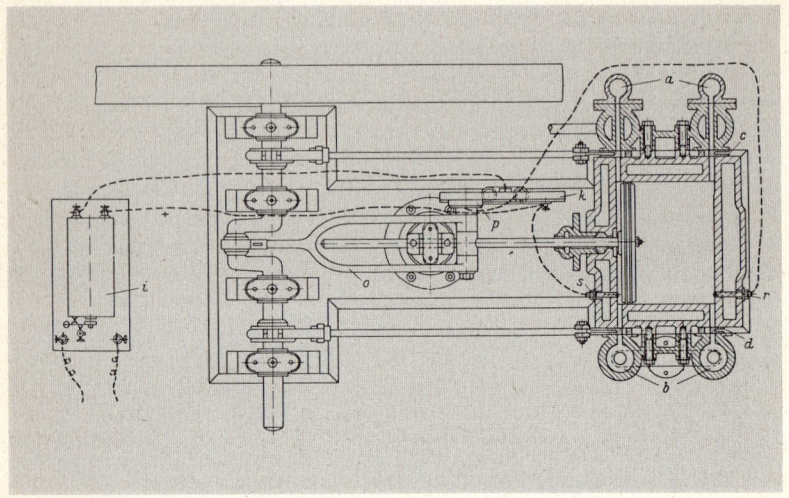

22: Doppeltwirkender Zweitakt-Gasmotor von Lenoir, 1860.
Über den linken Gaseintritt a strömt das Gas in Richtung Zylinder und muß dabei den Einlaßschieber c passieren, der mit Schlitzen für Lufteintritt versehen ist. Die Mischung von Gas und Luft erfolgt in dem Einlaßkanal zum Zylinder, der wassergekühlt ist. Unter der Wirkung des Schwungrades bewegt sich der Kolben nach rechts und erfährt etwa in Hubmitte durch die über die Zündkerze s eingeleitete Zündung eine Beschleunigung, deren Energie durch Kolben- und Pleuelstange o auf die Kurbelwelle übertragen wird. Die Abgase entweichen durch die linke Seite des Auslaßschiebers d in den Gasaustritt b. Das Spiel wiederholt sich auf der rechten Seite. Steuerung der Schieber über Exzenter und Exzenterstangen von der Kurbelwelle aus. i = Induktionsapparat, k = Zündverteiler mit Kontaktscheibe p, r = Zündkerze Deckelseite.

einem senkrecht stehenden, oben offenen Zylinder ließ er ein Gemisch aus Wasserstoff und Luft explodieren. Der hochgeschleuderte und vom atmosphärischen Luftdruck wieder zurückgeschobene Kolben bewegte das Fahrzeug über einen Sperrklinkenantrieb einige Meter, worauf von Hand erneut frisches Gemisch in den Arbeitszylinder eingelassen werden mußte (Abb. 21). Die Arbeiten von de Rivaz stellen den ersten Versuch dar, den Verbrennungsmotor zum Antrieb eines Straßenfahrzeugs zu verwenden (französisches Patent von 1807).

Dem Belgier Jean Joseph Étienne Lenoir (1822–1900) gelang es schließlich, das Versuchsstadium der Gasmotorentechnik zu beenden. Sein Gasmotor, der ab 1860 von verschiedenen Pariser Fabrikanten gebaut wurde, war betriebsfähig, auch wenn er wirtschaftlich einem Vergleich mit der Dampfmaschine nicht standhielt. Wie die Dampfmaschine, hatte auch Lenoirs Motor Ein- und Auslaßschieber, war doppeltwirkend ausgelegt und ähnelte im Äußeren den liegenden Dampfmaschinen jener Tage (Abb. 22).

Lenoirs Gasmotor wurde erstmals in der Motortechnik auf industrieller Basis in größeren Stückzahlen (300 bis 400 Exemplare) hergestellt. Nachteilig waren sein hoher Schmieröl- und Gasverbrauch, hervorgerufen durch fehlende Vorverdichtung, und sein rauher Lauf, eine Folge der auf Hubmitte und damit bei größter Kolbengeschwindigkeit eintretenden Zündung. Eine Alternative zur aufwendigen Dampfmaschine, die allein in Großbetrieben wirtschaftlich eingesetzt werden konnte, war in kleineren Betrieben nur bedingt gegeben. Lenoir baute versuchsweise die Gasmaschine in ein Fahrzeug ein, doch eignete sich sein Gasmotor wegen des mitzuführenden Gasvorrats nicht als Antriebsquelle (Abb. 23).

Die in ganz Europa etwas laut betriebene Propaganda für den Lenoir-Motor veranlaßte den Kölner Kaufmann Nikolaus August Otto (1832–1891), die französische Maschine zu verbessern. Vor allem wollte er sie für flüssige Brennstoffe, z. B. Spiritus, einrichten, um unabhängig vom ortsgebundenen Leuchtgas zu werden. Er dachte sogar an eine Maschine «... zur Fortbewegung von Gefährten auf Landstraßen ...» (Patentgesuch 1861). Versuche an einem nachgebauten Lenoir-Motor führten Otto zu der Erkenntnis, daß das Gas-Luft-Gemisch im Zylinder verdichtet und im Augenblick des höchsten Verdichtungsdrucks, also bei der Umkehr des Kolbens, gezündet werden müsse. Ein 1862 gebauter Vierzylinder-Versuchsmotor eigener Konstruk-

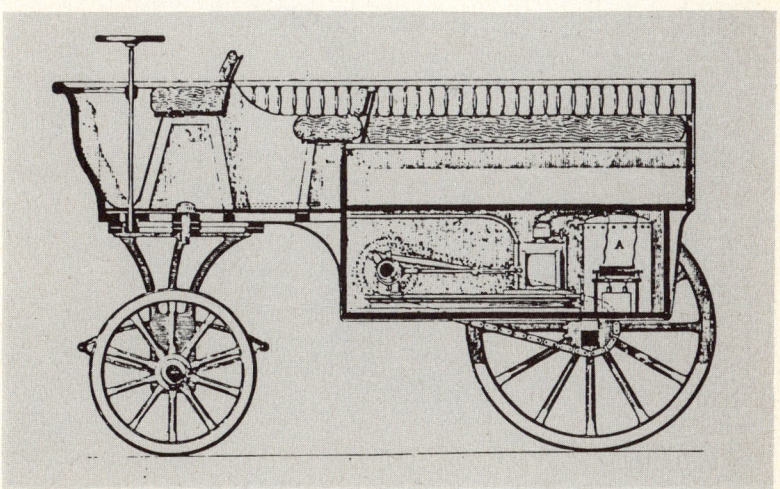

23: Gasmotor-Wagen von Lenoir, 1863.
Wegen des kleinen Gasvorrats kann die Reichweite des Wagens nicht groß gewesen sein.

tion wurde aber wegen zu heftiger Zündstöße zerstört. Entmutigt beendete Otto seine Versuche und nahm den Bau von atmosphärischen Gasmaschinen auf. Schon damals wurden die atmosphärischen Gasmaschinen als nicht weiter entwicklungsfähig angesehen. Wegen ihrer Bauhöhe kamen sie als Fahrzeugantrieb nicht in Betracht.

Sinkende Verkaufszahlen der atmosphärischen Gasmaschine, die von der Firma N. A. Otto & Cie und der daraus hervorgegangenen Gasmotoren-Fabrik Deutz AG gebaut wurden, zwangen zur Entwicklung einer neuen, leistungsfähigeren Maschine. Otto nahm deshalb 1876 seine 14 Jahre vorher eingestellten Versuche an Gasmaschinen Lenoirscher Bauart wieder auf, diesmal mit einem einzylindrigen Versuchsmotor, den er, wohl mehr instinktiv oder besser: «mit dem glücklichen Griff des Genies» (Sass: Geschichte des deutschen Verbrennungsmotorenbaus, Berlin 1962, S. 43), im Viertaktverfahren arbeiten ließ. Der gasbetriebene Motor erzeugte auf Anhieb soviel Leistung wie die stärkste der im selben Haus seit 1863 gebauten atmosphärischen Gasmaschine, nämlich 3 PS. Otto hatte seinen Motor einfachwirkend ausgelegt und die von den atmosphärischen Gasmaschinen her bekannte Flammenzündung (s. Anhang, Zündsysteme) im Prinzip übernommen. Zur Drehzahlregelung zog er eine Aussetzerrege-

24: Viertakt-Motor von Otto 1876/77.
Maybach veränderte den Motor von Otto geringfügig (Zentrifugalregler, Kreuzkopf). Das große Schwungrad ist mit einem kleineren Transmissions-Rad verbunden.

lung heran, die die Gaszufuhr abstellte, wenn die Drehzahl bei Entlastung anstieg.

Wilhelm Maybach (1846–1929), der zu dieser Zeit bei Deutz angestellt war, konstruierte noch im selben Jahr eine etwas größere Maschine (Abb. 24). Er gab ihr ein gefälligeres Aussehen, ersetzte die Aussetzerregelung durch einen Wattschen Zentrifugalregler und verwendete auch wieder einen Kreuzkopf, ein geführtes Zwischenstück mit Schubstange zur Übertragung der Kolbenkraft auf die Kurbelwelle. Eine solche Maschine ist in der Motorenhalle des Deutschen Museums aufgestellt und kann im Betrieb vorgeführt werden.

Der Ottosche Viertaktmotor von 1876 beendete die rund zweihundert Jahre währende Suche nach einer geeigneten Antriebsmaschine für Handwerk, Kleingewerbe und, 10 Jahre später, auch für Fahrzeuge. Die von Otto im Reichspatent 532 vom 4. 8. 1877 herausgestrichenen Prioritäten erfordern jedoch noch einige Anmerkungen. Für Otto war das Arbeitsverfahren seines Motors, also Zwei- oder Viertakt, offensichtlich nicht von Bedeutung, denn er ließ sich das Viertaktverfahren nicht eigens durch ein Patent schützen. Ihm kam es darauf an, zu heftige Druckstöße des gezündeten Gemisches auf den Kolben zu vermeiden. Das versuchte er durch Schichtenbildung der Ladung zu erreichen: Für eine gesicherte Zündung fettes Gemisch an der Zündstelle, in Richtung Kolben aber zunehmend magerer werdendes Gemisch. Entsprechend ist das Patent 532 abgefaßt. Die drei ersten von fünf Patentansprüchen befassen sich mit Gemischbildung und Verbrennung, erst der vierte Anspruch erwähnt das Viertaktverfahren. Weil Otto von der vermeintlich alles überragenden Wichtigkeit der schichtenförmigen Gemischbildung zutiefst überzeugt war, ging er über die Gasmotorenfabrik Deutz gerichtlich auch gegen solche Firmen vor, die Zweitakt-Motoren bauten und die in seinen Augen die drei ersten Ansprüche des Patents verletzt hatten. Das Reichsgericht jedoch erklärte zu Recht in seinem Urteil vom 30. Januar 1886 die Ansprüche eins bis drei für nichtig. Wir wissen heute, daß eine stoßfreie Verbrennung mit anderen Maßnahmen – wie Zündzeitpunkt, Kraftstoffqualität, Brennraumform – erreicht werden kann, nicht aber durch Schichtenbildung des Gemisches. Auch Anspruch vier, das Viertaktverfahren, konnte nicht aufrechterhalten werden. Der französische Ingenieur Beau de Rochas hatte bereits 1861 das Viertaktprinzip erläutert, seine Bedeutung allerdings nicht erkannt. Offenbar hatte er auch keinen entsprechenden Motor gebaut. So gilt Otto heute als der Erfinder des Viertaktverfahrens, auch wenn er es nicht als das wesentliche Merkmal seines Motors betrachtete (s. Anhang).

# Die Pionier- und Reifezeit
# (1885–1918)

## Der Fahrzeugmotor und die ersten Automobile von Daimler/Maybach und Benz

Das Urteil des Reichsgerichts von 1886 zu den Patentstreitigkeiten von Otto ermöglichte anderen Firmen den Bau von Vier- und Zweitaktmotoren (s. Anhang). Eine neue Motorenindustrie begann sich zu entwickeln. Die Idee, den Ottomotor zum Antrieb von Fahrzeugen heranzuziehen, dürfte dabei wohl als erstem Gottlieb Daimler (1834–1900) gekommen sein. Sein Mitarbeiter Wilhelm Maybach verwirklichte diesen Gedanken und entwickelte neben Karl Benz (1844–1929) den Kraftfahrzeugmotor.

Daimler und Maybach, seit 1872 in leitenden Stellungen bei der Gasmotoren-Fabrik Deutz tätig, richteten 1882 in einem Schuppen auf dem Grundstück einer gekauften Villa in Cannstatt eine Versuchswerkstatt ein. Für beide kam nur die Weiterentwicklung des Viertaktmotors in Frage, den sie von Deutz her kannten. Wegen der im Vergleich zum Zweitakter halben Anzahl der Zündungen pro Zeiteinheit ließ er weniger Probleme erwarten. Der Viertaktmotor war allerdings zu diesem Zeitpunkt noch durch das Patent 532 geschützt, so daß Daimler und Maybach geheim arbeiten mußten.

Zunächst galt es, den schweren, mit Leuchtgas betriebenen Stationärmotor Deutzer Bauart leichter und ortsungebunden zu machen. Nur so war er als Antriebsaggregat für Fahrzeuge zu verwenden. Daimler dachte nicht nur an einen Einsatz in Straßenfahrzeugen, sondern auch in Booten, Ballons, Feuerspritzen, Schienenfahrzeugen. Eine leichtere Bauart bei genügender Leistung war aber nur über eine Drehzahlerhöhung möglich, was ein anderes Zündsystem erforderte.

Die Flammenzündung, die sich bei den atmosphärischen Gasmaschinen (etwa 150/min) bewährt hatte und gerade noch den Ansprüchen der stationären Otto-Viertaktmotoren (bis 200/min) genügte, war bei einer angestrebten Drehzahl von 600–800/min für den Fahrzeugmotor wegen des schweren Schiebers ungeeignet. Maybach entschied sich für das Prinzip der Glührohrzündung (s. Anhang, Zündsysteme) nach einem Patent des Engländers Watson aus dem Jahr 1881.

Um diese Zeit gab es noch kein Unternehmen, das sich speziell mit der Erforschung und Entwicklung der Motorenzündung befaßt hatte und geeignete Apparate anbieten konnte. Jeder Motorenbauer mußte sich selbst um

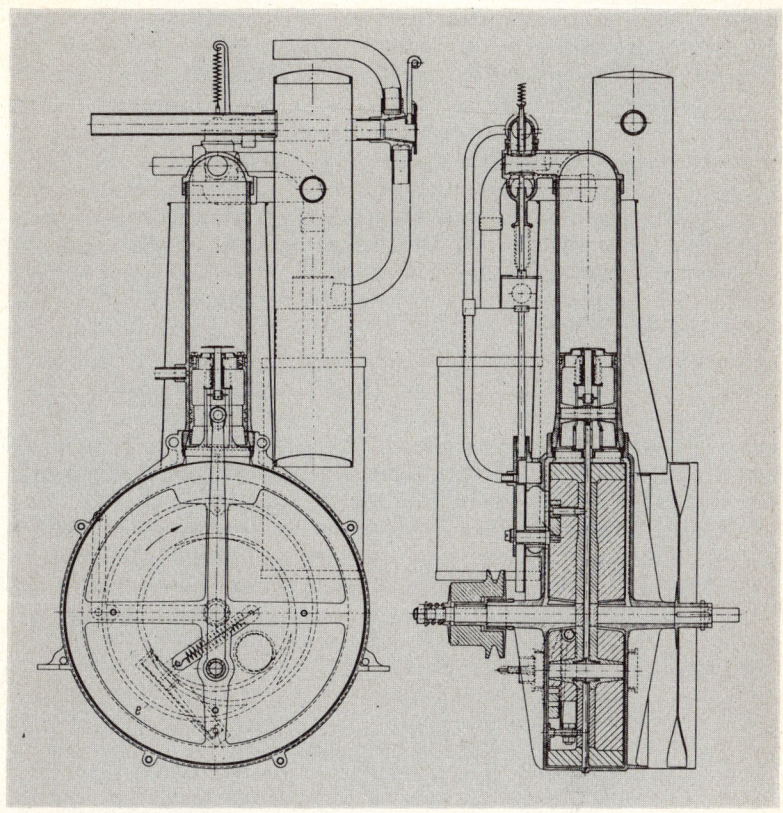

25: Motor für das Daimler/Maybach-Motorrad, 1885.
Der Motor leistete ein halbes PS. Die Leistungsabnahme erfolgte über die Keilriemen-
scheibe mit Riemen zum Hinterrad.

eine Lösung bemühen. Das aber führte zu zeitlich dicht aufeinanderfolgenden Entwicklungen verschiedener Zündsysteme.

Nicht weniger entscheidend für eine ortsungebundene Verwendung des
Motors war die Umstellung des Brennstoffes von Leuchtgas auf flüssigen
Kraftstoff, da dieser leichter auf einem Fahrzeug mitgeführt werden konnte.
Andernfalls wären eine Gaserzeugungsanlage mit entsprechend großem Ge-
wicht und Raumbedarf oder ein Gasspeicher erforderlich gewesen, der den
Aktionsradius des Fahrzeugs eingeschränkt hätte. Maybach hatte bereits bei
Deutz ab 1875 Erfahrungen mit Apparaten sammeln können, in denen das
leichtflüchtige Benzin in feinen Nebel aufgelöst und mit Luft vermischt wor-

den war. Die – nicht ganz korrekt, aber noch heute so genannten – Vergaser erforderten eine ständige Kontrolle des Benzinstandes. Die als Oberflächen-vergaser bezeichneten Behälter verbesserte Maybach durch den Einbau eines Schwimmers (Schwimmervergaser, s. Anhang), so daß auch bei Schräg-lage des Fahrzeugs die Gemischbildung sichergestellt blieb. Das Prinzip des Schwimmers ist noch heute bei fast allen Vergasern anzutreffen.

Parallel zu den Entwicklungen von Glührohrzündung und Schwimmerver-gaser bemühten sich Maybach und Daimler um eine kompakte, für Fahrzeu-ge geeignete Motorenbauweise. Der massige und schwere Viertakt-Statio-närmotor von Otto war dafür nicht geeignet. Dimensionen und Gewicht mußten bei gleicher oder höherer Leistungsausbeute verringert werden. 1884 gelang Maybach nach einigen Zwischenstufen mit der Konstruktion des «Standuhr» genannten Motors diese oft übersehene, großartige technische Leistung. Der Motor mit einem senkrecht auf trommelförmigem Kurbelge-häuse montierten Zylinder von 462 cm³ Hubraum leistete 1 PS bei 600/Um-drehungen pro Minute. Um Gewicht zu sparen, wählte Maybach die Tauch-kolbenkonstruktion (s. Anhang), führte alle Gehäusewandungen so dünn wie möglich aus und verwendete Luft- statt Wasserkühlung.

Mit einer 1885 entwickelten, etwas schwächeren Version der Standuhr stand Daimler und Maybach nun erstmals ein kleiner und leichter Motor (Abb. 25) zur Verfügung, der in ein Fahrzeug eingebaut werden konnte. Als Versuchsfahrzeug verwendeten sie ein hölzernes Zweirad, das Maybach ent-

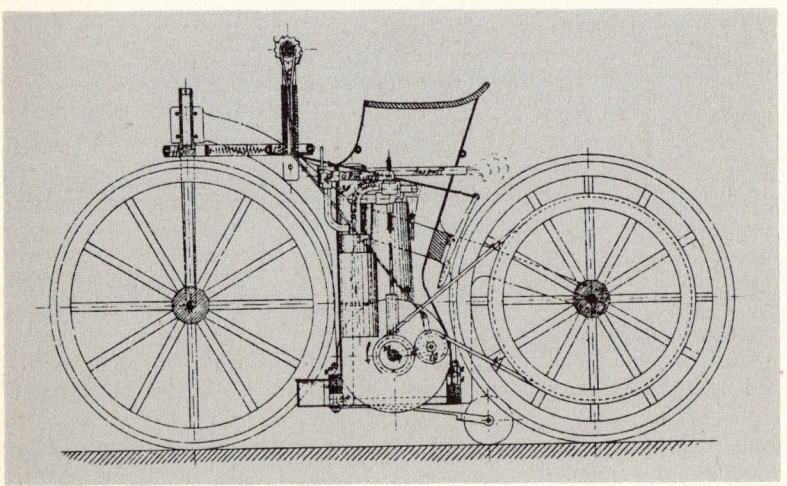

26: Daimler/Maybach-Motorrad, 1885.
Erstes von einem Benzinmotor angetriebenes Zweirad. Der Motor befindet sich zwi-schen den gleichgroßen Rädern unter dem Sitz.

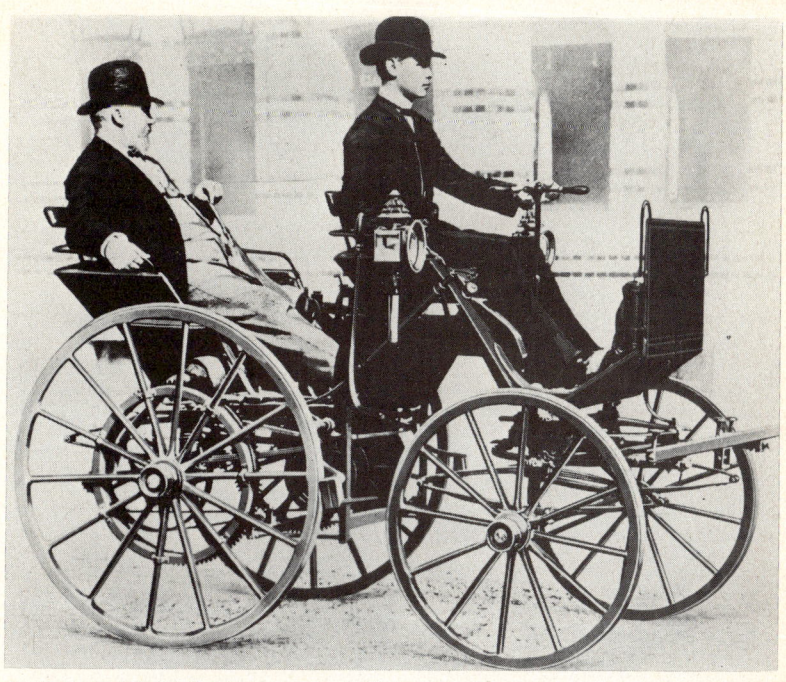

27: Daimler/Maybach-Motorwagen, 1886.
Daimlers Motorwagen lehnte sich stark an den Kutschwagenbau an. Vor Gottlieb
Daimler als Mitfahrer ragt der Motor aus den Bodenbrettern, Sohn Adolf betätigt die
Lenkpinne.

warf und das dem Laufrad des Karl Freiherrn von Drais nicht unähnlich war
(Abb. 26).

Den Motor ordnete Maybach dort an, wo er sich beim Motorrad noch
heute befindet, nämlich zwischen den Rädern unter dem Sitz. Ein Riemen
übertrug die Motorleistung auf ein Treibrad am Hinterrad. Ende 1885 unternahm Maybach mehrere Ausfahrten. Der Motor zeigte keine größeren Stö-
rungen. Eine geeignete Antriebsquelle für Straßenfahrzeuge schien endlich
gefunden zu sein.

Dem als Versuchsträger für einen Fahrzeugmotor nicht gerade glücklich
gewählten Zweirad folgte 1886 eine «Motorkutsche» (Abb. 27). Sie befindet
sich heute im Daimler-Benz-Museum in Stuttgart-Untertürkheim. Dabei
handelte es sich um einen offenen Kutschwagen mit Drehschemellenkung
und einem für den Einbau der mechanischen Aggregate leicht geändertem
Fahrwerk. Der vor der Hinterachse angeordnete Motor trieb über einen Rie-

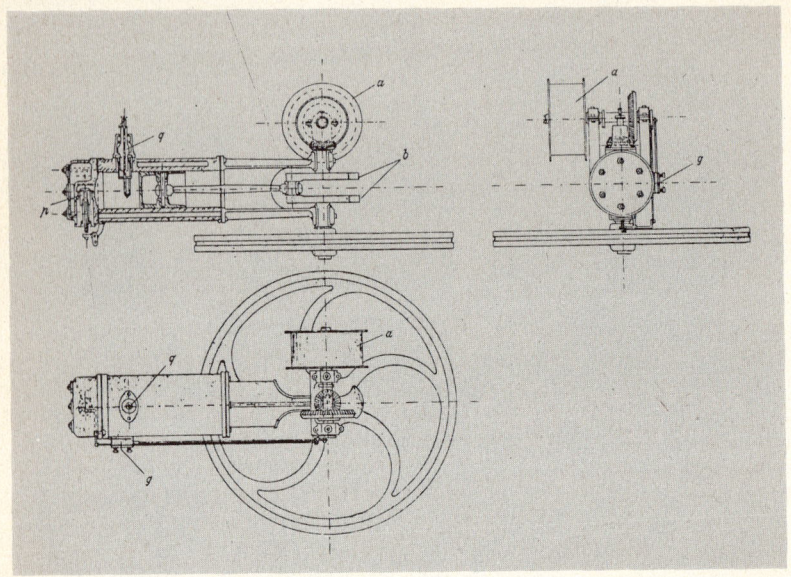

28: Viertakt-Motor von Benz, 1884.
Der später im Motorwagen von 1885/86 eingebaute Motor entspricht nicht in allen
Einzelheiten der Zeichnung. a = Riemenscheibe, b = Kurbelwangen, als Gegenge-
wichte ausgebildet, g = Einlaßschieber, p = Auslaßventil, q = Zündkerze.

men eine parallel zur Hinterachse liegende Welle mit Zahnrädern, die mit
einem an den Radspeichen befestigten Zahnkranz kämmten. Der Motor war
eine Weiterentwicklung des beim Motorrad eingebauten Aggregats: Er leistete 1,1 PS bei 680/min aus 462 cm³ Hubraum. Daimlers und Maybachs erster Motorwagen, zunächst mit luftgekühltem, ab Frühjahr 1887 mit wasser-
gekühltem Motor, dürfte frühestens im Herbst 1886 seine erste Ausfahrt gemacht haben.

Zur gleichen Zeit und nicht weit von Cannstatt entfernt gelang in Mannheim Karl Benz der Bau eines Straßenfahrzeugs, das ebenfalls von einem
Benzinmotor angetrieben wurde. Im Gegensatz zu Daimler, der die Produktion eines leichten Motors als Schlüssel zu einer allgemeinen Motorisierung
des Verkehrs im weitesten Sinne anstrebte und für den ein selbstfahrendes
Straßenfahrzeug nicht das ausschließliche Ziel darstellte, hatte Benz seit seiner Jugend einen Motorwagen als Einheit von Motor und Wagen im Auge.
Ausschlaggebend mögen seine Erfahrungen mit dem schweren, hölzernen
Zweirad gewesen sein, das er als junger Mann erworben hatte und auf dem zu
fahren nur unter körperlichen Anstrengungen möglich war. Hier mag ihm

44

der Gedanke gekommen sein, das Fahrzeug mit einem Motor auszurüsten und statt zwei drei Räder vorzusehen.

Als Mitinhaber der 1883 gegründeten Rheinischen Gasmotorenfabrik Benz & Co., die Zweitakt-Gasmaschinen herstellte, stand Benz vor den gleichen Problemen wie Maybach und Daimler, nämlich Gewichts- und Raumverminderung. Auch Benz entschied sich für den Bau eines Viertaktmotors für seinen Motorwagen, weil er keine Möglichkeit sah, den komplizierteren Zweitaktmotor zu vereinfachen.

Wenn auch das äußere Bild seines Motors (Abb. 28) den damals bekannten Gas-Maschinen ähnelte, so leistete Benz, der nicht auf das technische Talent eines Maybach zurückgreifen konnte, bewundernswerte Pionierarbeiten. Eine davon war zweifellos die Zündung, von ihm selbst als «das Problem der Probleme» bezeichnet. Bereits 1882 hatte er die Lenoirsche Summerzündung (s. Anhang, Zündsysteme) zu einer hohen Gebrauchsreife für seine Gasmaschinen gebracht, und nun, 1885, verbesserte er sie abermals für seinen Viertaktmotor (s. Anhang). Seine gesteuerte Summerzündung war der ungesteuerten Glührohrzündung von Maybach insofern überlegen, weil

29: Benz-Motorwagen, 1885/86.
Berta Benz beim Kauf von Benzin aus der Apotheke. Das stimmungsvoll gemalte Bild bezieht sich offensichtlich auf die Fernfahrt, die Berta Benz 1888 als erste Frau in einem Benzinautomobil unternommen hatte. In Begleitung ihrer Söhne Eugen und Richard legte sie die rund 100 km lange Strecke zwischen Mannheim und Pforzheim auf dem 3. Benz-Wagen zurück, der sich vom abgebildeten ersten Motorwagen von 1885/86 in Technik und Aussehen geringfügig unterschied.

sich mit ihr höhere Drehzahlen erreichen ließen. Das konnte er bei seinem ersten Viertakt-Motor freilich nicht ausnutzen. Ähnlich wie Maybach kam auch Benz zwangsläufig zu einem Oberflächenvergaser mit Schwimmer (s. Anhang), der zudem noch mit einer Vorwärmeinrichtung versehen war. Bei seinem Motor fällt das waagerecht angeordnete Schwungrad auf. Benz befürchtete, daß das Kreiselmoment bei senkrecht angebrachter Schwungradebene die Kippsicherheit seines Fahrzeugs (Abb. 29) bei Kurvenfahrt beeinträchtigen könnte. Dazu war aber das Kreiselmoment viel zu klein. Bei späteren Benz-Wagen ist denn auch ein senkrecht angeordnetes Schwungrad zu finden.

Benz unternahm seine erste Ausfahrt in Mannheim Anfang Juli 1886, zu einer Zeit also, als das Patent 532 schon seit einem halben Jahr nicht mehr galt. Es erscheint müßig, Benz oder Daimler/Maybach die Priorität an der Erfindung des Automobils zuschreiben zu wollen. Alle drei haben finanzielle und persönliche Opfer gebracht und ihre Vorhaben trotz ständiger Rückschläge beharrlich verfolgt, wobei die Ergebnisse getreuliche Abbildungen ihrer verschiedenen Zielsetzungen darstellen: Daimler und Maybach schwebte in erster Linie ein leichtes Antriebsaggregat zum Einbau in alle möglichen Fahrzeuge und Geräte vor, was zu einem schnellerdrehenden, entwicklungsfähigen Motor führte. Das Straßenfahrzeug als Versuchsträger interessierte sie erst in zweiter Linie. Gewisse Vereinfachungen (Drehschemel- statt Achsschenkellenkung, Rutschkupplung, s. Anhang, statt Ausgleichgetriebe, unschöner Einbau des Motors in einem Kutschwagenkasten) wurden in Kauf genommen. Benz dagegen sah das Straßenfahrzeug als eine organische Einheit an und verwendete viel Sorgfalt auch auf die Entwicklung des Fahrwerks (Zahnstangenlenkung, s. Anhang, Ausgleichgetriebe, Leichtbauweise). Ein knapp dimensionierter Stahlrohrrahmen und Speichenräder verhalfen seinem Wagen trotz des massigen Motors zu einer kaum zu übertreffenden Eleganz. Es schien, als sei der Benz'sche Entwurf entwicklungsfähig, ja maßgebend für das Erscheinungsbild zukünftiger Motorwagen.

## Die weitere Entwicklung bei Daimler und Benz bis zur Jahrhundertwende

Benz hatte einen erheblichen Teil der aus dem Gasmotorenverkauf erwirtschafteten Gewinne in die Entwicklung seines Motorwagens gesteckt, und auch Daimler hatte so gut wie alle seine privaten Ersparnisse geopfert. Um mit seiner Erfindung Geld zu verdienen, stellte Benz ein Fahrzeug auf der Kraft- und Arbeitsmaschinen-Ausstellung 1888 in München einer breiteren Öffentlichkeit vor. Trotz wohlwollender Berichterstattung in der Presse ist es zu Geschäftsabschlüssen offenbar nicht gekommen.

30: Maybach/Daimler-Stahlradwagen, 1889.
Der unter der abgefederten Sitzbank angeordnete V 2-Zylindermotor von 2 PS Leistung treibt über eine Konuskupplung und ein noch offenes Viergang-Getriebe (Zahnrad-Wechselgetriebe) die Hinterachse mit Kegelrad-Differential und Trommel-Bandbremse. Gabellenkung über Gestänge und Lenkpinne.

Den Durchbruch von einem lokalen zum übernationalen Ereignis erhofften sich Benz und Daimler von der Weltausstellung 1889 in Paris. Daimler stellte den allein von Maybach konstruierten ‹Stahlradwagen› (Abb. 30) aus. Mit ihm fand der mehrzylindrige Benzinmotor und das Zahnrad-Wechselgetriebe (Abb. 31) Eingang in den Autobau. Gleichzeitig bedeutete die Verwendung von Stahlrohrrahmen, Drahtspeichenrädern und Einzelradlenkung eine Abwendung vom Kutschwagenbau. Konnte Daimler immerhin Motor-Nachbau-Lizenzen an die französischen Firmen Panhard & Levassor und Peugeot (Abb. 32) verkaufen, hatte Benz mit seinem dreirädrigen Fahrzeug keinen Erfolg. 1893 entwickelte er daher den vierrädrigen, kutschenähnlichen ‹Viktoria› (Abb. 33) mit wiedererfundener Achsschenkellenkung (s. Anhang). Der Motor hatte einen Summerzünder und Gemischregelung (s. Anhang).
   Es mag als Zeichen der Unsicherheit über das Erscheinungsbild des Automobils angesehen werden, daß sich Maybach mit seinem Stahlradwagen von 1889 am Benz'schen Motorwagen von 1885/86 orientierte, Benz mit seinem

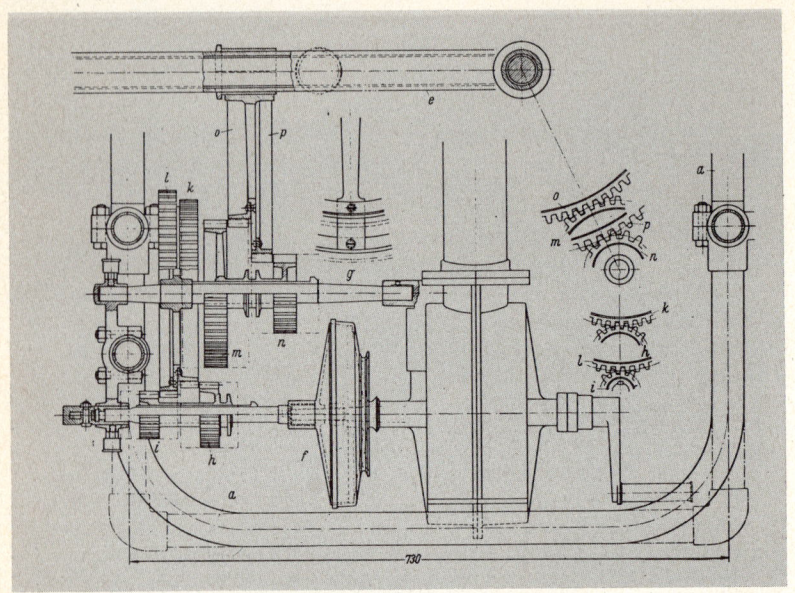

31: Maybach-Zahnrad-Wechselgetriebe, 1889.
Auf der verlängerten Kurbelwelle (= Antriebswelle) befinden sich die paarweise axial verschiebbaren Stirnräder i und h. Der Kurbelwelle nachgeschaltet ist die Vorgelege- oder Zwischenwelle g, auf der die Stirnräder l und k fest verkeilt, die Stirnräder m und n können mit den Stirnrädern o und p in Eingriff gebracht werden, die mit der Hinterachse e (= Abtriebswelle) fest verbunden sind. Somit stehen acht Zahnräder – für vier Untersetzungen (Gänge) – zur Verfügung. f = Konus(Reibungs-)Kupplung. Die Abbildung zeigt Leerlaufstellung.

32 (rechts oben): Peugeot-Stahlradwagen, 1890.
Unter enger Anlehnung an den Maybach/Daimler-Stahlradwagen von 1889 entstand ein Jahr später der Peugeot-Stahlradwagen mit Daimler V 2-Motor.

33 (rechts unten): Benz Viktoria, 1893.
Der erste vierrädrige Motorwagen von Benz lehnte sich stark an den Kutschwagenbau an, hatte aber bereits ein Lenkrad und die Achsschenkellenkung nach Patent Benz. Karl und Berta Benz auf einem Ausflug.

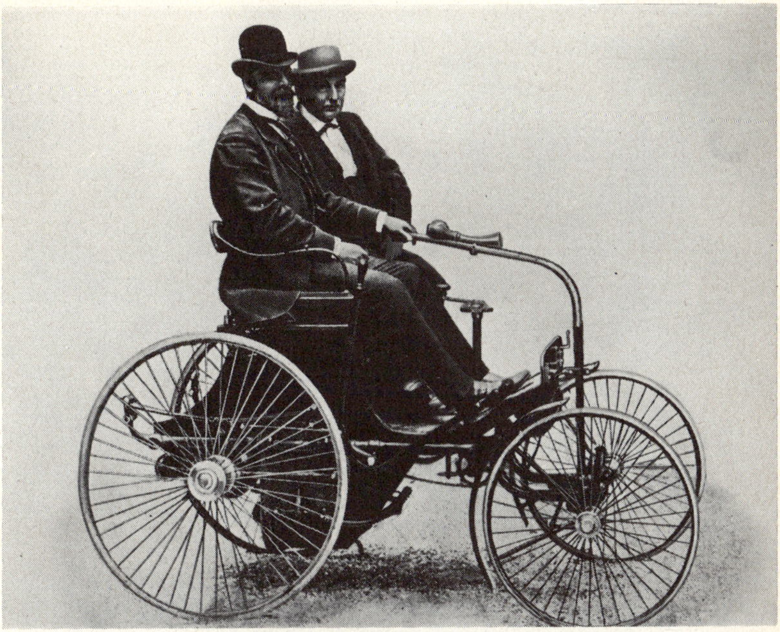

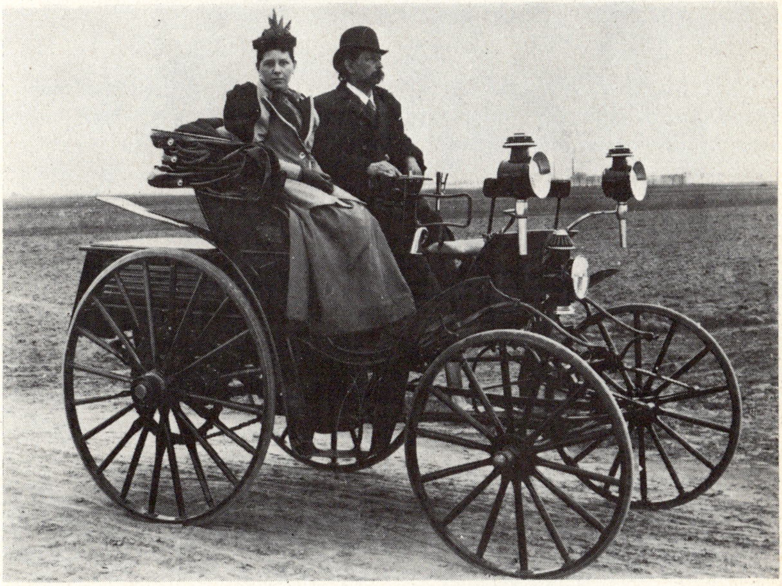

34: Panhard & Levassor, 1894/95.
Schon 1891 hatte Panhard & Levassor den Motor vorn unter einem Blechgehäuse (Motorhaube) angeordnet und die Hinterachse über ein Getriebe, das hinter dem Motor lag, angetrieben (Standard-Bauweise). Hier ein späteres Modell während des Rennens Paris–Bordeaux–Paris 1895. Im Hintergrund ein Peugeot.

Viktoria dagegen an Daimler-Motorkutschen vor und nach dem Stahlradwagen. Dabei hatte die Firma Panhard & Levassor 1891 auf Form und Auslegung zukünftiger Autos hingewiesen: Motor vorn unter einem Blechkasten (Motorhaube), Getriebe in Fahrzeugmitte und angetriebene Hinterräder (Abb. 34).

Ungefähr gleichzeitig mit dem Viktoria konstruierte Benz den ‹Velo› (Abb. 35), einen mit einem hinten eingebauten Motor und Riemenantrieb eher altmodischen Kleinwagen. Mit einem Preis von nur 2000 Mark entwikkelte sich der Velo zum erfolgreichsten Fahrzeug seiner Zeit: Zwischen 1894 und 1902 konnten 1200 Stück verkauft werden, bedeutend mehr als von allen anderen Benz-Typen. Keiner der Wagen zeichnete sich durch besonders fortschrittliche Technik aus, doch stiegen die Benz-Werke dank solider Konstruktion und Betriebszuverlässigkeit ihrer Fahrzeuge zum größten Autohersteller vor Daimler, Peugeot und Panhard & Levassor auf.

Den von Benz erzielten Vorsprung in der Motorenleistung konnte Maybach bis zur Jahrhundertwende mit verbesserten Einzelaggregaten aufholen. Wichtigste Neuerung war der Spritzdüsenvergaser (s. Anhang) von 1883, auf den er in Deutschland aber kein Patent erhielt, weil ihm die beiden Ungarn

Donát Bánki und János Csonka mit der Konstruktion eines ähnlichen Vergasers um ein Jahr zuvorgekommen waren. Mit dem 1897 entwickelten Röhrenkühler (s. Anhang) konnte Maybach auf die Schwungradkühlung verzichten, die die Entwicklung von Motoren mit mehr als 4 PS Leistung gehemmt hatten. Zugleich willigte Daimler ein, die umständliche und wegen ihrer offenen Flamme nicht ungefährliche Glührohrzündung zugunsten der Bosch-Abreißzündung (s. Anhang) aufzugeben. 1890 konstruierte Maybach den ersten Vierzylindermotor der Welt, 1892 einen ‹Phönix› genannten Zweizylindermotor. Der Zweizylindermotor wurde in den neukonstruierten ‹Riemenwagen› von 1892 eingebaut. Dieser war mit Klotzbremsen, Riemengetriebe und Drehschemellenkung ein im Vergleich zum Stahlradwagen klobiges und antiquiertes Fahrzeug und kann als Rückfall in die allerersten Jahre des Autobaues bezeichnet werden.

35: Benz-Velo, 1894
Ein vom Viktoria abgeleiteter Kleinwagen, der es erstmals im Autobau auf größere Stückzahlen brachte.

# Frankreich als Schrittmacher der Motorisierung

Deutschland zeigte sich für das Automobil noch nicht aufnahmebereit. Der Adel hatte sich gegenüber dem aufstrebenden Bürgertum in seiner politischen Stellung behauptet, was sich in den traditionellen Wertvorstellungen der Gesellschaft widerspiegelte. Die wohlhabenden Schichten, die sich ein Auto hätten leisten können, blickten auf die neue Technik geringschätzig herab. Die Franzosen dagegen nahmen das Auto vorurteilsfreier auf und gaben ihm eine große Zukunft. Benz und Daimler konnten einen großen Teil ihrer Produktion in Frankreich absetzen. Die Motorwagen von Peugeot und Panhard & Levassor, zunächst noch von Maybachschen Konstruktionsprinzipien beeinflußt, entwickelten sich bald zu eigenständigen Konstruktionen.

Die guten, aus der napoleonischen Zeit stammenden französischen Straßen eigneten sich nicht nur für die damals üblichen Fahrradrennen, sogenannte Velociped-Konkurrenzen, sondern verleiteten auch zu Autorennen. Ein Sieg bedeutete für die Fabrikanten die denkbar beste Reklame, für die Techniker Selbstbestätigung, für die Zuschauer Nervenkitzel wie die Quadriga-Rennen im alten Rom. 1894 wurde der Wettbewerb Paris–Rouen ausgeschrieben, bei dem neben Geschwindigkeit erstaunlicherweise auch Sparsamkeit, Bequemlichkeit und Sicherheit gewertet wurden. Von den 102 Bewerbern durften nach Ausscheidungsfahrten nur 21 Wagen an der 126 km langen Fahrt teilnehmen. Wohl traf ein 20-PS-Dampfwagen von de Dion-Bouton als erster im Ziel ein, doch erfüllte er nicht die anderen Kriterien in gleichem Maße und mußte den Gesamtsieg den Benzin-Motorwagen von Peugeot und Panhard & Levassor überlassen. Die erzielten Durchschnittsgeschwindigkeiten von etwa 18 km/h lagen etwa so hoch wie die von Radrennfahrern zur gleichen Zeit. Die Zuschauer waren fasziniert von den sich selbst bewegenden Wagen. Das Mitteilungsblatt der französischen Ingenieure hielt es für abgemacht, daß nur Rennen zur Lösung der Probleme der Straßenfahrzeuge beitragen könnten.

Ein Jahr später folgte ein reines Geschwindigkeitsrennen für Autos, das erste der Geschichte. An der 1200-km-Marathon-Fahrt von Paris nach Bordeaux und zurück beteiligten sich 15 Benzin-Motorwagen, sechs mit Dampf- und einer mit Elektroantrieb. Die ersten Plätze belegten Panhard- und Peugeot-Wagen, alle mit Daimler-Motoren, gefolgt von einem Benz des französischen Vertreters Emile Roger. Der Ausgang des Rennens bedeutete Triumph für Daimler, Maybach und Benz. Die Überlegenheit des Benzinmotors über die anderen Antriebssysteme hatte sich erwiesen. Das bewog de Dion, den Dampfwagenbau aufzugeben und nur noch Benzinmotoren herzustellen. Bis 1902 lieferte er 26000 Einbaumotoren aus, ab 1897 überschwemmte er Frankreich mit motorisierten zwei-, drei- und vierrädrigen Fahrzeugen (Abb. 36) eigener Konstruktion. De Dion-Bouton gilt als diejenige Firma, die die Motorisierung in Europa in Gang gebracht hat.

36: De Dion-Bouton Motordreirad, 1898.
Einen wesentlichen Anteil an der Motorisierung Frankreichs und Deutschlands hatten die Fahrzeuge von de Dion-Bouton. Die Abbildung zeigt ein Tricycle mit einem Zylinder und 1,75 PS. Für Familien gab es Nachläufer mit Spritzschutz. Kommandant des Gespanns: Comte de Dion.

In dem Rennen von 1895 erprobten die Brüder André und Édouard Michelin erstmals die Luftbereifung für Automobile. Ein Jahr später erschien bereits das erste Fahrzeug mit serienmäßigen Luftreifen, die Voiturette des Franzosen Léon Bollée (Abb. 37). Der Luftreifen geht zurück auf Erfindungen der Engländer Robert William Thomson 1845 und John Boyd Dunlop 1888. Weil es wegen der ungenügenden Haltbarkeit des Gewebeunterbaus zu starkem Verschleiß und Pannen kam, bevorzugten Fahrrad-, Kutschen- und Autobauer zunächst den 1867 erfundenen Vollgummireifen. Wie die Zündung trug auch die Luftbereifung entscheidend dazu bei, daß sich das Automobil durchsetzen konnte. Luftreifen erlauben höhere Geschwindigkeiten, übertragen Seiten-, Lenk- und Bremskräfte, erhöhen den Federungskomfort und schonen Fahrzeug und Fahrbahn.

Das Rennen von 1895 war das erste einer ganzen Reihe von Straßenrennen mit Start und Ziel in Paris. Die Breitenwirkung muß beträchtlich gewesen sein: Gab es 1890 auf der ganzen Welt mit Benz, Daimler und Peugeot erst drei Hersteller von Benzinmotorwagen, so schwoll deren Zahl bis 1899 auf rund 75 allein in Frankreich an. Aus den Rennen gingen meist Wagen von Panhard & Levassor und Emile Mors als Sieger hervor. Die Wagen von Mors galten als technisch führend. Er entwickelte eigene Zündanlagen, Trockensumpfschmierung (s. Anhang) und Stoßdämpfer. Klassensiege holte sich

37: Léon-Bollée-Voiturette, 1896.
Erster Motorwagen mit serienmäßiger Luftbereifung. Liegender Motor mit Glührohrzündung und Maybach-Spritzdüsenvergaser. Das Kuppeln geschah durch Lockern
und Spannen des Antriebsriemens. – Das Wort Voiturette wurde Bezeichnung für
Kleinwagen in Frankreich und auch in anderen Ländern.

Louis Renault, dessen erster Wagen von 1898 bereits Kardanwelle statt öl-
spritzender Ketten und Zahnrad-Wechselgetriebe mit direktem Gang (s. Anhang) statt Riemen aufwies.

Die Entwicklung in Frankreich führte auch zur allgemeinen Aufnahme des
Autobaus in Deutschland. Die französischen Autohersteller aber hatten
nicht zuletzt durch die Rennen einen technischen Vorsprung erreicht. Deutsche Fabrikanten sahen sich gezwungen, Lizenzen in Frankreich zu erwerben. Cudell in Aachen nahm Anleihen bei de Dion-Bouton auf, Dürkopp in
Bielefeld bei Panhard & Levassor. Falke in Mönchen-Gladbach und die
Fahrzeugfabrik Eisenach bauten nach Decauville-Lizenzen. Einige orientierten sich auch an den Konstruktionen von Benz und Daimler, z. B. Theo-
dor Bergmann, Friedrich Lutzmann und die Marienfelder Motorfahrzeugfa-
brik. Opel, der zunächst Fahrzeuge nach Lutzmann-Patenten (Abb. 38) hergestellt hatte, montierte ab 1902 französische Darracq.

## Europa und Nordamerika
## nehmen den Automobilbau auf

Das Interesse am Automobil hatte bis zur Jahrhundertwende in allen Ländern zugenommen. 1899 kam es zur Gründung der Österreichischen Daimler-Motoren Kommanditgesellschaft, der späteren Austro-Daimler. Die
Nesselsdorfer Wagenbau-Fabriks-Gesellschaft baute nach dem Vorbild von
Benz den Nesselsdorf ‹Präsident› (Abb. 39). Der Hofwagenfabrikant Jakob
Lohner experimentierte mit Benzin- und Elektro-Fahrzeugen sowie mit
kombinierten benzin-elektrischen Antrieben (Abb. 40), damals als Mixte-,
heute als Hybrid-System bezeichnet. Namen, die später die mitteleuropäi-
sche Automobiltechnik beeinflussen sollten, tauchen auf: Edmund Rumpler
(1872–1940) und Hans Ledwinka (1878–1967) wirkten am Bau des ‹Präsident› mit, Ferdinand Porsche (1875–1951) verbesserte den für das Lohner
Elektromobil von 1898 hergestellten Elektromotor.

Außenseiter blieb Siegfried Marcus (1831–1898). Ein Teil der autointeres-
sierten Welt hielt ihn lange Zeit für den Erfinder des Automobils, weil die
Jahresangabe 1877 auf der Hinweistafel des anläßlich der Wiener Gewerbe-
ausstellung 1898 gezeigten Wagens zu dieser Annahme verleitete. Demnach wäre er Benz und Daimler um rund 10 Jahre zuvorgekommen. Erst
1968 konnte geklärt werden, daß das Fahrzeug, auch als 2. Marcus-Wagen

◄ 38: Opel-Lutzmann, 1899.
Die von Friedrich Lutzmann nach Vorbild des Benz Viktoria gebauten Lutzmann-
Patent-Motorwagen von 1893–97 wurden ab 1899 von Opel unter Lizenz gebaut. Im
ersten Jahr konnten 11 Opel-Lutzmann verkauft werden. 1 Zylinder, 1500 cm$^3$, 4 PS.

39: Nesselsdorf-Präsident, 1898.
Erstes Auto der späteren Tatra-Werke mit Original-Benz-Motor im Heck. Die gubernal-ähnliche Lenkvorrichtung ist zugleich Geschwindigkeitsumschalter (Getriebeschalthebel). Beachtenswert die vordere Wagenverkleidung mit Stoßstange. 2 Zylinder-Boxermotor, 2714 cm³, 5 PS.

(Abb. 41) bekannt, aus dem Jahr 1888 stammt. Der erste Wagen von 1870 war ein nicht lenkbarer Handkarren, auf den Marcus einen Benzinmotor gesetzt hatte. 1882 konstruierte Marcus einen kleinen, effektiven Vergaser und 1883 eine magnet-elektrische Zündung, wie sie Bosch in ähnlicher Form 14 Jahre später herausbrachte. Marcus gebührt das Verdienst, mit seinem Wagen von 1888 das erste Auto mit einem magnet-elektrisch gezündeten Viertaktmotor gebaut zu haben.

Andere Länder wie Belgien, die Schweiz, Italien, Schweden und Holland begannen mit dem Bau von Motorwagen meist nach Konstruktionen von Benz, Daimler, Peugeot oder Panhard & Levassor. Nur in England durfte eine Entwicklung mechanisch angetriebener Fahrzeuge von Amts wegen nicht stattfinden. Das Red-Flag-Gesetz war inzwischen auf Motorwagen mit Benzin-Motoren erweitert worden und lähmte jede Initiative. Technischer Rückstand war die Folge. Als der Red Flag Act 1896 endlich fiel, hatten Käufer die Wahl zwischen Fahrzeugen der Daimler Motor Co in Coventry, in Wirklichkeit Importe von Daimler-Cannstatt, Fahrzeugen von Panhard & Levassor oder Benz-Nachbauten von Arnold, Marshall und Star. Frederick W. Lanchester (1868–1946) dürfte der einzige gewesen sein, der ohne kontinentale Vorbilder ab 1897 Autos mit Boxermotoren, Kardanwellen und Schneckengetrieben (s. Anhang) zu bauen begann.

Während europäische Autohersteller gegen Ende des vergangenen Jahrhunderts mit einem regelmäßigen, wenn auch bescheidenen Absatz rechnen konnten, befanden sich die Amerikaner noch im Experimentierstadium. Die Voraussetzungen für eine Motorisierung waren ungünstig: Gesetzgeber und Rechtsprechung standen mechanisch angetriebenen Fahrzeugen meist ablehnend gegenüber, Überlandstraßen wie in Europa waren nicht vorhanden. Die Erschließung des Kontinents erfolgte seit etwa 1850 durch die Eisenbahn, die den größten Teil des verfügbaren Kapitals band.

Über das für Straßenfahrzeuge am besten geeignete Antriebssystem herrschte in Amerika bis etwa 1900 Unklarheit. Druckluft-, Feder- und Gasmotoren konkurrierten mit Benzin-, Elektro- und Dampfwagen. Die Motorisierung begann in Amerika, als ein mit Rädern versehener Dampf-Bagger

◄ 40: Lohner-Mixte-Feuerwehrauto, 1902.
Konstruktion Porsche. Mixte- oder Hybrid-Antriebe sind zwei einander ergänzende Kraftquellen, meist eine Kombination von Elektro- und Verbrennungsmotor. Der Radantrieb erfolgt entweder durch den E-Motor allein, der Verbrennungsmotor ist dann nur Stromerzeuger, oder, in neuerer Zeit, durch mechanische Koppelung des Verbrennungs- und des E-Motors mit dem Radantrieb, d. h. wahlweise Zuschaltung. Verbundantriebe sind unwirtschaftlich wegen teurer Batterien und ungünstigem Verhältnis von Eigengewicht zu Nutzlast. Gering war die Produktion von Mixte-Antrieben um die Jahrhundertwende, Versuche mit PKW und Omnibussen wurden seit der Energiekrise 1973/74 wieder durchgeführt.

41: Zweiter Marcus-Wagen auf der Jubiläums-Ausstellung in Wien, 1898.
Die Jahreszahl 1877 auf der Hinweistafel hatte jahrzehntelang zu Kontroversen über
die Erfindung des Autos geführt. Erst 1968 konnte der Automobilhistoriker Hans Seper, Wien, das Baujahr des Marcus-Wagen endgültig auf 1888 festlegen.

von Oliver Evans (Abb. 42) durch die Straßen Philadelphias rumpelte, bevor
er im Delaware River vor Anker ging. Es folgten zahllose dampfgetriebene
Wagen, Motorräder und Buggies (s. Anhang), die trotz umständlicher Betä-
tigung den damaligen Elektrofahrzeugen überlegen waren. Die Elektrofahr-
zeuge waren in ihrer Energiezufuhr von Kabeln, Stromschienen oder galvanischen Elementen abhängig, bis der um 1860 erfundene Bleiakkumulator
und die Batterieschnellaufladung den Bau richtiger E-Automobile erlaubten. Nachdem es dem Belgier Camille Jenatzy 1899 bei Paris mit einem
stromlinienförmig verkleideten Elektrowagen (Abb. 58) als erstem Autofahrer gelungen war, die 100-km/h-Grenze zu überschreiten, räumten viele
Amerikaner nur dem Elektroantrieb (s. Anhang) Zukunftsaussichten ein.
Den Dampfantrieb ließen sie gelten, den Verbrennungsmotor mit seinen
störanfälligen Nebenaggregaten hielten sie für eine technische Sackgasse.
    In der Tat tauchten in den USA Benzinautos spät auf: John William Lam-
bert und Henry Nadig unternahmen 1891 mit ihren Mobilen zaghaft Probefahrten – fünf Jahre nach den ersten Elektrowagen, 86 Jahre nach Evans'

42: Oliver Evans' Orukter Amphibolos, 1805.
Das 1825 gegründete American Mcchanics Magazine veröffentlichte 1834 diese Abbildung. Danach konnte Orukter wegen des die Achsen verbindenden Riemens nicht gelenkt werden. Auch das im Heck angeordnete Schaufelrad ist bei im Wasser aufschwimmendem Bootskörper zu tief eingezeichnet, um funktionsfähig zu sein. Außerdem fehlt die Baggervorrichtung. Nach den schriftlichen Unterlagen Evans' wurde später ein Modell gebaut, das sich in vielen Einzelheiten von der Zeichnung unterscheidet und heute in der Smithsonian Institution in Washington DC aufgehoben ist.

**The Mechanic.**

JULY, 1834.

[For the Mechanic.]
STEAM-CARRIAGES.

[Evans' Steam-Engines. See page 196.]

Dampfbagger. Keiner der folgenden Pioniere griff auf Daimler-Motoren zurück, obgleich diese seit 1891 von der Daimler Motor Co in New York, die von dem Klavierbauer William Steinway gegründet worden war, angeboten wurden. Lieber nahmen sie Rückschläge mit Motoren eigener Konstruktion in Kauf. Auch George Bailey Brayton hätte eigene Motoren liefern können: Sein 1872 zum Patent angemeldeter einfachwirkender Brayton Ready Motor war der erste serienmäßig hergestellte Benzinmotor und gelangte in Seldens Buggy zum Einbau. George Baldwin Selden hatte 1879 ein Gefährt (Abb. 43) zum Patent angemeldet, auf Grund dessen er sich für den Erfinder des Motorwagens hielt. In den nächsten Jahrzehnten erpreßte er rund 30 Autofirmen mit Lizenzgebühren. Nach jahrelangen Rechtsstreitigkeiten zwischen Selden und einer Gruppe von Autofabrikanten unter Führung von Henry Ford erklärte der Supreme Court in New York 1911 das Selden-Patent für ungültig.

Als Auslöser der amerikanischen Motorisierung gilt eine von der Chicago Times Herald 1895 ausgeschriebene Veranstaltung, die weniger ein Rennen als vielmehr Bestandsaufnahme, Erprobung und Anregung sein sollte: Die mit Hilfe eines Prüfstandes ermittelten Leistungsdaten der anwesenden Fahrzeuge sollten das Wissen über mechanische Zusammenhänge vertiefen. Bei dem anschließend durchgeführten Rennen starteten zwei Elektrowagen, drei von ihren Besitzern technisch veränderte Benz und Frank Duryea mit einer eigenen Konstruktion (Abb. 44). Duryea gewann, zweiter wurde Charles Brady King auf Mueller-Benz. Die anderen Fahrzeuge erreichten das Ziel nicht. Der Chicago Times Herald Contest regte unter anderem Männer wie Henry Ford, Alexander Winton und Ransom E. Olds zum Bau von Motorwagen an.

Nach einer Aufstellung von The Horseless Age gab es 1895 in Amerika rund 80 mechanisch angetriebene Straßenfahrzeuge, davon 50 % mit Benzin-, 17 % mit Elektro- und 13 % mit Dampfantrieb. Erst in diesem Jahr wurde Selden sein Patent wegen geschickt nachgereichter Änderungsanträge

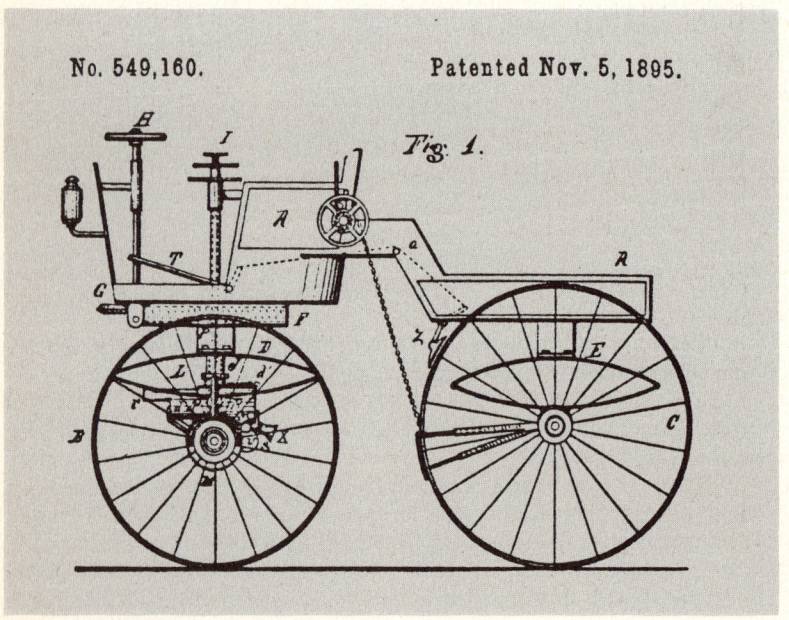

43: Patentskizze des Selden-Motorbuggy von 1895.
Selden hatte 1879 seinen Buggy zum Patent angemeldet, das ihm erst 1895 erteilt wurde. Weil er sich für den Erfinder des Automobils hielt und andere Autohersteller mit Lizenzabgaben erpreßte, kam es zu jahrelangen Rechtsstreitigkeiten. 1904 mußte Selden den im Patent 549 160 beschriebenen Buggy bauen, um zu beweisen, daß seine Konstruktion überhaupt fahrfähig war.

44: Duryea, 1895.
J. Frank Duryea beteiligte sich mit einem selbstkonstruierten Motorwagen am ersten Automobilrennen der USA 1895. Er beendete das 87 km lange Rennen als Sieger mit einer Durchschnittsgeschwindigkeit von 8,38 km/h unter winterlichen Bedingungen.

und Kunstpausen erteilt. Fünf Jahre später hatte sich der Anteil des Verbrennungsmotors an den 4192 gebauten Fahrzeugen auf 20 % verringert, Elektro- und Dampfmotoren erreichten je 40 %. Somit dürfte sich das Seldenpatent hemmend auf die Entwicklung des Benzinmotors in Amerika ausgewirkt haben. Erst nach 1900 setzte sich der Benzinmotor durch, nicht unbeeinflußt von den Erfolgen französischer Autos und des Mercedes von 1900/01.

## Die Ära Mercedes

Weil er Rennsiege für das wirksamste Mittel zur Absatzförderung hielt, forderte Emil Jellinek (1853–1918), österreichischer Großkaufmann und Daimler-Vertreter in Südfrankreich, Rennwagen mit mindestens 24 PS Motorleistung und besserer Straßenlage. Er hoffte damit die seit 1895 siegreichen Wagen von Panhard & Levassor schlagen zu können. Obwohl sich Gottlieb Daimler gegen den Bau spezieller Rennwagen sperrte, begann Maybach noch zu dessen Lebzeiten – Daimler verstarb im März 1900 – mit der Konstruktion des ‹Mercédès›, benannt nach einer der Töchter Jellineks.

45: Der erste Mercedes, 1900.
In nur knapp 10 Monaten konstruierte Wilhelm Maybach den ersten Mercedes, der dem Automobil sein eigenes Erscheinungsbild gab. Motorleistung, Straßenlage und Aussehen waren beispielhaft.

|  |  | Daimler 1898 | Mercedes 1900 |
|---|---|---|---|
| Leistung/Drehzahl | PS/min | 23/900 | 35/1000 |
| Hubraum | cm$^3$ | 5295 | 5918 |
| Gewicht | kg | 322 | 238 |
| spez. Leistung | PS/L | 4,2 | 5,9 |
| Leistungsgewicht | kg/PS | 14 | 6,8 |

Tabelle 1: Vergleich DMG-Vierzylindermotoren.

Die spezifische Leistung, auch Liter- oder Hubraumleistung, ist das Verhältnis zwischen Leistung und 1 Liter Hubraum. Sie dient als Vergleichszahl für verschieden große Motoren und wird in PS/L oder kW/L angegeben. Möglichst hohe Zahl.

Das Leistungsgewicht ist das Verhältnis zwischen Leistung und Motorgewicht (trocken). Angabe in kg/PS oder in kg/kW. Möglichst niedrige Zahl.

Herzstück des Mercedes (Abb. 45) war ein neukonstruierter Vierzylinder-motor. Seine spezifische Leistung (Tabelle 1) steigerte Maybach durch kon-struktive Verbesserungen: Leichtmetall-Kurbelgehäuse, gesteuerte Einlaß-ventile, zwei Nockenwellen und Bienenwabenkühler (s. Anhang). Statt der angestrebten 30 PS ergaben sich bei der Erprobung 35 PS, womit die Lei-stung alles bisher Dagewesene im Automobil-Motorenbau übertraf.

Den Motor pflanzte Maybach in einen Leiterrahmen, der nicht mehr aus genieteten Walzprofilen, sondern aus gepreßtem Stahlblech bestand. Rah-men aus Preßstahl waren kurz vor der Jahrhundertwende in England für den Waggonbau entwickelt worden. Die Herstellung erforderte wegen der Schneid- und Preßwerkzeuge höhere Investitionskosten als bisher für Fahr-gestelle üblich. Die Vorteile aber lagen im niedrigeren Gewicht, in der hohen Belastbarkeit und in der Verwindungssteife. Maybach war sehr wahrschein-lich der erste, der den Preßstahlrahmen in den Automobilbau einführte.

46: Mercedes Rennwagen, 1903.
Camille Jenatzy gewann das 4. Gordon-Bennet-Rennen auf Mercedes 60 PS in Irland 1903. Zur besseren Unterscheidung erschienen die Wagen der einzelnen Nationen in verschiedenen Farben, die sich teilweise zu National-Rennfarben entwickelten: Die englischen Rennwagen waren grün lackiert, die französischen hellblau, die amerikani-schen rot und die deutschen weiß. Rot wurde später die Rennfarbe Italiens, Deutsch-land ging in den dreißiger Jahren auf silberfarbene Rennwagen über.

47: Rolls-Royce, 1904.
Mit Ausnahme von Lanchester orientierten sich englische Autohersteller vor der Jahrhundertwende an Motorwagen von Benz und Daimler und an den davon abgeleiteten Fahrzeugen von Panhard & Levassor und Peugeot. Die deutsche Überlegenheit wurde noch einmal besonders mit Maybachs Mercedes 1900/01 deutlich, dessen Form und Technik von vielen Firmen, auch von Rolls-Royce, übernommen wurde.

Mit dem Mercedes hatte Maybach einen Wagen konstruiert, der wie kein anderer vorher oder nachher den Automobilbau beeinflußte. Mit dem vor dem Motor montierten Kühler und der anschließenden Motorhaube, mit dem niedrigen Fahrwerk, dem verlängerten Radstand und – bei späteren Modellen – den gleichgroßen Vorder- und Hinterrädern löste sich das Automobil endgültig in Form und Technik vom Kutschwagen und vom Fahrrad. Es nahm seine bis heute gültige Form an. Hans-Heinrich von Fersen, Deutschlands angesehener Autohistoriker, sieht den Beginn der «eigentlichen Geschichte des modernen Automobils mit dem Erscheinen des Mercedes» (H. H. von Fersen: Autos in Deutschland 1885–1920, Stuttgart 1965, S. 125), einer Konstruktion, die von Maybach allein stammt. Allerdings mußte Maybach, wie Jellinek später schrieb, «dirigiert» werden, weil er «wie alle Erfinder einseitig» war (E. Jellinek zit. nach F. Sass: Geschichte des Deutschen Verbrennungsmotorenbaues, Berlin 1962, S. 356). Jellinek hatte Maybach die entscheidenden Anregungen gegeben, womit auch er als Nichttechniker eine Rolle in der Frühgeschichte des Automobils spielte.

Die Erfolge des Mercedes und anderer Daimler-Wagen während der Rennwoche von Nizza 1901 beeindruckten die Motorsportwelt. Paul Meyan, Generalsekretär des Automobile Club de France, schrieb in einem Rückblick auf die Saison 1901: «Nous sommes entrés dans l'ère Mercédès» (wir sind in die Ära Mercedes eingetreten, zit. nach F. Schildberger: Gottlieb Daimler, Wilhelm Maybach u. Karl Benz, Stuttgart 1968, S. 50). Französische und italienische Konkurrenten beeilten sich mit der Übernahme Maybach'scher Konstruktionsdetails. Sie taten dies so erfolgreich, daß Mercedes keinen Sieg mehr erringen konnte. Erst 1903 schlug Camille Jenatzy auf Mercedes 60 PS (Abb. 46) im Gordon-Bennet-Rennen die Mannschaften aus England, Amerika und Frankreich. Der Daimler-Motoren-Gesellschaft war der Durchbruch im internationalen Sportgeschehen gelungen.

Nachhaltiger wirkte sich der Einfluß des Mercedes auf die allgemeine Automobilentwicklung aus. Firmen in aller Welt (Abb. 47) kopierten Form und Technik. Bei Benz, bis 1900 der Welt größter Autohersteller, gingen die Verkaufszahlen zurück. Hatte Daimler bisher etwa den zehnten Teil des Absatzes von Benz erreicht, so kehrte sich nach Schätzungen das Zahlenverhältnis nahezu um. Exakte Produktionsziffern liegen von Daimler aus dieser Zeit nicht vor.

| | Benz | Peugeot | Opel | Fiat |
|------|------|---------|------|------|
| 1894 | 67 | 40 | – | – |
| 1895 | 135 | 72 | – | – |
| 1896 | 181 | 92 | – | – |
| 1897 | 256 | 54 | – | – |
| 1898 | 434 | 156 | – | – |
| 1899 | 572 | 323 | 11 | 8 |
| 1900 | 603 | 500 | 24 | 24 |
| 1901 | 385 | 456 | 30 | 73 |
| 1902 | 226 | 637 | 64 | 107 |
| 1903 | 173 | 773 | 178 | 134 |

Tabelle 2: Produktionszahlen 1894–1903.

Vergeblich versuchte Carl Benz, den Vorsprung der Daimler-Motoren-Gesellschaft aufzuholen. Der Vorstand von Benz & Cie betraute den Franzosen Marius Barbarou mit der Konstruktion neuer Motoren und Wagen, womit sich Carl Benz nicht abfinden mochte: Er verließ die Gasmotorenfabrik 1903 und gründete zwei Jahre später die Firma C. Benz & Söhne in Ladenburg bei Mannheim. Gegenstand des Unternehmens: Herstellung von Motoren und Motorwagen. Die Firma hat niemals Bedeutung erlangt.

## Der große Aufbruch

Während die Europäer das Auto als technische Herausforderung verstanden, betrachteten es die Amerikaner vor allem als Mittel zum Geldverdienen. Der der Vielweiberei frönende Nähmaschinen-Tycoon Isaac Singer drückte es so aus: «Ich huste auf die Erfindung, ich bin nur auf Penunzen aus» (zit. nach W. Meyer-Larsen: Der Untergang des Unternehmers, München 1978, S. 107). Was zählte, war die verkaufte Stückzahl pro Produktions-

48: Mobile Dampfwagen, 1900.
J. B. Walker gründete 1899 die Mobile Company of America und baute, wie auch die Locomobile Company of America (1899–1929), Dampfwagen nach Stanley-Lizenzen. Mobile- und Locomobile-Steamer unterschieden sich in den ersten Jahren kaum voneinander.

jahr – ein amerikanisches Phänomen, das über die Massenproduktion zur Fließbandfertigung führte.

Einige Fabriken in Amerika hatten schon im 19. Jahrhundert die Massenproduktion komplizierterer Gegenstände wie Gewehre, Uhren, Nähmaschinen und Fahrräder aufgenommen; Autos folgten ab etwa 1900. Die Columbia & Electric Vehicle Co stellte in diesem Jahr 1500 Elektromobile her, die Locomobile Co 750 Dampfwagen (Abb. 48). Als erster Großserienwagen gilt das von Ransom Eli Olds gebaute Oldsmobile Curved Dash (Abb. 49), von dem zwischen 1900 und 1904 11 275 Exemplare verkauft werden konnten. Der Curved Dash bedeutete zugleich den Durchbruch des Benzinmotors gegenüber den beiden anderen Antriebssystemen.

Trotz den gegenüber Europa sehr viel höheren Stückzahlen ließ sich absehen, daß der zukünftige Bedarf wegen des größeren Binnenmarktes mit herkömmlichen Produktionsmethoden nicht zu decken war. Mit rund 5000 Einzelteilen galt das Auto damals als eines der kompliziertesten Industrieprodukte. Im Gegensatz zu anderen technisch aufwendigen Erzeugnissen (Werkzeugmaschinen, Lokomotiven) mußte es in größeren Stückzahlen, in kürzerer Zeit und zu niedrigeren Preisen hergestellt werden. Dem jedoch waren Grenzen gesetzt. Die Fabriken konnten nicht beliebig vergrößert werden. Amerika war bis zum Ersten Weltkrieg Schuldnerland, Kapital stand nur begrenzt zur Verfügung. Der Arbeitskräftemangel zwang in sämtlichen Wirtschaftsbereichen zur Mechanisierung von Arbeitsvorgängen. Der Mechanisierungsgrad in der US-Autoindustrie war höher als der bei europäischen Autofirmen, er war aber noch zu gering, um den Bedarf an Autos decken zu können.

| | Arbeits-<br>kräfte | Produktion<br>in Stück | Produktivität<br>pro Mann und Jahr |
|---|---|---|---|
| Packard | 4 640 | 1 403 | 0,3 |
| Cadillac | 3 500 | 2 884 | 0,8 |
| Buick | 4 000 | 4 641 | 1,2 |
| Ford [1] | 2 595 | 14 887 | 5,7 |
| zum Vergleich:<br>Daimler-Motoren-<br>Gesellschaft 1915 | | | 1,5 |

[1] Ford war zu dieser Zeit weitgehend Montagebetrieb und kam daher mit weniger Arbeitern aus.
Zahlen angenähert

Tabelle 3: Produktivität pro Mann 1907.

49: Polymobil Lizenz Oldsmobile, 1904.
Die amerikanischen Olds Motors Works vergaben recht großzügig Lizenzen zum
Nachbau des Oldsmobile Curved Dash nach Europa. Neben Excelsior in der Schweiz
und Adams-Hewitt in England erwarben gleich zwei Firmen in Deutschland die Nach-
baurechte: die Ultramobil Gesellschaft in Berlin und die Polyphon-Musikwerke in
Wahren bei Leipzig. Deren Polymobil-Gazelle unterschied sich vom Original-Oldsmo-
bile durch eine leicht geänderte Karosserie, weist aber auch die gebogene Spritzwand
(curved dash) auf, die dem Wagen den Namen gab.

Vor dem Problem eines höheren Tagesausstoßes stand vor allem Henry
Ford. Die Nachfrage nach seinem 1908 vorgestellten Modell T (Abb. 50)
zwang ihn zur Fertigung ‹am laufenden Band›, das bereits bei den Chicagoer
Schlachthöfen, bei der Konservenindustrie und bei einer Pittsburgher Eisen-
gießerei eingeführt worden war. Die Komplettierung eines Fahrgestells mit
Achsen, Federn und Motor dauerte vor Einführung der Fließbandfertigung
12,5 Stunden, danach 2,6 Stunden (Dezember 1913). «Anfang 1914», so
Henry Ford in seiner Autobiographie, «legten wir die Sammelbahn höher.
Wir hatten inzwischen das Prinzip der aufrechten Arbeitsstellung eingeführt
… Das Heraufrücken der Arbeitsebene in Armhöhe und eine weitere Auf-
teilung der Arbeitsverrichtungen … reduzierte die Arbeitszeit auf eine

Stunde 33 Minuten pro Chassis» (H. Ford: Mein Leben und Werk, Leipzig 1923, S. 95).

Rationalisierung nach Taylor, Standardisierung und Normung von Einzelteilen, deren Vereinfachung und die Fließbandfertigung drückten die Herstellungskosten. Eigenfertigung fast aller Einzelteile schaltete Lieferrisiko und Gewinn der Zubehörindustrie aus. Wenige formale und technische Änderungen am Fahrzeug ermöglichten den Einbau von Ersatzteilen auch in Fahrzeuge verschiedener Baujahre und ließen das Auto nicht unnötig schnell veralten. Dank einfacher Konstruktion konnten selbst Dorfschmiede Reparaturen erledigen. Ford hatte erkannt, daß Herstellung und Vertrieb eines Autos weniger ein technisches als ein wirtschaftliches Problem darstellen. Die Infrastruktur genoß Vorrang, das Auto selbst war Nebensache. Schließlich überzog Ford das Land mit Werkstätten und Ersatzteildepots. Den Kunden wurde so das Gefühl vermittelt, nicht nur Käufer von Ford-Wagen, sondern Partner von Old Henry zu sein. Fords after sales service war maßgeblich am Erfolg des T-Modells beteiligt.

1914, im ersten Kalenderjahr nach Einführung der Fließbandfertigung, stieg der Ausstoß um 152% auf 308162 T-Modelle, in den zwanziger Jahren betrug er mehr als eine Million Einheiten pro Jahr. Als das T-Modell im Mai 1927 nach 19jähriger Produktionszeit vom Band genommen wurde, hatte Fords Highland Park Factory 15007033 Exemplare ausgespuckt, ein bis 1972 nicht erreichter Produktionsrekord.

Mit der Tin Lizzy gewann Amerikas Industrialisierung eine neue Qualität. Als Unternehmer entfernte sich Ford vom ruppigen Ausbeuterstil der Gründerjahre, indem er seine Arbeiter als Konsumenten entdeckte. Er untermauerte seinen Anspruch, das Auto zu demokratisieren, mit drei Maßnahmen: Er zahlte 10 bis 15% höhere Löhne als üblich, führte 1914 einen garantierten Mindestlohn von $ 5,– pro Tag, entsprechend $ 130,– monatlich, ein, und senkte den Preis für das T-Modell bis auf $ 290,– im Jahr 1924. Die von Ford praktizierte Form des Kapitalismus integrierte den bisher weitgehend besitzlosen Fließbandarbeiter gewaltlos in eine Gesellschaft des Massenkonsums, später des Wohlstands, ja des Überflusses.

Die Arbeiter selbst bewerteten den ‹Fordismus› widersprüchlich. Anerkannt wurde der 1926 eingeführte 6-Tage-Lohn für eine fünftägige Arbeitswoche und die Aufstockung des garantierten Mindestlohns auf $ 7,– pro Tag ab 1929. Ein Teil der Fließbandarbeiter sah in den sich stets wiederholenden Handgriffen die Entseelung ihrer Persönlichkeit, anderen erlaubte die Gleichförmigkeit gedankliche Distanz zum Arbeitsvorgang. Die Arbeitsbedingungen müssen sich ab Mitte der dreißiger Jahre verschlechtert haben. Bandtempo und Anzahl der zu überwachenden Maschinen stiegen, erzwungene Arbeitsplatzwechsel und Kündigungen verunsicherten die Arbeiter, die inzwischen weniger verdienten als ihre Kollegen bei General Motors und Chrysler. Den wachsenden Einfluß der Automobil-Gewerkschaft bekämpfte

50: Ford T, 1909.

In der Frühzeit des Automobils konnte man je nach Jahreszeit mit demselben Wagen offen oder geschlossen fahren. Ford bot für das T-Modell drei verschiedene Offen-

70

Henry Ford mit allen Mitteln. Die Spannungen entluden sich im Mai 1937, als Mitglieder der geheimen Werkspolizei Gewerkschaftsvertreter der United Automobile Workers (UAW) auf einer Fußgängerüberführung verprügelten. Ford gewann zwar die Schlacht, als Battle of the Overpass in die Geschichte der amerikanischen Arbeiterbewegung eingegangen, verlor aber den Krieg: Bei der Abstimmung für oder gegen Gewerkschaftsbeitritt stimmten nur 2,6 % dagegen – eine der größten Niederlagen eines erzkonservativ gewordenen, starrsinnigen alten Mannes.

Massenfertigung und Fließband sind die herausragenden Merkmale des hier betrachteten Zeitraums. Sie weisen auf die Marschrichtung der US-Autoindustrie mit Schwerpunkt auf einfache Konstruktionsmerkmale, Rationalisierung und Gewinnmaximierung, weniger auf technische Experimente und Individualismus. Ausnahmen bestätigen die Regel: Charles Yale Knight entwickelte einen Motor, bei dem die üblichen Ventile durch eine komplizierte Schiebersteuerung ersetzt worden waren. Der Knight-Motor (Abb. 51) wurde trotz des niedrigen mechanischen Wirkungsgrades (s. Anhang) gegenüber herkömmlichen Motoren rund 30 Jahre angeboten, zunächst von europäischen, dann auch von amerikanischen Autofirmen.

Eine Sonderentwicklung im amerikanischen Automobilbau stellten die Buggies oder High Wheelers dar, pferdewagenähnliche Gebilde, die von Landmaschinenfabriken wie International Harvester oder Holsman hergestellt wurden (Abb. 52). Trotz primitiver Technik – Klotz- oder Reibrollenbremsen, Seilantriebe, Lenkpinnen – zeichneten sie sich durch ausreichende Geländetüchtigkeit aus, auf die die Käufer, meist Farmer, angewiesen waren. Denn außerhalb der Siedlungen waren die Wege oft unpassierbar. Die erste Ost-West-Verbindung, der 5360 km lange Lincoln Highway von Boston nach Sacramento, wurde erst 1913 eingeweiht und war noch zehn Jahre später weitgehend unbefestigt. Sportsleute waren nicht auf ihn angewiesen: 1903 schaffte ein 20-PS-Winton die Strecke San Francisco – New York in 63 Tagen, 1904 benötigte ein 10-PS-Franklin nur 39 Tage – Amerika hatte ein neues Spiel entdeckt. Jedes US-Autowerk veranstaltete seitdem irgendwann einen Transcontinental Run und schlachtete ihn publizistisch aus.

Mit zunehmender Nachfrage nach Autos wuchs der Kapitalbedarf der Herstellerfirmen. Ein Ausleseprozeß setzte ein. Es kam zu Firmenaufgaben, zu Gründungen von Kapitalgesellschaften und zu Firmenzusammen-

Aufbauten an (Open Car, Touring, Roadster), die innerhalb von einer Stunde gegen geschlossene Aufbauten, z. B. Town Car oder Coupé, ausgewechselt werden konnten. Aufbauvariationen sind auch bei heutigen Autos mit selbsttragender Karosserie möglich und wünschenswert, doch werden sie bisher leider nicht angeboten.

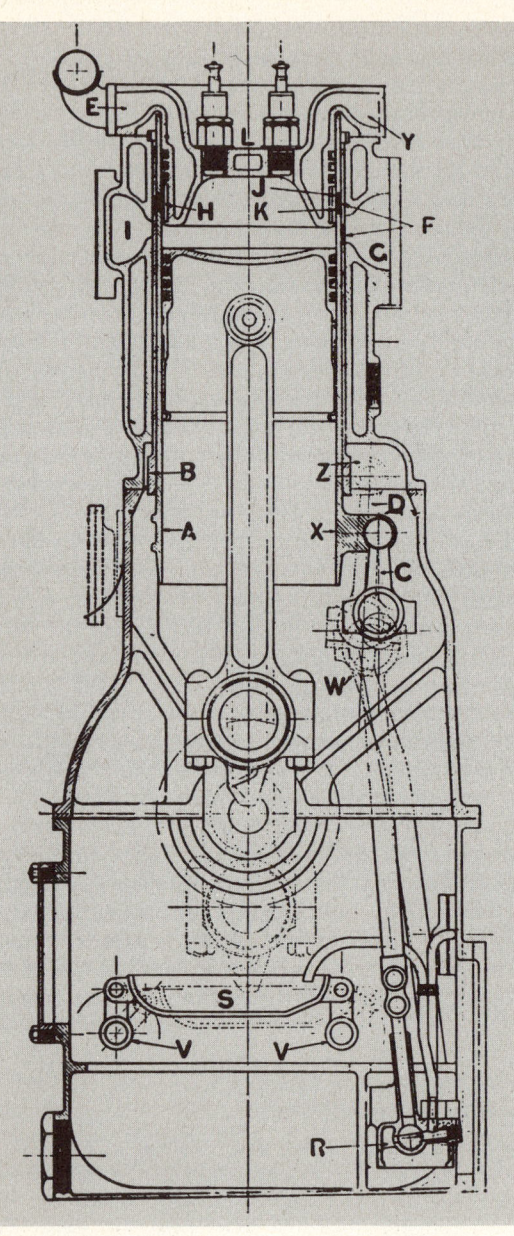

schlüssen. 1903 schmiedete Albert A. Pope einen Autotrust zusammen, dessen Produkte den damaligen Markt abdeckten. Vier Jahre später brach sein Konzern zusammen. John North Willys rückte bis 1918 mit mehreren von ihm kontrollierten Autowerken auf Platz zwei hinter Ford. William Crapo Durant (1862–1947) kaufte Firmen dutzendweise. 1908 gründete er General Motors, 1911 Chevrolet. Nach Meinungsverschiedenheiten mit General Motors bildete er 1921 den Konkurrenzkonzern Durant Motors, der in der Wirtschaftskrise unterging. General Motors dagegen entwickelte sich zum größten Autohersteller der Welt.

Bis zum Ersten Weltkrieg hatte sich in Amerika und Europa bei den Automobilen die Standard-Bauweise (Motor vorne, Antrieb hinten und Starrachsen) durchgesetzt. Weiterentwicklungen erhöhten die Alltagstauglichkeit. Die Druckumlaufschmierung (s. Anhang) hatte die Tauchschmierung ersetzt, die Hochspannungszündung (s. Anhang) die Abreißzündung und der elektrische Anlasser die Andrehkurbel. Der schlingernde, hochgebaute Motorwagen um die Jahrhundertwende hatte sich im Laufe der Zeit zu einem niedrigen, gestreckten Automobil entwickelt.

Da die meisten Autohersteller nur das Fahrwerk lieferten, wurde die Karosserie von Karosseriebaufirmen nach Werks- oder Kundenwunsch angefertigt. Die Karosserien bestanden aus einem Holzgerippe mit Beplankung aus Holz-, später Blechtafeln, bei Luxuswagen aus Aluminium. Ein offener, viersitziger Aufbau kostete 1913 bei der Daimler-Motoren-Gesellschaft, einer der wenigen Autofabriken mit eigener Karosserieabteilung, 2200 Mark. Limousinen, noch mit offenem Fahrersitz, waren doppelt so teuer und strahlten die ganze Anmut der Belle Époque aus, besonders, wenn sie von Pariser Karossiers stammten (Abb. 53). Der offene Wagen dominierte. Ab etwa 1910 kamen Sportwagen von Alfa, Austro-Daimler, Stutz und anderen Firmen hinzu.

Qualität im Hinblick auf ausgesuchte Werkstoffe und hervorragende Verarbeitung stand im Vordergrund der Luxuswagenfirmen wie Packard, Delaunay-Belleville, Rolls-Royce, Isotta-Fraschini, Hispano-Suiza und Metallurgique (Abb. 54). Die darunterliegenden Klassen betonten die Wirtschaftlichkeit. Die unterste Stufe der Motorisierung auf drei oder vier Rädern stellten die Cycle Cars dar. Sie bestanden vorwiegend aus Motorradteilen, ihre

◄ 51: Knight-Schiebermotor von Daimler-Coventry, ca. 1911.
Der Arbeitskolben gleitet in dem Innenschieber A und dieser in dem Außenschieber B. Die Steuerung der Schieber übernimmt die Antriebswelle W mit der Pleuelstange C. Decken sich die Schieberschlitze H mit der Ansaugkrümmeröffnung I, kann das Frischgas in den Zylinder strömen, decken sich die Schieberschlitze K mit der Auspuffkrümmeröffnung G, können die verbrannten Gase wieder austreten. Problematisch war die Kühlung und Schmierung des Innenschiebers A im Bereich des Zylinderkopfes L und im unteren Teil.

52: McIntyre High Wheeler, 1909
Neben International Harvester und Holsman, den beiden größten Buggy-Fabriken, boten auch kleinere Firmen wie McIntyre Buggies oder High Wheeler an. Ihre Merkmale waren durchweg luftgekühlte Boxermotoren und Vollgummi- oder Eisenbereifung auf hohen Rädern.

74

53: Delaunay-Belleville, 1912.
Anmutig geben sich die geschlossenen Aufbauten vor allem der französischen Karossiers. Hier eine Limousine mit offenem Fahrersitz vom Karosseriehersteller Paul Née, Levallois-Paris, auf Chassis Delaunay-Belleville. 4 Zylinder, 2950 cm³, 25 PS.

54: Metallurgique, 1907.
Metallurgique (1898–1928) war eine belgische Marke, die um 1910 Qualitäts-Fahrwerke mit verschieden starken Vierzylinder-Motoren anbot. Ein «Chassis 28 HP» mit 3,75-Liter-Motor kostete 13 000 Mark und wog 800 kg ohne Reifen. Laut Verkaufskatalog von 1907 wurde jedem Chassis bei Lieferung neben Werkzeug auch «3 Meter Isolierband, 0,50 Meter starker Leitungsdraht, 25 verschiedene Splinte, 200 Gramm feiner Schmirgel und 100 Gramm Werg gratis beigegeben».

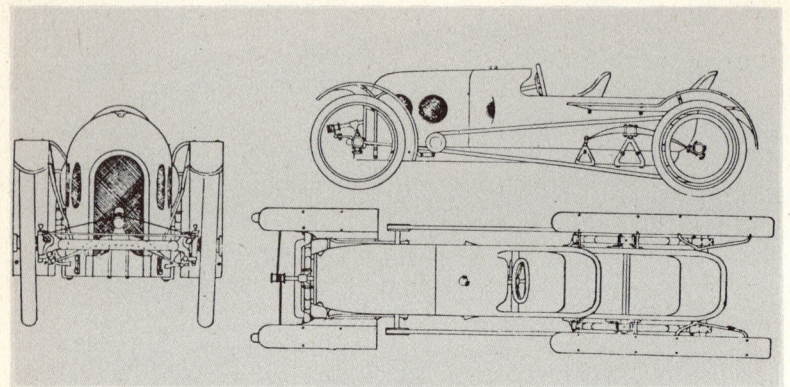

55: Malcolm Cycle Car, 1914.
Eines der besser durchgebildeten Cycle Cars aus den USA. Tandemsitzanordnung,
Kraftübertragung über lange Riemen zu den Hinterrädern. Luftgekühlter Zweizylin-
dermotor von 10–15 PS.

56: Swift, 1912.
Swift war eine kleinere englische Firma, die von 1900 bis 1931 solide, aber meist etwas
altmodische Autos baute. Abgebildet ist der leichte Typ 7 HP (2 Zylinder, 1 000 cm³),
der sich in England gut verkaufen ließ.

57: Entwicklung des Windlaufs.

1 Kein harmonischer Übergang zwischen Motorhaube und senkrecht stehender Spritzwand. Verstellbare Windschutzscheibe und imitierter Lederschutz konnten gegen Aufpreis als Sonderausrüstung bestellt werden. Bis etwa 1910.

2 Harmonischer Übergang (Torpedo, später Windlauf) zwischen Motorhaube und Aufbau, entwickelt von den Karosserie-Werken Ludw. Kathe, Halle a. S., für die Horch-Tourenwagen der Prinz-Heinrich-Fahrt 1908.

3 Der Windlauf wird zum eigenständigen Karosserieteil und nimmt Stilelemente (Zierleisten), Beleuchtungskörper und Frischluftklappen für die Innenraumbelüftung auf. Zwanziger Jahre.

4 Mit Einführung der Ganzstahl-Karosserien verkümmert der Windlauf zur Windschutzscheiben-Umrahmung (dreißiger bis fünfziger Jahre) ...

5 ... und dient schließlich nur noch zur Unterbringung von Luftschlitzen und Scheibenwischerlagerungen. Sechziger Jahre bis heute.

6 Wird die Frontklappe bis zur Windschutzscheibe vorgezogen, kann das Windlaufblech ganz entfallen. Vorteile: Kostenersparnis, bessere Sicht und größere Wischflächen durch Verschwind-Scheibenwischer sowie Minderung von Unfallfolgen durch entsprechende Ausführung der Motorhaube. Seit den sechziger Jahren teilweise angewendet.

Technik geriet mit Reibradgetrieben (s. Anhang), Riemenantrieben und Lenkkraftübertragungen aus Seilen oder Ketten oft primitiv. Die Cycle-Car-Welle von 1910 bis 1916 brachte in England, Frankreich und Amerika je etwa 100 Firmen hervor (Abb. 55). In Deutschland gab es rund 10 Anbieter. Am bekanntesten wurden hier das Phänomobil und die Cyclonette.

An die Cycle Cars schloß die in Europa dicht besetzte Klasse der leichten Wagen bis 18 PS an, unter anderem von Adler, Wanderer, Mathis, Hansa, FN, Swift (Abb. 56) und Singer angeboten. Sie sind als Vorläufer der in den zwanziger Jahren so erfolgreichen Kleinwagen wie Austin 7, Citroën 5 CV und Fiat 509 zu betrachten.

Die etwas stärkeren Tourenwagen als nächstgrößere Fahrzeugklasse standen jahrelang im Mittelpunkt des Interesses: Auf Anregung des deutsch-englischen Malers Hubert von Herkomer (1849–1914), der vom Automobil begeistert war, veranstalteten der Bayerische und der Deutsche Automobil-Club Tourenwagen-Prüfungsfahrten. Die drei Herkomer-Fahrten 1905–1907 mündeten in die nach dem Bruder des Kaisers genannten Prinz-Heinrich-Fahrten 1908 bis 1910. Gewertet wurden, neben einer hohen Durchschnittsgeschwindigkeit, Zuverlässigkeit, Bequemlichkeit und Wirtschaftlichkeit. An beiden Prüfungsfahrten beteiligten sich auch ausländische Fabrikate. Austro-Daimler und Vauxhall übernahmen ‹Prinz Heinrich› oder ‹Prince

58: Jenatzy-Rekordwagen, 1899.
Jenatzy in seinem blumengeschmückten Elektro-Rekordwagen La Jamais Contente, mit dem er als erster Autofahrer die 100-km/h-Grenze überschritt.

59: Blitzen-Benz, 1909.
Die verbesserte Finanzlage und vermutlich auch das Ausscheiden Wilhelm Maybachs aus der Daimler Motoren Gesellschaft ermutigten die Benz-Werke 1907 zum Bau neuer Rennwagen in der Hoffnung, die Maybachschen Mercedes-Motoren endlich schlagen zu können. Nach einigen kleineren Rennwagen entstand 1909 der später Blitzen-Benz genannte Renn- und Rekordwagen mit zunächst 120 PS, dann 150 und schließlich 200 PS. Der in den USA von Bob Burman 1911 aufgestellte Rekord von 228,1 km/h über eine Meile blieb bis 1924 unangetastet. 4 Zylinder, 21 504 cm$^3$, 200 PS.

Henry› als Typenbezeichnung. Speziell für die PH-Fahrt 1908 entwickelte die Karosseriefabrik Ludwig Kathe für Horch eine Sportkarosserie mit Windlauf und glatten Seitenwänden (Abb. 57). Die Karosserieform fand Nachahmer in aller Welt.

Seit Maybachs Mercedes 1900/01 waren deutsche Rennwagen zu gefürchteten Gegnern geworden. Im Grand Prix de France von 1914, dem letzten großen Rennen vor dem Ersten Weltkrieg, schlug Mercedes den Favoriten Peugeot.

Neben Rennwagen spielten auch Rekordfahrzeuge zur Demonstration neuer technischer Entwicklungen eine Rolle. Als Initiator von Automobilrekordfahrten gilt der Franzose Jeantaud, um die Jahrhundertwende der größte Elektromobilhersteller in Europa. Im Dezember 1898 erreichte einer seiner Elektrowagen die Geschwindigkeit von 63,18 km/h. Der Belgier Jenatzy stellte mit 66,65 km/h diesen Rekord ein, worauf sich Jeantaud herausgefordert fühlte. Es folgte ein monatelanges Wettfahren mit immer neuen Geschwindigkeitsrekorden. Schließlich erreichte Jenatzy mit einem stromlinienförmig verkleideten Elektrofahrzeug (Abb. 58) im Jahr 1899 eine Geschwindigkeit von 105,88 km/h. Er war damit der erste Mensch, der in einem Auto über die Hundertkilometer-Marke kam, eine Geschwindigkeit, die erst 1904 von einem Darracq mit Benzinmotor überboten werden konnte. Sieben Jahre später erreichte Bob Burman mit dem von Hans Nibel konstruierten Blitzen-Benz (Abb. 59) eine Geschwindigkeit von 228,1 km/h – ein Rekord, der bis 1924 unangetastet blieb.

Eine andere Art motorsportlichen Wettbewerbs waren Langstreckenfahrten. Nach der Erschließung Europas und Nordamerikas durch Motorsport und Transcontinental Runs durchquerten Autofahrer Afrika und Asien. Der eher empfindsamen Reise – und ersten Alpenüberquerung mit einem Auto – des mitteilsamen Otto Julius Bierbaum 1902 auf Adler 8 PS folgten Mensch und Maschine verschleißende Langstreckentorturen im Stil der neuen Zeit: Paul Graetz auf Gaggenau durchquerte als erster Afrika in Ost-West-Richtung. Er verließ Daressalam 1907 und erreichte Swakopmund nach 630 Tagen. Fürst Scipione Borghese gewann das Rennen Peking–Paris 1907 auf Itala. Er benötigte für die 13000 Kilometer zwei Monate. Ein noch längeres

60: Protos New York–Paris, 1908.
Das von Protos gelieferte 17/35-PS-Personenwagen-Fahrwerk erhielt von der Berliner Karosseriefabrik Jos. Neuss einen LKW-Aufbau, um Ersatzteile, Nahrungsmittel und sonstige Ausrüstungsgegenstände besser verstauen zu können. 4 Zylinder, 4560 cm³, 35 PS.

Rennen folgte 1908: Der Pariser Matin und die New York Times schrieben eine Automobil-Wettfahrt von New York nach Paris über Chicago, Seattle, Wladiwostok, Irkutsk, Omsk, Moskau und Berlin aus. Hans Koeppen auf Protos (Abb. 60) traf nach sechs Monaten als erster im Ziel ein, wurde aber auf Platz zwei hinter das amerikanische Team auf Thomas-Flyer verwiesen, weil er seinen Protos auf Grund eines Mißverständnisses vor Seattle auf die Bahn verladen hatte.

Nordamerika hatte sich inzwischen zum Autoland Nummer eins aufgeschwungen und Europa hinter sich gelassen. Ford allein produzierte 1912 170200 Personenwagen, alle englischen Autohersteller zusammen 23200 Stück, Deutschland im Jahr 1913 nur 12400. Der Gesamtbestand an Kraftwagen betrug 1914 in den Vereinigten Staaten über 1,3 Millionen, in England 245000, in Frankreich 100000 und in Deutschland nur 64000 Einheiten.

## Lastwagen und Omnibusse bis 1914

Die Anstöße zur Entwicklung von Lastwagen mit Benzinmotoren kamen, wie auch beim Personenwagen, aus Deutschland, dem Land ohne Dampfwagentradition. Gottlieb Daimler, der seinen Motor universal eingesetzt sehen wollte, und Wilhelm Maybach bauten 1896 den ersten Lastwagen mit Benzinmotor (Abb. 61). Der Motor war zunächst hinter der Hinterachse, bei späteren Modellen zwischen den Rädern unter der Ladefläche (Unterflurmotor) angeordnet. Der Aufbau entsprach einem Pferdefuhrwerk, die Lenkung erfolgte statt über eine Deichsel über Ketten und Gestänge.

Daimler lieferte seinen Erstling nach England, wo, wie auch in Frankreich, Benzin-Lastwagen gegenüber Nutzfahrzeugen mit Dampfantrieb zunächst kaum eine Chance hatten. Wettbewerbe in Versailles und in Liverpool zwischen 1897 und 1899 hatten die Verfechter der Dampfwagen in ihrer Meinung bestärkt, daß nur ihre Fahrzeuge schwere Lasten wirtschaftlich und zuverlässig befördern könnten. 1901, wiederum in Liverpool, schnitten jedoch erstmals von der Motorfahrzeug- und Motorenfabrik Marienfelde an G. F. Milnes gelieferte 1,5-Tonner mit 10 PS besser ab als die Steamer von Leyland, Mann und Thornycroft, auch wenn die Betriebskosten noch höher lagen. Die Überlegenheit des Dampfantriebs im LKW-Bau bröckelte ab, obwohl gerade englische Firmen dem Dampfmotor bis in die zwanziger Jahre die Stange hielten. Neue Gesetze, die das Gesamtgewicht begrenzten, förderten den Einsatz von Verbrennungsmotoren in Nutzfahrzeugen (Abb. 62).

Bis 1900 waren Daimler, Marienfelde und Benz auf dem Liefer- und Lastwagenmarkt unter sich, doch bis 1906 drängten in Deutschland zahlreiche andere Firmen nach, darunter Dürkopp, Büssing und NAG. Mit Ausnahme der Firma Hagen, die einen Lastwagen mit Elektro-Antrieb baute, besaßen die Nutzfahrzeuge Zwei- oder Vierzylinder-Benzinmotoren vorn unter der

Für die Landwirthschaft:

Daimler-Motoren-Gesellschaft Cannstatt

Ein „Daimler" ist ein gutes Thier,

Zieht wie ein Ochs, du siehst's allhier;

Er frißt nichts, wenn im Stall er steht

Und sauft nur, wenn die Arbeit geht;

Er drischt und sägt und pumpt dir auch,

Wenn's Moos dir fehlt, was oft der Brauch;

Er kriegt nicht Maul- noch Klauenseuch

Und macht dir keinen dummen Streich.

Er nimmt im Zorn dich nicht aufs Horn,

Verzehrt dir nicht dein gutes Korn.

Drum kaufe nur ein solches Thier,

Dann bist versorgt du für und für.

Cannstatt
zum Volksfest 1897.

Daimler-Motoren-Gesellschaft.

61: Daimler-Lastwagen, 1896.
Volksfeste und Ausstellungen eigneten sich gut zur Propaganda für die ersten Motorwagen. Zum Cannstatter Volksfest 1897 ließ sich die Daimler-Motoren-Gesellschaft etwas Besonderes einfallen. Der erste Lastwagen mit Benzinmotor konnte mit 4, 6, 8 und 10 PS Motorleistung und mit Nutzlasten für 1500, 2500, 3750 und 5000 kg bestellt werden.

Motorhaube; Zahnrad-Wechselgetriebe und Ketten, seltener Kardanwelle, übertrugen die Motorleistung auf die Hinterachse. Die Räder waren zunächst eisen-, ab etwa 1903 durchweg vollgummibereift. Feste, aber noch offene Fahrerhäuser tauchten erst um 1910 auf (Abb. 63).

Für den Transport von Waren im «Anschluß an die Güterzüge der Eisenbahn» wurden Zugmaschinen mit Spezialanhängern in Deutschland und Frankreich entwickelt. Joseph Vollmer (1871–1955) konstruierte 1902/03 einen solchen Motorzug, der bei der Neuen Automobilgesellschaft (NAG) in Berlin gebaut wurde. Der nicht spurgeführte Zug, noch eisenbereift

# Lieferungs-Wagen „Benz".

Voiture de livraison „Benz".  Parcel and luggage motor-car „Benz".

### Prix:

Voiture-automobile brévetée pour transports de marchandises, moteur d'une force de 6 HP., quatre roues munies de bandages en caoutchouc plein. Exécution très soignée. Réclame excellente pour tout commerce important. Charge admissible 600 kilos y compris le conducteur, complète:

**Mk. 4500.–**

### Preis:

Patent-Motor-Wagen für Waarenlieferungen mit 6pferdigem Motor, in hochfeiner Ausführung, grosse Reclame für jedes bedeutende Geschäft, mit 4 massiv Gummiräder, zulässige Belastung inclusive Lenker 600 Kilo, complett:

**Mk. 4500.–**

### Price:

Patent motor-carriage for delivery of goods, motor of 6 HP., perfectly made and finished, with four strong wheels fitted with solid rubber tyres. A fine reclame for all important firms, to carry a weight of 600 Kilos including the driver, complete:

**Mk. 4500.–**

62: Benz-Lieferwagen, 1898.
Emile Roger, Benz-Vertreter in Frankreich, hatte 1895 in Birmingham die Anglo-French Motor Carriage Co. Ltd. als Gegengewicht zur Daimler Motor Co. in Coventry gegründet. 1897 bot die Anglo-French auch Lieferwagen an und war damit der Mutterfirma in Mannheim um gut ein Jahr voraus. Abnehmer der englisch-deutschen «Lieferungswagen» waren in erster Linie Londoner Warenhäuser.

und nur 45 PS stark, konnte 10 Tonnen Nutzlast schleppen, seine Höchstgeschwindigkeit betrug 10 km/h. Der ‹DURCH› genannte Zug (Abb. 64) erregte bei seiner Vorführung in Anwesenheit des preußischen Kriegsministers, des Generalstabes und der Verkehrstruppe auf dem Tempelhofer Feld in Berlin beträchtliches Aufsehen und wurde ab 1905 in Deutsch-Südwest eingesetzt.
    Drei Jahre später entwickelte der Siemens-Schuckert-Ingenieur Wilhelm A. Th. Müller-Neuhaus seinen aus Maschinenwagen und sechs lenkbaren und spurtreuen Anhängern bestehenden Müller-Zug (Abb. 65). Ein Ben-

# H. Büssing
## Braunschweig

**Fabrik für Motor-Omnibusse, -Lastwagen u. Verbrennungs-Motoren.**

Wendeburg-Braunschweig

*Motor-Omnibusse von 20 und 25 PS, für 20 bis 25 Personen.*

*20 PS Brauereiwagen für Fasstransport.*

**Motor-Lastwagen für Brauereizwecke, Viehtransport und andere Industriezweige.**

Konstruktionen im eigenen Betrieb erprobt.

Denkbar günstigste Betriebsresultate.

63: Büssing, 1903.
Ein Inserat von Heinrich Büssing zeigt den Stand der Technik 1903: bei den Lastwagen offene Fahrerhäuser, Eisenbereifung und Kettenantrieb, bei den Omnibussen Einstieg hinten und immerhin schon Vollgummibereifung. Das Dach über dem Fahrersitz war als Gepäckbrücke ausgebildet.

64: NAG-DURCH Lastzug, 1903.
Der von Joseph Vollmer konstruierte und von NAG gebaute Lastzug mit zwei Anhängern. Die Nutzlast betrug 10700 kg. 4 Zylinder, 45 PS, Benzin- oder Spiritus-Betrieb.

84

65: Müllerzug, 1908.
«Ohne Wegebau und Schienengleis» (Verkaufsbroschüre) wollte Müller-Neuhaus mit
seinem Müllerzug Ödland und Heide erschließen und entfernt liegende Rohstoffe an
die Verarbeitungszentren heranführen. Er sah im Müllerzug den Zubringer und Vorläufer der Eisenbahn in noch nicht erschlossenen Gebieten.

zinmotor trieb einen Gleichstromgenerator an, der über Stromkabel die in
den Anhängerrädern untergebrachten Elektromotoren speiste. Der Müller-
Zug, eine Weiterentwicklung eines Straßengüterzuges des Franzosen Char-
les Renard 1903, konnte 30 Tonnen Nutzlast befördern und hat Ferdinand
Porsche bei der Konstruktion der Austro-Daimler-Landwehr- und C-Trains
angeregt. Höhepunkt der Straßenzug-Entwicklung stellte der im Auftrag einer Firma in Melbourne von Müller 1913 konstruierte Australzug dar, ein
Gefährt mit zehn Anhängern und einer Gesamttragkraft von 60 Tonnen.
Auch bei ihm waren sämtliche Räder der Anhänger zugleich Antriebsräder.
   Das Interesse von Gewerbe und Industrie an motorisierten Lastwagen war
jedoch verschwindend gering. Die Anschaffung und Unterhaltskosten waren
hoch, auch bestand eine gefühlsmäßige Abneigung gegenüber dem Neuen.
Eine erstmals 1907 im Deutschen Reich durchgeführte Erhebung zeigt, daß
von 27 026 Kraftfahrzeugen aller Art nur 1211 oder 4,5 % der Lastenbeförde-
rung dienten. Hierin enthalten sind auch Motorräder mit Ladebrücken (254
Stück) und von Personenwagen abgewandelte Lieferwagen, so daß gar nicht
genau bestimmt werden kann, wie viele ‹richtige› Lastwagen sich damals auf
den Straßen bewegten. Bis 1911 erhöhte sich die Zahl der motorisierten Lastfuhrwerke auf 4327 Stück, erreichte aber damit gerade 7,5 % des Gesamtbe-

standes an Automobilen. Noch lange Zeit wurde der LKW für unwirtschaftlicher gehalten als der pferdegezogene Wagen.

Auch die Entwicklung des Omnibusses kam mit den bisher bekannten mechanischen Antriebssystemen nicht voran. Weder der von Wöhlert um 1880 entwickelte Dampfbus noch die von Vollmer 1899/1900 konstruierte Elektro-Mail Coach (Abb. 66) bewährten sich auf Dauer. Auch die von Max Schiemann in Zusammenarbeit mit Siemens & Halske 1901 in Königstein an der Elbe eingerichtete O-Buslinie mußte nach einiger Zeit wieder aufgegeben werden. Versuche von Siemens & Halske mit Oberleitungs-Fahrzeugen reichen bis in die 80er Jahre zurück.

Selbst die Omnibusse mit Benzinmotoren hatten einen mühsamen Start. Eine mit zwei Benz-Omnibussen (Abb. 67) 1895 im Siegerland und eine mit einem Daimler-Wagen 1898 in Württemberg betriebene Omnibuslinie mußten bald wieder eingestellt werden. Auch die Motoromnibusse, die Daimler ab 1898 nach London, 1899 nach Speyer und Benz ab 1898 nach Wales lieferten, kosteten in der Unterhaltung und Instandsetzung mehr, als sie einbrachten. Zu den technischen Schwierigkeiten gesellten sich von Pferdefuhrwer-

66: Kühlstein-Vollmer-Elektro-Mail Coach, 1899/1900.
Die von Kühlstein-Vollmer auch auf der Weltausstellung in Paris gezeigte Mail Coach mit Elektro-Antrieb erwarb später ein Berliner Geschäftsmann und setzte sie zwischen seinem Schloß und der nächsten Bahnstation als Privat-Omnibus ein.

67: Benz-Omnibus, 1895.
Zwei dieser an Postkutschen erinnernden Kleinbusse kamen bei Siegen zum Einsatz, wurden aber wegen technischer Unzulänglichkeiten bald wieder ausgemustert.

ken zerfurchte und bei schlechtem Wetter kaum befahrbare Straßen sowie eine mißtrauische Bevölkerung. Den großen Durchbruch schaffte erst Heinrich Büssing (1843–1929), als er 1904 eine ‹Kraftomnibuslinie› zwischen Braunschweig und Wendeburg einrichtete und sogar Post befördern durfte (Abb. 63).

Nun ging es Schlag auf Schlag: Ab 1905 lieferten Büssing und Milnes, beide Vertreter von Daimler in England, Hunderte von kompletten Omnibussen oder Bus-Fahrwerken nach London und begründeten so die Busflotte der heutigen London Transport. In Berlin begann die Allgemeine Berliner Omnibus-Aktien-Gesellschaft (ABOAG) den Autobusbetrieb im November 1905 mit Bussen von Daimler-Marienfelde. ‹Decksitzer› von Gaggenau, Büssing und NAG folgten. 1906 führte die Compagnie Générale des Omnibus den Busverkehr in Paris mit Fahrzeugen von Eugène Brillié ein (Abb. 68). Die erste deutsche Kraftpost-Omnibuslinie wurde 1905 zwischen Bad Tölz und Lenggries mit Daimler-Bussen eingerichtet. Kleinere Städte wie Darmstadt und Baden-Baden setzten um diese Zeit ebenfalls motorisierte Busse ein.

Der Motoromnibus war zu dieser Zeit noch kein technisch eigenständiges Produkt. Die Aufbauten waren den Pferdeomnibussen, vereinzelt auch den

68: Brillié-Omnibus, 1906.
1906 wurden in Paris die ersten mit Benzin-Motoren ausgerüsteten Omnibusse in Dienst gestellt. Hersteller war Eugène Brillié. Sie hatten ein Oberdeck (Imperial) und Vollgummibereifung.

Eisenbahncoupés nachempfunden, die Fahrwerke stammten aus dem LKW-Bau. Vollgummibereifung und Einstieg über den hintenliegenden Perron waren üblich. Die Motorleistungen von nur 30 PS erforderten Getriebeuntersetzungen, die die Höchstgeschwindigkeit auf 20 km/h begrenzten.

## Die Rolle des Kraftfahrzeugs im Ersten Weltkrieg

Der Erste Weltkrieg begann zu Lande so, wie der deutsch-französische Krieg 1870/71 geendet hatte: auf dem Rücken der Pferde. Weder Politiker noch Militärs der beteiligten Länder konnten sich von der Denkweise traditioneller Kriegführung befreien und sich das motorisierte Fahrzeug, mobilstes Produkt der modernen Technik, als Faktor einer militärischen Auseinandersetzung vorstellen. Die von der deutschen Obersten Heeresleitung (OHL) um 1914 gesetzten Prioritäten lagen somit nicht auf einer generellen Motorisierung der Landstreitkräfte, doch erfuhren einzelne Kraftfahrzeuggattungen eine unterschiedliche Bewertung.

Besonderes Augenmerk richteten die Militärs auf kriegstaugliche Lastwagen. Man versprach sich von ihnen einen schnelleren und wirtschaftlicheren Nachschub als vom Pferdegespann, weil bei diesem ein erheblicher Teil der Transportkapazität durch das mitzuführende Pferdefutter verlorenging. Einen großen Wagenpark, der überdies ständig modernisiert werden mußte, konnte sich das Heer aus finanziellen Gründen jedoch nicht erlauben. Die deutsche Heeresverwaltung legte daher Richtlinien für Konstruktion und Bau von Lastwagen fest (Abb. 69) und subventionierte erstmals 1908 mit 800 000 Mark die Beschaffung und Unterhaltskosten solcher Fahrzeuge für private Käufer unter der Bedingung, diese Subventions- oder Regel-Lastwagen in Krisenzeiten einziehen zu können. Andere Länder, z. B. England, verfuhren ähnlich.

69: Ansbach-Subventions-Lastwagen, 1916.
Die deutsche Heeresverwaltung stellte Privatpersonen beim Kauf von Subventions- oder Regel-Lastwagen eine einmalige Beschaffungsprämie von 4000 Mark und jährliche Betriebsprämien von 1000 Mark in Aussicht unter der Bedingung, daß das Fahrzeug in kriegsbrauchbarem Zustand erhalten und einmal jährlich der Kriegsverwaltung vorgeführt wurde. Die Subventions-Lastwagen mußten bestimmte Kriterien erfüllen (6000 kg Nutzlast mit Anhänger, Höchstgeschwindigkeit 16 km/h bei Vollgummibereifung, 30 PS Motorleistung, Reichweite mindestens 250 km mit einer Tankfüllung). 1909 waren 14 LKW-Hersteller subventionsberechtigt, darunter die Fahrzeug-Fabrik Ansbach in Bayern.

Trotz der staatlichen Förderung dürfte die jährliche LKW-Produktion in Deutschland vor 1914 nicht über 2000 Stück hinausgekommen sein, viel zu wenig für den Fall eines Krieges mit einer anderen Industrienation. Das bekam auch die OHL zu spüren, worauf sie die Lastwagenproduktion auf 15 000 Stück (1916) ankurbelte. Von den Aufträgen profitierten nicht nur die bestehenden deutschen Autowerke, sondern auch Firmen, die daraufhin die LKW-Produktion aufnahmen, wie MAN, Vomag, Faun und Magirus.

Eine gewisse Bedeutung für die österreichisch-ungarische Armee erlangten die von Porsche konstruierten Trains, Zugkraftwagen, die auf Schienen und Straßen einsetzbar waren. Zugkraftwagen waren ein dem Lastwagen verwandtes Fahrzeug, wenn auch nicht aus ihm hervorgegangen. Im Krimkrieg 1854/56 hatten die Engländer eine eigentlich für friedliche Zwecke gedachte Traction Engine eingesetzt. 1870 kaufte das Deutsche Reich von der englischen Firma John Fowler zwei Dampfzugmaschinen, die sich nicht besonders bewährten. So geriet die Dampf-Zugmaschine in Vergessenheit, bis der Benzinmotor auch hier neue Möglichkeiten eröffnete. Während die benzin-elektrisch angetriebenen Hybridzüge von Porsche erfolgreich für den Geschütztransport eingesetzt wurden, fanden die kleineren, von Daimler, Büssing, Dürkopp und Skoda angebotenen Zugkraftwagen mit Benzinmotoren beim Militär kein Interesse.

Wesentlich älter als das Automobil war die Idee, ein gepanzertes Fahrzeug als Waffenträger einzusetzen. Assyrer und Ägypter kannten bewegliche Festungen, Griechen und Römer den Streitwagen. Im Mittelalter tauchten von Muskel- oder gar Windkraft angetriebene Kriegswagen auf, um 1850 der erste Dampfpanzerwagen. Alle Antriebssysteme hatten sich jedoch als unzulänglich erwiesen. Erst der Benzinmotor erlaubte eine ‹aussichtsreiche› Entwicklung: Die Engländer versuchten, Personenwagen-Fahrwerke von Rolls-Royce und Lanchester durch Panzerung und Bewaffnung zu Armoured Cars umzurüsten. Ihr Gebrauchswert im Gelände kann wegen des erhöhten Gewichts und des Antriebs von nur einer Achse nicht groß gewesen sein. Deshalb sah Paul Daimler, damals technischer Direktor der österreichischen Daimler-Motoren-Gesellschaft, für ein Panzerauto (Abb. 70) von vornherein den Vierradantrieb vor. Mit seinen zu Sehschlitzen verkleinerten Fensterflächen und einer Kanone im drehbaren Turm bewährte es sich zwar beim Kaisermanöver 1906, fand aber ebensowenig Interesse wie ein ähnlicher Panzerkraftwagen von Erhardt 1906. Erst 1915 stellten Daimler, Büssing und Erhardt Prototypen auf LKW-Fahrwerken vor, gebaut wurden nur wenige.

Weit größere Bedeutung für den Ausgang des Krieges erlangten die als Tanks bezeichneten Panzer. Sie waren gegenüber Radfahrzeugen geländetüchtiger, weil das verwendete Kettenfahrwerk wegen des niedrigeren spezifischen Bodendrucks weniger tief im weichen Boden einsank. Sowohl die Gleiskette als auch der Tank sind englische Entwicklungen, obwohl Ketten-

70: Austro-Daimler-Panzerkampfwagen, 1904/05. Erster Panzerkampfwagen der Welt mit Verbrennungsmotor, Konstruktion Paul Daimler, mit Vierrad-Antrieb, Kanone und MG. Vier Mann Besatzung. 4 Zylinder, 4400 cm³, 30 PS, Eigengewicht 2000 kg.

71: Mark I Tank, 1916/17.
Charakteristisch für die ersten englischen Tanks sind die umlaufenden Gleisketten, mit denen man Hindernisse schneller überwinden wollte. Die patriotische Darstellung zeigt die Vernichtung englischer Tanks durch deutsche Sturmtruppen in den Kämpfen bei Cambrai. 6 Zylinder, 105 PS, Daimler-Schiebermotor, Eigengewicht 28000 kg, Höchstgeschwindigkeit 6 km/h.

72: Panzer A 7 V, 1917.
Der im Auftrag des Kriegsministeriums und nach der zuständigen Abteilung A7V genannte, von Vollmer konstruierte Panzer bewährte sich recht gut, war allerdings nicht
so geländetüchtig wie der englische Mark I. Besatzung 18 Mann. 2 Daimler-Motoren
mit je 4 Zylindern, 17 000 cm³, 100 PS. Eigengewicht 32 000 kg, Höchstgeschwindigkeit
15 km/h.

fahrzeuge für Kriegseinsatz auch im deutschsprachigen Raum vor 1914 bekanntgeworden waren.

Am 15. September 1916 rollten erstmals englische Tanks (Abb. 71) gegen die deutschen Stellungen bei Flers. Wenn auch von den 49 Panzern 17 wegen technischer Mängel ausfielen und 14 von deutschen Landsern außer Gefecht gesetzt wurden, fühlte sich die Oberste Heeresleitung doch veranlaßt, sich ernsthaft mit der Entwicklung von Kampfpanzern zu befassen. Den Konstruktionsauftrag erhielt die Deutsche Automobil-Constructions-Gesellschaft unter Joseph Vollmer. Im Frühjahr 1917 war ein Prototyp hergestellt, im Herbst 1917 konnten die ersten von Büssing und Daimler-Marienfelde gebauten deutschen Tanks (Abb. 72) ausgeliefert werden. Bis Kriegsende wurden schließlich 20 Panzer den deutschen Truppen übergeben, zu wenig, um das Kriegsgeschehen noch beeinflussen zu können.

Geländegängige Personenwagen (Jeeps) waren im Ersten Weltkrieg nicht bekannt. Die aus der Serie stammenden Fahrzeuge verschlissen unter kriegsmäßigen Bedingungen schnell. Motorrad und Auto dienten vor allem der Beförderung von Mannschaften und Offizieren und für andere Zubringerdienste im Rahmen einer traditionellen Kriegführung zu Lande – mit einer entscheidenden Ausnahme, der Marneschlacht im September 1914. Unter dem Druck der auf Paris marschierenden deutschen Truppen requirierte die französische Generalität kurzerhand 600 Taxis, meist Renault (Abb. 73), und beförderte innerhalb weniger Stunden 6000 Mann des 103. Infanterieregiments von Paris an die Front. Im Verein mit weiteren 6000 mit der Eisenbahn angerückten Soldaten konnte der deutsche Vormarsch aufgehalten werden. Die Westfront erstarrte für gut drei Jahre im Stellungs- und Grabenkrieg, bis die Alliierten die erste neuzeitliche Materialschlacht mit Hilfe ihrer neuentwickelten Tanks für sich entscheiden konnten.

◄ 73: Renault «Taxi de la Marne», 1906.
Auf Anordnung der französischen Generalität mußte jedes der 600 eingezogenen Taxis 5 Soldaten mit Marschgepäck bei zwei Fahrten am 7. September 1914 von Paris an die Front befördern. Renault Typ AG 1, 2 Zylinder, 1205 cm$^3$, 8 PS.

# Das Automobil als Industrieprodukt (1918–1945)

## Die amerikanische Überlegenheit

Der Erste Weltkrieg hatte völlig neue Verhältnisse auch für die Motorisierung der Bevölkerung geschaffen. Aus dem einstigen Schuldnerland USA war die größte Gläubigernation der Welt geworden. Die Nationalstaaten in Europa, selbst die Siegermächte, waren dagegen wirtschaftlich am Ende. Eine Autoproduktion, die dort wieder anknüpfte, wo der Kriegsausbruch die Weiterentwicklung zum Stillstand gebracht hatte, kam nur langsam in Gang. Allmählich steigerte sich die Nachfrage, doch hatte sich durch die politischen Ereignisse die Käuferschicht geändert: Nicht mehr den Adel galt es mit Prunkkaleschen zu beliefern, sondern hauptsächlich eine neu entstehende Mittelschicht, die sich allerdings nur bescheiden motorisieren konnte.

Die europäischen Autohersteller waren auf den neuen Käuferkreis nicht vorbereitet. Noch immer galt die von einem führenden Unternehmen vertretene Philosophie aus dem Jahr 1915: «... trotz bester und modernster Fabrikeinrichtung können drei Arbeiter nicht mehr als zwei Daimler-Wagen im Jahr herstellen, wenn nicht die absolut notwendige Handarbeit vernachlässigt werden soll, wie es beispielsweise die Amerikaner machen» (Zum 25jährigen Bestehen der Daimler-Motoren-Gesellschaft, Untertürkheim 1915, S. 129).

Während die Europäer die Handarbeit noch für absolut notwendig hielten, vollzog sich in Amerika seit den Kriegsjahren der Umwandlungsprozeß von handwerklicher Herstellung zur industriellen Serienfertigung, wie sie Henry Ford vorangetrieben hatte. Nicht mehr das handwerkliche Können spezialisierter und teurer Fachkräfte in den Werkhallen entschied über die Qualität des Endprodukts, sondern systematische Ingenieurarbeit bei Konstruktion und Fertigungsablauf gleichermaßen.

Verfahren zur Steigerung menschlicher Arbeitsleistung des amerikanischen Ingenieurs Frederick Winslow Taylor (1856–1915) hatten Henry Fords Interessen geweckt. Taylor hatte Ende des vergangenen Jahrhunderts eine Methode entwickelt, um überflüssige Bewegungen und versteckte Pausen durch eine optimale Organisation des Arbeitsprozesses auszuschalten.

Der Schlüssel zum Erfolg der amerikanischen Autohersteller lag in der nüchternen, rein wirtschaftlich orientierten Betrachtungsweise, der sich alles andere unterzuordnen hatte. Während der amerikanische Ingenieur ein Bauteil so gut wie nötig konstruierte, machte es sein europäischer Kollege so gut wie möglich und formschön dazu. Der Amerikaner achtete auf material- und zeitsparende Herstellung im Betrieb, wenn er das entsprechende Teil nicht gleich bei der Zubehörindustrie einkaufen konnte. Diese war in den USA schon voll entwickelt. Während Verkaufsprospekte europäischer Autofabriken stolz auf die Herstellung der meisten Teile im eigenen Haus hinwiesen, kauften die Amerikaner Achsen, Kotflügel, Kühler, Felgen, Getriebe, ja selbst Motoren von Spezialfabriken. Auf Grund großer Serien konnten sie zu niedrigeren Preisen einkaufen. Auch betrachtete der amerikanische Autoverkäufer einen Kaufvertrag nicht als Ende seiner Bemühungen um den Käufer, sondern als Anfang einer Partnerschaft. Die Firma bot ihm Servicestationen, Ersatzteil-Festpreise und Austauschaggregate an, Leistungen, die im Europa der zwanziger Jahre weitgehend unbekannt waren.

Mit ihrer Geschäftspolitik bedrängten die Amerikaner immer bedrohlicher die Absatzmärkte in Europa, besonders ab 1925, als der US-Markt seine Aufnahmefähigkeit vorübergehend erreicht hatte und die Überproduktion so oder so losgeschlagen werden mußte. Dabei überfluteten sie nicht nur die europäischen Herstellerländer, sondern stießen auch in das Vakuum vor, das die durch den Krieg geschwächten autobauenden Länder Europas auf der iberischen Halbinsel und in Skandinavien hinterlassen hatten.

Die Amerikaner exportierten nicht nur, sondern errichteten auch Montagewerke in England und Deutschland. Den Anfang hatte Ford 1911 in Manchester gemacht. Bereits nach acht Jahren erreichte er einen Marktanteil von 40 % aller in England zugelassenen Fahrzeuge. 1921 folgte Willys-Overland, ebenfalls in Manchester. Vier Jahre später drängte General Motors auf den europäischen Markt: Der Konzern, seit 1919 Fords gefährlichster Rivale in den USA, kaufte Vauxhall in England und errichtete 1925 ein Montagewerk in Hamburg, 1927 in Berlin. Hier rollten Chevrolet Personen- und Lastwagen, Buick und Pontiac so lange vom Band, bis General Motors 1929 das Opel-Werk in Rüsselsheim kaufte. Auch Chrysler, Hudson, Willys-Overland und Studebaker montierten bis zur Weltwirtschaftskrise 1929/31 in Deutschland. Ford errichtete zunächst 1925/26 in Berlin, dann endgültig 1933/34 in Köln ein Montagewerk. Der Anteil von importierten Personenwagen und ausländischer Montage-Produktion erreichte 1929 mit 40 % seinen Höchststand an den Neuwagen-Zulassungen in Deutschland.

Zu den für Europa unkonventionellen Geschäftsmethoden und dem gesunden finanziellen Rückhalt der US-Autowerke kam eine alltagstaugliche Technik der Fahrzeuge, meist geboren aus praktischen Überlegungen und weniger aus dem Bestreben heraus, den technischen Fortschritt voranzutreiben. So hatte Edward Gowen Budd unter dem Eindruck zahlreicher Eisenbahnunfälle in den Staaten das Holz als in vielen Fällen überfordertes Baumaterial erkannt und durch Stahlblech ersetzt. Auch bei der Autokarosserie tauschte er das Holzgerippe gegen Profilbleche aus. Dodge erteilte ihm 1914

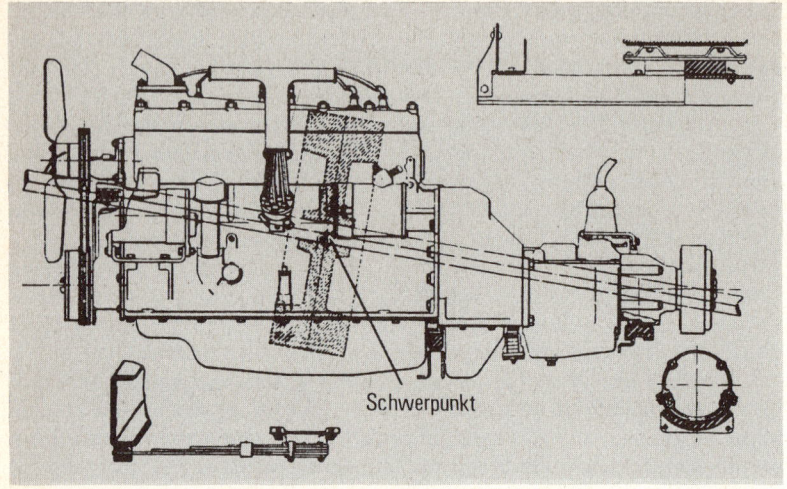

Schwerpunkt

74: Floating-Power-Motoraufhängung von Chrysler, 1931/32.
Je zwei Gummi-Metall-Elemente an Motor und Getriebe sind so angeordnet, daß ihre gedachte Verbindungslinie durch den Schwerpunkt der Anlage geht. Zusammen mit einer unter der Kupplungsglocke angebrachten zusätzlichen Blattfeder konnte das Reaktionsmoment beim Gaswechsel (Schwingungen) und Geräusche herabgesetzt werden. Angewendet bei Plymouth 1931, bei Chrysler ab 1932.

seinen ersten Großauftrag über 5000 Ganzstahl-Karosserien, weil er um $ 10 das Stück billiger anbieten konnte. Kürzere Produktionszeiten und ein vereinfachtes Lackierverfahren waren weitere Vorteile. Ganz nebenbei waren die Verwindungssteife und, bei geschlossenen Aufbauten, die Überschlagsicherheit der Karosserie erhöht worden.

Andere US-Neuerungen bezogen sich auf den Fahrkomfort. Bis Mitte der zwanziger Jahre betrachteten die Autobauer das springende, hopsende Fahrgestell als unerschütterliches Fundament für Motor und Getriebe, die, Metall auf Metall, starr mit dem Rahmen verschraubt waren. Die Folgen waren Verwindungen, Geräusche und nicht selten Brüche, denen Maxwell 1925 mit Blattfedern, Oakland 1930 mit Stahlblättern zu Leibe rückten. Die überzeugendste Lösung gelang Chrysler in Zusammenarbeit mit Firestone. Die Floating Power genannte Motoraufhängung (Abb. 74) bestand aus unstarr mit entsprechenden Metallhalterungen verbundenen Gummiblöcken. Citroën erwarb Lizenzen für Frankreich, die von Max Goldschmidt gegründete Mecano GmbH in Frankfurt/M. verwertete die Chrysler-Patente in Deutschland, Österreich und der Tschechoslowakei. Schon nach kurzer Zeit zogen Continental, Phoenix und die Gesellschaft für technischen Fortschritt in Berlin (Getefo) mit Gummi/Metall-Elementen nach, die seitdem zum Bestandteil der Autotechnik gehören.

Die zwanziger Jahre waren die goldenen Jahre des US-Autoexports. Nie wieder erreichten die Amerikaner so hohe Exportzahlen und einen so großen Einfluß auf die allgemeine Autotechnik. Spätere Autogenerationen waren technisch wenig anspruchsvoll und für die meisten Märkte zu groß und zu teuer.

## Die Lage in Deutschland 1918–1932

Bis Anfang 1933 hatten die deutschen Regierungen die Bedeutung der Autoindustrie für die gesamte Volkswirtschaft nicht erkannt. Der Personenwagen wurde lange Zeit als Luxusartikel und als im Grunde überflüssig betrachtet, was sich in gesetzgeberischen Maßnahmen gegen das Auto und dessen Umfeld auswirkte. Die dem Zeitalter der Eisenbahn verhafteten Beamten und Regierungsmitglieder konnten sich eine Arbeitsteilung zwischen Schiene und Straße nicht vorstellen. Sie sahen im Auto einen unliebsamen Konkurrenten zum Personen- und Güterverkehr der Eisenbahn.

Die deutschen Länderregierungen trieben jedoch von Anfang an autobezogene Gebühren ein. Einer eigentlichen Besteuerung voraus gingen Stempelabgaben, die z. B. Hessen ab 1899, Lübeck ab 1902 eingeführt hatten und die je nach Größe, Listenpreis und Leistung eines Motorwagens zwischen 5 und 50 Mark betrugen. Mit dem zum 1. Juli 1906 wirksamen Steuergesetz wurden Personenwagen mit einer Luxussteuer belegt, die sich für ein Auto bis 6 PS auf 25 Mark, bis 10 PS auf 50 Mark im Jahr belief. Fahrzeuge für gewerbsmäßigen Personen- und Güterverkehr unterlagen dieser Steuer nicht. Zur Anwendung kamen sogenannte Steuer-PS, deren Berechnung niedriger ausfiel als die Leistungs-PS. Sie spiegelten sich in den Typenbezeichnungen der Autos wider, z. B. Audi 14/38 PS.

Erst bei der Steuerreform nach dem Ersten Weltkrieg setzte sich der Gedanke einer allgemeinen Besteuerung des Kraftverkehrs durch. Das Kraftfahrzeugsteuergesetz vom April 1922 belegte alle Fahrzeuge zur Beförderung von Personen und Gütern mit Steuern. Jetzt kostete ein Auto bis 6 PS 100 Mark, bis 10 PS 200 Mark und bis 12 PS 300 Mark Steuer im Jahr. Befreit von der Steuer waren lediglich Personenwagen bis 8 PS für Ärzte. Dies führte zu regelrechten ‹Doktorwagen› im Angebot der Autoindustrie, z. B. Opel Doktorwagen. Zugleich entfielen gesetzlich unzulässige, gleichwohl von einigen Ländern eingeführte Sondererhebungen wie Berliner Reifensteuer, bayerische Pflasterzölle und kommunale Kraftfahrzeugsteuern einiger Städte wie München, Dresden und Hildesheim.

Auch andere administrative Maßnahmen hatten das Autofahren verteuert: Zu den mit hohen Zöllen belasteten Mineralölprodukten kam 1909 eine gesetzlich verordnete Haftpflichtversicherung hinzu. Deutlich sichtbare Kennzeichen (Kennzeichenpflicht) waren schon 1901 eingeführt worden. Verschärfte Prüfbedingungen zur Erlangung eines Führerscheins 1910 ersetzten die bis dahin gültigen polizeilichen Atteste.

Während des Krieges und in den ersten Nachkriegsjahren stagnierte die technische Weiterentwicklung des Automobils in Deutschland. Mit der Einführung der Rentenmark im November 1923 und der Neuordnung der Reparationen begann in Deutschland ein Zeitabschnitt der Stabilisierung nicht nur in der Automobilindustrie. Dank hoher Bankzinsen und niedriger Arbeitslöhne strömten Auslandsgelder nach Deutschland, die Industrie konnte aufbauen und modernisieren. Zahlreiche neue Autofirmen entstanden, die alle am wirtschaftlichen Aufschwung teilhaben wollten:

| | | |
|---|---|---|
| 1922 bauten | 46 PKW-Werke | 90 Modelle |
| 1923 bauten | 63 PKW-Werke | 108 Modelle |
| 1924 bauten | 86 PKW-Werke | 146 Modelle |

Das Tempo des wirtschaftlichen Aufschwungs überraschte. Bald war die Produktionsleistung der Vorkriegszeit überholt. Die deutsche Autoindustrie war nach 1918 durch einen Schutzzoll gegen Importe ausländischer Wagen geschützt. Auf Grund einer falsch verstandenen Liberalisierung begann eine «unselige Ära der Zollpolitik ... mit ihren gebundenen Tarifen ohne gleiche Bindung der Vertragsgegner» (Robert Allmers, Vorsitzender des Reichsverbands der Automobilindustrie RDA, aus: Kraftfahrt tut not, Berlin 1933, S. 3): 1925 fielen die Einfuhrbeschränkungen, ab 1926 in Stufen der Gewichtszoll von 250 RM auf 75 RM pro 100 kg Wagengewicht. Nach Umrechnung der Gewichtszölle in Wertzölle ergab sich laut Berliner Tageblatt ab Juli 1928 ein Wertzollsatz von 28 % – sehr viel weniger als die Wertzölle der wichtigeren autobauenden Länder in der Nachbarschaft:

| | |
|---|---|
| England | 33 ⅓ % |
| Italien, Tschechei | 45 % |
| Österreich | 47 % |
| Belgien | 65 % |
| Frankreich | 180 % |

Nur Kanada mit 20 % und die USA mit 25 % waren rühmliche Ausnahmen, doch kam ein Export dorthin wegen der hohen Frachtkosten nur für Hersteller von Wagen der Spitzenklasse, z. B. Benz oder Mercedes, oder von Spezialfahrzeugen, z. B. Magirus-Feuerwehren, in Frage.

Wegen der niedrigen Zollsätze, der technischen Überlegenheit ausländischer Fahrzeuge und der teuren Herstellungsmethoden heimischer Autofabriken strömten vor allem amerikanische Autos auf den deutschen Markt. Das Schlagwort von der ‹amerikanischen Gefahr› ging um, dem man mit Appellen an die nationale Gesinnung («Deutsche, kauft deutsche Wagen») zu begegnen versuchte. Der Aufschwung der inländischen Kraftfahrzeug-Industrie kam ab 1928 wegen der Flut der Importwagen jäh zum Stillstand. Die Vielzahl der deutschen Firmen schrumpfte von 86 (1924) auf 19, die Produktion ging rapide zurück:

|      | Pkw     | Lkw/Busse | Krafträder |
|------|---------|-----------|------------|
| 1926 | 31958   | 5211      | 47477      |
| 1927 | 84668   | 11972     | 81698      |
| 1928 | 101701  | 20960     | 160782     |
| 1929 | 92025   | 16230     | 195686     |
| 1930 | 71960   | 9985      | 98574      |
| 1931 | 58774   | 8734      | 51148      |
| 1932 | 41727   | 4509      | 36262      |

Eine Lücke im Zollgesetz förderte zusätzlich die Überfremdung in der Zulassungsstatistik. Der Reichsfiskus belegte fertig bearbeitete Automobilteile, die zu Autos montiert werden konnten, mit nur etwa 10 % Zoll, was u. a. Ford, General Motors und Citroën zur Gründung von Montagewerken in Deutschland veranlaßte. Ihre Bedeutung ging jedoch zurück, nachdem ab dem 15. Januar 1928 gleiche Zollsätze für Einzelteile und komplette Fahrzeuge galten. Die Montagewerke von Ford und Citroen zogen allmählich deutsche Lieferanten hinzu, kauften heimische Rohstoffe und entwickelten sich zu eigenständigen Produktionsstätten. General Motors gab die Montage von Fahrzeugen auf und kaufte statt dessen 1929 Opel in Rüsselsheim.

Das Vorgehen von General Motors erwies sich Ford gegenüber als geschickter Schachzug. Inzwischen hatten die Käufer erkannt, daß die Betriebskosten amerikanischer Wagen mit ihren großen, durstigen Motoren für die Mehrzahl der deutschen und europäischen Autofahrer zu hoch lagen. Ford zog daraus zunächst keine Konsequenzen und bot bis 1933 ausschließlich Autos amerikanischer Bauart mit Motoren von zwei bis vier Litern Hubraum an. Opel jedoch galt als geeigneter Hersteller wirtschaftlicher, den deutschen Verhältnissen angepaßter Wagen, nachdem die Rüsselsheimer 1924 ihren ersten Kleinwagen (Laubfrosch) im Europa-Format herausgebracht hatten. Sehr zur Freude von General Motors produzierte Opel von Anfang an mehr als Ford/Deutschland.

Unter dem Druck hereinströmender und montierter US-Wagen, wegen Unterkapitalisierung deutscher Autohersteller und wegen einer zu großen Anzahl von Anbietern bei einem nur beschränkt aufnahmefähigen Markt vollzog sich in der deutschen Automobilindustrie ein Strukturwandel größeren Ausmaßes.

Zwei bereits 1919 gegründete Verkaufsgesellschaften, der Deutsche Automobilkonzern (DAK) mit den Firmen Dux, Magirus, Vomag und Presto, und die Gemeinschaft Deutscher Automobilfabriken (GDA) mit NAG, Hansa/Hansa-Lloyd und Brennabor, zerbrachen über Fragen des Produktionsprogramms 1926 und 1929. Danach gab es in Deutschland nur noch zwei Automobilkonzerne: die Daimler-Benz AG, 1926 hervorgegangen aus der Fusion zwischen der Daimler-Motoren-Gesellschaft und Benz & Cie mit der Schutzmarke Mercedes-Benz, sowie die kurzlebige Schapiro-Gruppe, bestehend aus NSU, den Cyklon-Automobilwerken, der Gothaer Waggonfabrik und einigen Zulieferbetrieben. Die Bildung eines deutschen Autotrusts, von dem sich viele eine wirtschaftliche Besserung versprachen, scheiterte am Bankenstreit über die Bewertung von Aktienpaketen.

Der Hang zur Eigenbrötelei, der Konzernbildungen erschwerte, aber auch die Fehleinschätzung des Marktes und der eigenen Möglichkeiten führten zu einem im Grunde wünschenswerten und notwendigen Ausleseprozeß. Die Firmen Fafnir, Apollo, Dürkopp, Ley und Cyclon mußten ihre Produktion einstellen. Andere Firmen wie Röhr, Stoewer, Hanomag und Brennabor beantragten Zahlungseinstellungen. Dixi ging 1928 in den Besitz von BMW über. Die amerikanische Edward G. Budd Mfg Company kaufte die Karosseriefirmen Ambi in Berlin und Lindner in Ammendorf. Sie lieferte Karosserien und Preßteile an Adler, Dixi, BMW und Ford. Die Fiat S. p. A. gründete 1929 in Heilbronn die NSU-Automobil AG zur Montage ihrer Modelle unter der Marke NSU-Fiat. Der Däne Jörgen Skafte Rasmussen gewann über seine Zschopauer Motorenwerke (DKW) Einfluß auf Audi. Mit Bankenhilfe kam es 1932 zur Gründung der Auto Union AG mit den Firmen DKW, Audi, Horch und der Automobilabteilung der Wanderer-Werke. Von den etwa 130 neuen Marken seit 1921 überlebten nur ca. 10 das Ende der zwanziger Jahre.

Durch den Abruf der kurzfristigen Auslandskredite, die in Deutschland langfristig angelegt worden waren und ab 1923 den Wiederaufbau ermöglicht hatten, wurde Deutschland in die Weltwirtschaftskrise hineingezogen. Produktion und Absatz erlitten empfindliche Einbußen, die Arbeitslosenzahl kletterte im Winter 1932/33 auf über 6 Millionen. In der Autoindustrie sank die Zahl der Beschäftigten von etwa 90 000 im Jahr 1928 auf rund 30 000 im Jahr 1932. Der Gesamtbestand an Fahrzeugen ging wegen Stillegungen um 34 000 Stück zurück. Allerdings fiel auch der Anteil importierter Wagen an den Zulassungen: von 32,7 % im Jahr 1928 auf 12,3 % im Jahr 1932. Die amerikanische Gefahr war gebannt.

Neben dem allgemeinen wirtschaftlichen Niedergang führte die pauschale Kraftfahrzeugsteuer (Pauschsteuer) und besonders die fiskalische Belastung des Kraftstoffs zu einem Rückgang der Automobilproduktion. Zoll, Umsatzsteuer, Ausgleichssteuer und Spritbeimischungszwang summierten sich für einen 2,5-Liter-Wagen mit 25 000 km Jahresleistung und einem Verbrauch von 15 l/100 km zu einer Kraftstoffsteuer von etwa 750 RM im Jahr, neben der sich die Pauschsteuer mit 320 RM bescheiden ausnahm. Ein Aufschwung setzte erst 1933 ein, als den Besitzern fabrikneuer Personenwagen und Motorräder nach einer Abschlagszahlung volle Steuerfreiheit auf Lebenszeit des Fahrzeugs eingeräumt und für Gebrauchtwagen eine Steuerablösung angeboten wurde.

## Europa zwischen Nachahmung und Eigenständigkeit

Die Führung in der Automobiltechnik, deren sich Europa bis zum Ersten Weltkrieg rühmen durfte, war auf die Amerikaner übergegangen. Es wäre für die Europäer an der Zeit und auch keine Schande gewesen, die amerikanische Überlegenheit anzuerkennen und von den transatlantischen Methoden zu lernen. Doch zunächst pochte man noch auf die anfänglichen Verdienste um die Automobilentwicklung.

Zu den wenigen Europäern, die schon frühzeitig die Rolle des Meisters mit der des Lehrlings tauschten, gehörten André Citroën, Wilhelm von Opel, William Morris, Herbert Austin und Giovanni Agnelli. Sie alle hatten die USA bereist, Fords Fließbandfertigung besichtigt und waren mit der Überzeugung heimgekehrt, daß auch in Europa die Bandproduktion eines Autos möglich sein müsse. Citroën zerlegte und studierte eigens für diesen Zweck importierte amerikanische Wagen. Er beauftragte den Ingenieur Jules Salomon mit der Konstruktion eines leichten Autos, das er bereits im Juni 1919 auslieferte. Der Typ A hatte Linkslenkung, eine vollständige elektrische Ausrüstung, austauschbare Scheibenräder und konnte, auch das war neu, vom Werk mit fünf verschiedenen Serien-Karosserien bezogen werden (Abb. 75). Europa besaß damit, sechs Jahre nach Ford, sein erstes nach amerikanischen Methoden entwickeltes und produziertes Massenauto, von dem insgesamt 24093 Exemplare vom Band liefen.

75: Citroën Typ A, 1919.
Erster nach dem amerikanischen Fließband-System in Europa hergestellter Wagen in Großserie. Bauzeit 1919–21. 4 Zylinder, 1327 cm$^3$, 18 PS.

76: Opel 4/12 PS Laubfrosch, 1924.
Der Opel 4/12 PS war Ausgangstyp für eine 4-PS-Baureihe bis 1931, von denen insgesamt fast 120 000 Stück gebaut wurden. Im Anschluß an ein Auto- und Motorradrennen wurde den Zuschauern auf der Opel-Rennbahn 1925 eine Tagesproduktion von 125 Laubfröschen vorgeführt. 4 Zylinder, 951 cm$^3$, 12 PS.

Auch Opel griff für das geplante Fließbandprodukt auf anderer Leute Arbeit zurück – auf einen Citroën. Salomon hatte 1922 den 5 CV entwickelt, der sich zu einem der populärsten Kleinwagen der zwanziger Jahre mauserte. Den wegen seiner meist gelben Farbe citron (Zitrone) genannten Citroën baute Opel ab 1924 in 16 735 Exemplaren beinahe millimetergenau nach – ohne Lizenz zwar, aber mit grüner Lackierung, die ihm den Namen Laubfrosch einbrachte (Abb. 76). Mit dem 4/12 PS, wie der Frosch offiziell hieß, führte Opel nicht nur die Bandfertigung in Deutschland ein, sondern zugleich auch in Anlehnung an Ford in den USA einen leistungsfähigen Kundendienst und Ersatzteile zu Festpreisen.

Zum erfolgreichsten europäischen Großserienauto der zwanziger Jahre aber stieg der Austin Seven auf (Abb. 77). Während seiner 17jährigen Produktionszeit (1922–1939) brachte er es auf etwa 300000 Exemplare. Der Seven, auch Austin Baby genannt, fand Lizenznehmer in Frankreich (Rosengart), Deutschland (Dixi/BMW) und in den USA (American Austin/American Bantam) sowie ohne Lizenzen Datsun in Japan.

Fiat begann 1925 mit der Bandfertigung des Kleinwagens 509, der in 90000 Exemplaren vom Band rollte. Morris schließlich konnte von seinen beiden Modellen Cowley und Oxford mehr als 54000 Stück in nur einem Jahr (1925) und somit mehr als jedes andere englische Autowerk verkaufen. Auch Morris hatte ein weitverzweigtes Werkstattnetz aufgezogen.

Die Erfolgsautos von Citroën, Austin, Morris, Opel und Fiat, alle mit vorn angeordneten, wassergekühlten Vierzylindermotoren mit Hubräumen um einen Liter und Hinterradantrieb, waren nicht nur die ersten nach US-Vorbild produzierten Großserienfahrzeuge in Europa, sondern gaben auch dem Begriff Kleinwagen einen neuen Gehalt. Ihre Technik, obwohl einfach, hatte mit den Primitivismen der Cycle Cars aus der Zeit vor dem Ersten Weltkrieg nichts mehr gemein. Sie galten als verläßliche, anspruchslose Transportmittel. In Frankreich und in England fegten sie die Cycle Cars von der Bildfläche, in Deutschland Kleinstmobile (Abb. 78), die um 1923/24 massenweise aufgetaucht waren.

77: Austin Seven, ca. 1930.
Während seiner 17jährigen Produktionszeit gab es vom Austin Seven zahlreiche Ausführungen, auch als Rennwagen. Hier ein offener Wagen, aufgenommen in Ceylon 1979. Er nimmt noch heute am Verkehr teil. 4 Zylinder, 750 cm$^3$, 13 PS.

Auch andere Autowerke ahmten unter dem Druck der amerikanischen Importe die US-Fabrikationsmethoden nach, produzierten aber oft am Markt vorbei. Audi manövrierte sich mit US-Styling, amerikanischen Motoren und viel zu großen und teuren Autos in finanzielle Schwierigkeiten, ähnliches gilt für Stoewer. Adler brachte 1927 seinen ‹Standard› heraus, der eigentlich eine europäische Antwort auf die amerikanischen Importe sein sollte, unter den Händen seines Schöpfers, Professor Gabriel Becker von der TH Charlottenburg, jedoch zu einer Kopie des Chrysler geriet (Abb. 79). Bemerkenswert war die Übernahme amerikanischer Fahrzeugtechnik: hydraulische Vierradbremse, reichliche Verwendung von Leichtmetall und eine Ganzstahlkarosserie, die Adler von Ambi-Budd bezog. Bereits 1925 hatte Citroën die Ganzstahlkarosserie, ebenfalls nach Budd-Lizenzen, in Europa eingeführt.

Seit Ende der zwanziger Jahre unterlag die Karosserieform, bisher von Handwerkern und Technikern bestimmt, zunehmend äußeren Einflüssen. Architekten und Industrial Designers dokumentierten ihre unterschiedli-

78: Mollmobil, 1924.
Typischer Vertreter der Primitiv-Fahrzeuge, die in Deutschland um 1923 vorübergehend auftauchten und keinen Beitrag zur Fahrzeugentwicklung leisteten. Cyclecar der Moll-Werke, Chemnitz, mit Tandemsitzanordnung, DKW-Motor und Kettenantrieb auf die Hinterachse.

chen Philosophien in automobilen Schöpfungen. Während die Architekten ihre Entwürfe als Ausdruck einer neu zu schaffenden Gesellschaft und Zivilisation verstanden, deren Inhalte sie selbst entscheidend mitbestimmen wollten, befaßten sich die Designer mit der Gestaltung von Konsum- und Investitionsgütern, die für einen praktischen Zweck konstruiert und deren äußeres Erscheinungsbild lange Zeit vernachlässigt worden war. Die von England seit Mitte des 19. Jahrhunderts ausgehende Besinnung auf handwerkliche Traditionen und Materialgerechtigkeit entwickelte sich in Deutschland über den Deutschen Werkbund zu dem vom Bauhaus ausgehenden Funktionalismus. In Amerika kam es unter dem Druck der Weltwirtschaftskrise zu der Entdeckung, daß durch moderne Gestaltung der Umsatz von Industrieerzeugnissen gesteigert werden könne (design for obsolescence). Aus dem kulturellen Bedürfnis war ein wirtschaftlicher Faktor geworden: Eine von einem Designer gezeichnete Autokarosserie mußte gefällig aussehen, um den Verkauf anzukurbeln. Ein von einem Architekten entworfenes Fahrzeug dagegen sah nicht nur anders aus als gewöhnliche Autos, sondern stellte nicht selten die in Jahrzehnten herausgebildeten Formen von Automobilen in Frage. Ähnliches galt auch für Automobilkonstrukteure, die vom Flugzeugbau herkamen.

Beispiele für von Architekten entworfene Fahrzeuge sind Richard Buckminster Fullers ‹Zoomobile› von 1927 und sein ‹Dymaxion› von 1933/34 (Abb. 80). Auch Frank Lloyd Wrights ‹Auto mit freitragendem Dach› von 1920 und seine ‹Road Machine› von 1958 waren unorthodoxe Automobile. Konventioneller gerieten Le Corbusiers ‹Maximum Car› um 1927 und die von Walter Gropius gezeichneten Karosserien für Adler aus den Jahren 1930 und 1931. Sie alle blieben ohne Einfluß auf die weitere Entwicklung des Autos oder der Karosseriegestaltung.

Nicht Architekten, sondern amerikanische Designer bestimmten von 1927 bis in die fünfziger Jahre die Karosserieformen amerikanischer und europäischer Personenwagen. Am bekanntesten wurden die Designer Harley J. Earl (General Motors), Norman Bel Geddes (Graham, Chrysler, Nash), Walter Dorwin Teague (Marmon) sowie Raymond Loewy und Brooks Stevens, die beide für Studebaker tätig waren. Die meisten von ihnen gestalteten außer Autos auch Haushaltsgeräte, Eisenbahnen und Zigarettenpackungen. Der durch weiche Rundungen und Übergänge an Dach, Motorhaube und Kotflügel gekennzeichnete Karosseriestil der zwanziger Jahre fand Nachahmer in Italien, Frankreich, Schweden und besonders in Deutschland. Hier hatte die durch die Kriegs- und Nachkriegszeit aufgezwungene Isolation zum sogenannten ‹Deutschen Karosseriestil› (Abb. 81) geführt, der mit Spitzkühler, keilförmiger Windschutzscheibe und eckiger Gesamterscheinung eigentlich niemandem gefiel. Ende der zwanziger Jahre übernahmen deutsche Firmen den ansprechenden amerikanischen Karosseriestil. Während Stoewer den Gardner kopierte, nahm sich Horch den La Salle (Abb. 82 und 83) von 1927

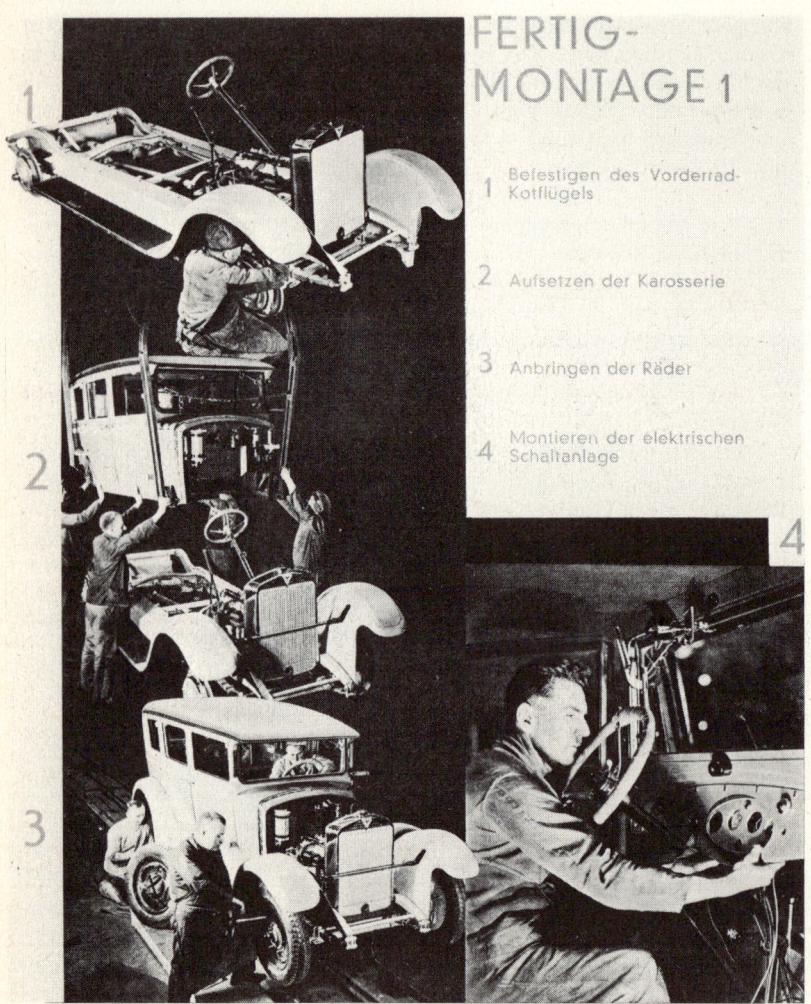

**FERTIG-MONTAGE 1**

1 Befestigen des Vorderrad-Kotflügels

2 Aufsetzen der Karosserie

3 Anbringen der Räder

4 Montieren der elektrischen Schaltanlage

79: Adler Standard 6, 1930.
Erstes deutsches Großserienauto mit Ganzstahlkarosserie, gebaut von 1927–34. Konventionelle Erscheinung, aber fortschrittliche Einzellösungen: hydraulische Bremsanlage, Zentralschmierung, Verwendung von Leichtmetall. 6 Zylinder, 2916 cm³, 50 PS.

# FERTIG-
# MONTAGE 2

Der fertige Wagen verläßt das Montageband.

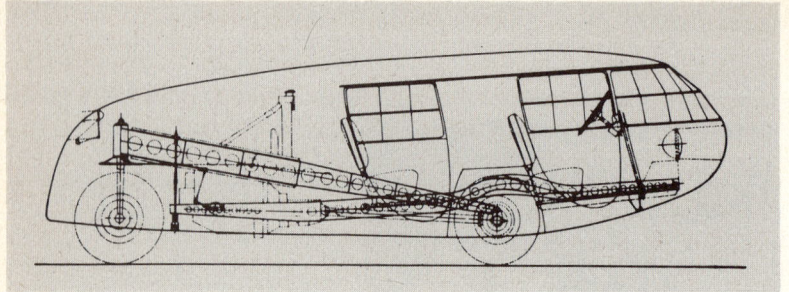

80: Fuller-Dymaxion No. 1, 1933.
Mit seinem Dymaxion schlug Fuller ein Fahrzeug mit fortschrittlichen Details vor
(Frontantrieb, Mittelmotor, aerodynamische, die Räder umschließende Karosserie).
Obwohl das lenkbare Einzelrad hinten, der große Überhang vorn und die schlechte
Raumausnützung nicht befriedigen, kann Fullers Vorschlag auch heute noch als Denk-
anstoß für zukünftige Autos dienen.

81: NSU, 1922.
Typischer Vertreter des «deutschen Karosseriestils» nach dem Ersten Weltkrieg mit
V-förmiger Windschutzscheibe, gepfeiltem Kühler und scharfen Dachkanten. Oval-
fenster und eingeschnürte Taille können den steifen Gesamteindruck nicht mildern.

82: La Salle, 1927.
Der La Salle, preisgünstige Schwestermarke des Cadillac, war einer der ersten Wagen mit einer von einem Stilisten entworfenen Karosserie. Entwurf Harley J. Earl, General Motors. V 8 Zylinder, 5000 cm$^3$, 80 PS

83: Horch 8, 1928.
Horch beauftragte Prof. Hadank mit dem Entwurf einer neuen Karosserie für den 1926 vorgestellten Achtzylinder-Wagen. Das Ergebnis hat eine unübersehbare Ähnlichkeit mit dem amerikanischen La Salle. 8 Zylinder, 3950 cm$^3$, 80 PS.

zum Vorbild, dessen Karosserieform von vorn bis hinten von einem Designer entworfen worden war.

Einige Firmen beschränkten sich in ihrer Entwicklungsarbeit hauptsächlich auf die Leistungssteigerung der Motoren. Die im Krieg gewonnenen Erfahrungen mit neuen Techniken und Werkstoffen wurden dabei aus finanziellen Gründen nicht immer genutzt. So war zwar die höhere Literleistung obengesteuerter Motoren (s. Anhang) allgemein bekannt und einmal mehr von Flugmotoren im Kriegseinsatz bewiesen worden, doch blieb man zunächst bei der Bauart mit stehenden Ventilen. Die von dem Engländer Harry Ralph Ricardo erarbeiteten Erkenntnisse über Verbrennungsabläufe und Verbrennungsraumformen fanden nur zögernd Eingang in den Motorenbau. Zum Teil verhinderte aber auch der damalige Stand der Metallurgie weitere Leistungssteigerungen der Motoren. Versuche mit Leichtmetallkolben, die heute ausschließlich im Personenwagenmotor verwendet werden, führten damals zu Kolbenfressern. Man mußte unter anderem mit einer Kombination aus Leichtmetall und Grauguß (Zweimetallkolben) vorlieb nehmen. Grauguß war der Werkstoff für Motorenblöcke und Zylinderköpfe. Nur bei Wagen der Spitzenklasse wurde für die weniger beanspruchten Teile Leichtmetall herangezogen.

Eine andere Methode der Leistungssteigerung ist die Aufladung. Ein Kompressor (Rotationskolbenmaschine) drückt unter geringem Überdruck vorverdichtetes Kraftstoff-Luft-Gemisch oder Luft, je nach Auslegung, in die Zylinder, so daß der Motor nicht mehr selbst ansaugen muß. Aus dem üblichen Saugmotor wird ein aufgeladener Motor. Größere Verbreitung fand in den zwanziger und dreißiger Jahren der vom Amerikaner Jones 1848 erfundene, von den Gebrüdern Philander H. und Francis M. Roots 1866 weiterentwickelte Drehkolben- oder Roots-Kompressor. Es tauchten aber auch Flügel-Lader nach der Konstruktion des Schweizers Arnold Zoller und des Franzosen René Cozette auf.

Während des Ersten Weltkrieges hatten alle beteiligten Nationen die Entwicklung aufgeladener Flugmotoren vorangetrieben, um den Leistungsabfall wegen der geringeren Luftdichte in großen Höhen ausgleichen zu können. Vor März 1918 aber war kein Flugzeug mit Lademotor in der Luft. Weil der Versailler Vertrag deutschen Firmen den Bau von Flugzeugen und -motoren verbot, übertrug die Daimler-Motoren-Gesellschaft die Kompressor-Technologie auf Automotoren. Ein Mercedes mit aufgeladenem Motor (Abb. 84) siegte erstmals auf der Targa Florio 1922. Unter dem Eindruck der Sporterfolge der Mercedes-Kompressor-Wagen nahmen zahlreiche Firmen in Deutschland, Italien, England, Frankreich und in den USA den Bau von aufgeladenen Motoren für Renn- und Sportwagen auf.

Für das Alltagsauto wichtiger aber waren die Entwicklungen auf dem Reifen- und Zündungssektor. Der Unterbau (Karkasse) der ab 1895 von Michelin im Automobilbau eingeführten Wulstreifen bestand zunächst aus Lei-

84: Mercedes 28/95/140 PS Kompressor.
Auf der Targa Florio/Sizilien 1922 siegte erstmals ein Kompressor-Wagen in einer Klasse (Serienwagen über 4,5 Liter). Im Vordergrund der in den Straßengraben gerutschte Mercedes Kompressor 28/95/140 PS mit Max Sailer als Fahrer, im Hintergrund der spätere Gesamtsieger Graf Giulio Masetti auf Mercedes 115 PS.

nen-, später aus Baumwollgewebe in Kreuzform. Die Fäden scheuerten sich an den Berührungspunkten durch, was zu Gewebebrüchen führte. Die Laufleistung der Reifen betrug bestenfalls 10 000 km, und «Pneumatiks» waren teuer: vier Reifendecken der Abmessung 810 × 90, passend für leichte Wagen bis etwa 18 PS, kosteten bei Continental 1905 je nach Ausführung zwischen 500 und 700 Mark, das sind rund 10 % eines mit 6500 Mark angenommenen Durchschnittspreises für das entsprechende Auto. Erst mit dem Cordgewebe, gezwirnte, kordelförmig zusammengedrehte Fäden, die in mehreren Lagen parallel nebeneinander liegen und durch Gummierung zusammengehalten werden, konnte die Reibung verringert und die Lebensdauer der Reifen verlängert werden. Der Cordgewebe-Unterbau geht auf Patente des Amerikaners J. F. Palmer 1908 zurück, fand aber erst ab etwa 1922 allgemein Anwendung.

Auf dem Gebiet der Zündung hatte sich bis zum Ersten Weltkrieg die 1886 als «Werkstätte für Feinmechanik und Elektrotechnik» gegründete Firma Robert Bosch zum Weltlieferanten für Hochspannungs-Magnetzünder entwickelt. Rund 90 % der bis dahin gelieferten fast 2 Millionen Zünder gingen ins Ausland, hauptsächlich nach Großbritannien, Frankreich und Italien. In England schrieb die Regierung sogar Bosch-Magnetzünder für Subventionslastwagen vor. Bei Kriegsausbruch hatte das fatale Folgen: Die Lieferungen aus Stuttgart, die von Januar bis Juli 1914 rund 40 % der Produktion ausgemacht hatten, blieben aus, die englische Kriegsmaschinerie lag wegen fehlender Magnetzünder einige Zeit darnieder. Nach Kriegsende war hier ein Wandel eingetreten: Andere Länder hatten ihre eigene Fabrikation hochgezogen, der Anteil von Bosch-Produkten am Weltmarkt schrumpfte bis zur Bedeutungslosigkeit. Die Führung hatten inzwischen amerikanische Firmen übernommen. Dort war man bereits zwischen 1911 und 1916 von der Magnetzündung (s. Anhang unter Zündung) auf die Batteriezündung übergegangen – zehn Jahre früher als die Europäer.

Die zwanziger Jahre waren gekennzeichnet von der Unruhe durch neue Ideen, die sich in Ansätzen äußerten, weitere Verbreitung aber erst im näch-

85: Rumpler-Tropfenwagen, 1921.
Neben den Architekten konstruierten auch die Flugzeugbauer (Rumpler, Grade, Dornier) unorthodoxe Automobile. Die Stückzahlen blieben jedoch mit Ausnahme des von Fritz Fend entworfenen Messerschmitt-Kabinenrollers (1953–64) vernachlässigbar klein. Auch der in mehreren Hinsichten revolutionäre Rumpler-Tropfenwagen fand keinen rechten Anklang beim Publikum. Während der gesamten Bauzeit (1921–25) dürften kaum mehr als 100 Fahrzeuge hergestellt worden sein. 6 Zylinder in W-Form, 2300 cm$^3$, 35 PS, Höchstgeschwindigkeit 90–100 km/h.

sten Jahrzehnt, teilweise noch später, fanden: Aerodynamik, Ganzstahlkarosserie, automatisches Getriebe, Dieselmotor.

Gleich mehrere Ideen verwirklichte Edmund Rumpler, bekanntgeworden als Hersteller von Flugapparaten und vom Versailler Vertrag an weiteren Aktivitäten im Flugwesen gehindert. Sein 1921 auf der Berliner Automobil-Ausstellung gezeigtes Tropfenauto (Abb. 85) überraschte mit einem strömungsgünstigen Aufbau. Beim Entwurf seiner bootsförmigen Karosserie, deren Grundriß das Fahrgestell angepaßt war, berücksichtigte Rumpler vor allem die seitliche Luftströmung um Wagenkörper und Aufbau, weniger die über das Fahrzeug. So war zwar das Publikum beeindruckt und von der Windschnittigkeit überzeugt, nicht aber die Fachwelt. Sie tippte wegen des hohen Aufbaus und der freistehenden, Luftwirbel erzeugenden Räder auf einen Luftwiderstandsbeiwert von $c_w = 0,35$ bis $0,40$. Tatsächlich aber liegt der Beiwert, wie eine Messung im VW-Windkanal 1979 ergab, mit $c_w = 0,28$ erstaunlich niedrig, wobei zu berücksichtigen ist, daß Rumpler die Form seines Tropfenwagens nach Gefühl und Erfahrung und ohne untermauerte wissenschaftliche Erkenntnisse gestaltet hat.

| | $c_w$ |
|---|---|
| 1921 Rumpler-Tropfenwagen | 0,28 |
| 1928 Limousine üblicher Bauart | 0,6 und mehr |
| 1967 NSU Ro 80 | 0,355 |
| 1970 Volkswagen Typ 1 (Käfer) | 0,458 |
| 1974 Volkswagen Golf | 0,42 |
| 1978 Audi 100 | 0,41 |
| 1980 Volkswagen Typ 1 (Käfer) | 0,48 |
| 1980 Citroën GSA | 0,34 |

Tabelle 4: Vergleich von Luftwiderstandsbeiwerten ($c_w$).

Der Luftwiderstandsbeiwert ($c_w$) ist ein theoretischer, dimensionsloser Wert zur Bestimmung des Luftwiderstandes. Er ist beeinflußbar durch Form und Oberflächenbeschaffenheit eines Körpers. Er kann errechnet oder durch Luftwiderstandsmessungen im Windkanal ermittelt werden. Vergleichende Messungen können unterschiedlich ausfallen, weil weder Windkanal-Normen noch einheitliche Meßmethoden vorliegen. Ein Vergleich von $c_w$-Werten verschiedener Fahrzeuge ist daher problematisch.

Zu den wenigen Pionieren, die sich schon vor 1920 zum Zwecke der Geschwindigkeitserhöhung bei gegebener Motorleistung an die Verminderung des Luftwiderstandes bei Familienwagen heranwagten, gehörten der Franzose Grégoire und der Italiener Castagna (Abb. 86). Ihre Wagen ahmten die

86: Castagna-Alfa, 1913.
Früher Versuch einer strömungsgünstigen Karosserie (Luftschiffkörper) für einen Personenwagen mit mehreren Sitzen auf konventionellem Fahrwerk, gebaut auf Bestellung des Grafen Marco Ricotti von der Karosseriefabrik Castagna in Mailand. Das Original-Fahrzeug ist verschollen, doch wurde inzwischen ein Nachbau für das Alfa-Romeo-Museum in Arese angefertigt. 4 Zylinder, 6100 cm$^3$, 60 PS.

87: Aerodynamische Prototypen nach Jaray, 1922/23.
Zur Propagierung der Stromlinien-Idee wurden Werbefahrten durch Deutschland veranstaltet. Von links: Karosserie Spohn, Ravensburg, auf Ley-Fahrwerk T 6 1922, Karosserie Gläser, Dresden, auf Audi-Fahrwerk K 14/50 PS 1923 und auf Dixi-Fahrwerk 6/24 PS 1923.

88: Tatra Typ 11, 1923, Fahrwerk. Der Tatra 11, eine Konstruktion von Hans Ledwinka, hatte eine angetriebene Eingelenk-Pendelachse hinten und Schwingachsen vorn. Auffallend ist ferner der Zentralrohrrahmen und der luftgekühlte Zweizylinder-Boxermotor vorn.

Formen von Torpedo, Bootsrumpf und Luftschiff nach. Erste wissenschaftliche Untersuchungen über Aerodynamik führte der österreichische Luftschiff- und Flugzeugkonstrukteur Paul Jaray ab 1920 durch. Auf diese Weise wollte er höhere Spitzengeschwindigkeiten, niedrigeren Kraftstoffverbrauch, geringere Staubentwicklung auf den damaligen Naturstraßen und, bei geschlossenen Aufbauten, bessere Be-/Entlüftung und Heizung erreichen. An Stelle der für erdgebundene Fahrzeuge nicht anwendbaren Idealform eines spindelförmigen Rotationskörpers (Luftschiff) schlug Jaray eine Kombinationsform vor. Sie bestand aus dem Profil eines Flugzeugflügels für den Wagenkörper und einem aufgesetzten Profil eines halben Luftschiffkörpers für den Aufbau. Es kam ihm darauf an, die Luftströmung möglichst lange anliegen zu lassen, um Verwirbelungen zu vermeiden und günstige Seitenstabilitätsverhältnisse zu erzielen. Aus diesem Grunde umschloß die Karosserie auch die Räder. Tatsächlich erreichte Jaray Luftwiderstandsbeiwerte von $c_w = 0,28$ bis $0,30$ je nach Wagentyp und Ausführung. Einige Karosseriefabriken stellten im Auftrag der deutschen Autofirmen Ley, Audi, Dixi und Apollo einige Prototypen (Abb. 87) und Rennwagen nach Jaray'schen Entwürfen her. Das Publikum aber mochte sich nicht mit den unorganisch wirkenden Karosserien auf den damaligen hochbeinigen Fahrwerken befreunden. Erst nach Einführung niedrigerer Fahrwerke in den dreißiger Jahren erhielten die Jaray'schen Ideen neuen Auftrieb, wenn auch die aerodynamischen Qualitäten der Karosserien durch freistehende Kotflügel, Scheinwerfer und Kühler meist litten.

Um die hohen, ungefederten Massen zu verringern und damit den Federungskomfort zu verbessern, baute Rumpler in seinen Tropfenwagen seine Pendelachse nach DRP 153 982 von 1903 ein. Obwohl die Achse im Tropfenwagen noch nicht befriedigte, bedeutete sie dennoch eine der wichtigsten Verbesserungen im PKW-Fahrwerksbau. Sie ersetzte die starre hintere Antriebsachse. In ähnlicher Form tauchte die Pendelachse 1923 bei Tatra (Abb. 88), 1926 bei Steyr auf. In den dreißiger Jahren fand sie allgemein Eingang in den kontinental-europäischen PKW-Bau. Zusammen mit dem Typ 4RI von Sizaire-Frères aus Frankreich dürfte der Tatra von 1923 der erste Serienwagen gewesen sein, der Schwingachsen vorn und hinten besaß. Deutschlands

89: Rumpler-Tropfenwagen, 1921, Fahrwerk.
Die Form der Karosserie und das ihrem Grundriß folgende Fahrgestell werden Rumpler zur Verlegung des Antriebsblocks (Motor und Getriebe) vor die Hinterachse bewogen haben. Hochbordiger Rahmen mit Aufnahmen für 2 Ersatzräder und Auspufftopf im Heck, Motor in W-Form.

116

90: Serien-Limousine der zwanziger Jahre.
Der vor dem Ersten Weltkrieg vorherrschende offene Wagen wurde in den zwanziger Jahren von der Limousine verdrängt. Sie erlaubte einen bequemen Einstieg und bot Platz für zwei nebeneinander sitzende Personen sowie genügend Kopffreiheit und Knieraum. All dies bieten die heutigen Wagen nicht mehr. Die Abbildung zeigt eine Straßen-Benzinpumpe, eingeführt von der Dapolin (später Esso) in Deutschland ab 1924.

erster Wagen mit einer solchen Fahrwerks-Auslegung war der Röhr von 1928.

Die dritte Pioniertat Rumplers bestand in der Verlagerung des Motors über die Fahrzeugmitte hinaus vor die Hinterachse (Abb. 89). Er war dazu durch die Form von Karosserie und Fahrgestell gezwungen. Damit erreichte er einen kompakten Antriebsblock unter Einsparung der Kardanwelle. Die schlechte Zugänglichkeit des Motors und der hohe Geräuschpegel im Innenraum waren Nachteile, die bei dieser Anordnung bis heute noch nicht überwunden wurden. Die nicht ganz korrekt als Mittelmotorbauweise bezeichnete Auslegung entwickelte sich zur Standardbauweise im Rennwagenbau: Benz baute 1923 nach Rumpler-Lizenzen den Benz-Tropfen-Rennwagen, 1934 folgten die Auto-Union-Rennwagen, Ende der vierziger Jahre engli-

sche Rennwagen. Sie alle hatten den Motor zwischen Fahrersitz und Hinterachse. Das ist bis auf den heutigen Tag so geblieben.

Trotz der hoffnungsvollen Entwicklungsarbeiten herrschten bei der Mehrzahl der europäischen Personenwagen bis etwa 1930 amerikanische Konstruktionstendenzen vor: vornliegende Motoren, Hinterradantrieb und Starrachsen. Immerhin hatten sich Linkslenkung, einheitliche Pedalanordnung
und mechanisch betätigte Vierradbremsen durchgesetzt. Den offenen Tourenwagen hatte der geschlossene, kastenförmige Aufbau verdrängt (Abb.
90), allerdings ohne jede Rücksicht auf aerodynamische Erkenntnisse.

## Der Dieselmotor findet Eingang in den Autobau

Zu den großen Ingenieuren, die den Verbrennungsmotor geformt haben,
gehört Rudolf Diesel (1858–1913). Er hat versucht, die 1824 veröffentlichten
Theorien des Franzosen Léonard Sadi Carnot (1796–1832) zu verwirklichen.
Carnot hatte erkannt, daß sich in einer Dampfmaschine – als einzige seiner-
zeit bekannte Wärmekraftmaschine – die Wärmeenergie wegen eines zu geringen Temperaturgefälles nur sehr unvollkommen in Arbeit umwandeln
läßt. Der Wirkungsgrad einer Dampfmaschine betrug um 1880 nur 6–10 %.
Um den thermischen Wirkungsgrad zu verbessern, müßten in einem Ideal-
motor möglichst hohe Temperatur- und Druckunterschiede hergestellt werden, wobei Gas als arbeitendes Medium in bestimmter Weise Zustandsänderungen zu durchlaufen hätte. Carnots Kreisprozeß (s. Anhang) versprach
eine optimale Umwandlung der Wärmeenergie in Arbeit.

Die scheinbar leicht zu verwirklichenden Ideen Carnots beschäftigten Rudolf Diesel. Als er meinte, die praktische Lösung gefunden zu haben, reichte
er 1892 dem Patentamt die Anmeldung über seine «Neue rationelle Wärmekraftmaschine» ein. Ein Jahr später kamen ihm Bedenken, die während der
anschließenden Experimente an Versuchsmotoren bei der Maschinenfabrik
Augsburg zur Gewißheit wurden: Carnots Lehre ließ sich nicht in die Praxis
umsetzen.

Diesel hat sein Ziel und die im ersten Patent von 1892 erhobenen Ansprüche nicht erfüllen können, doch gebührt ihm das Verdienst, ein Verfahren
entwickelt zu haben, das heute nach ihm benannt wird. Es ist gekennzeichnet
durch das Ansaugen reiner Luft und ihrer anschließenden hohen Verdichtung auf damals rund 30 bar, so daß eingebrachter Kraftstoff ohne Zündvorrichtungen und nur durch die Verdichtungswärme der Luft zünden kann
(Selbstzündung). Carnot und Alphonse Beau de Rochas (1815–1893) hatten
bereits die Selbstzündung angesprochen, doch hat es vor Diesel eine solche
Maschine nicht gegeben.

Es hat ähnliche Motoren gegeben. Von Otto übernahm Diesel das Viertaktverfahren, von Brayton (USA) wahrscheinlich das Prinzip der Kraft-

stoffeinblasung durch komprimierte Luft. Der deutsche Erfinder Julius Söhnlein soll um 1884 einen Versuchsmotor mit einem Verdichtungsdruck von 8–10 bar und Kraftstoffeinblasung gebaut haben. Der Motor des Engländers Herbert Akroyd Stuart saugte zwar auch reine Luft an, benötigte aber eine Zündvorrichtung. Stuart wählte einen Glühkopf, was den Akroyd-Motor zum Stammvater der Glühkopf-Motoren (s. Anhang) macht. Alle diese Motoren unterschieden sich aber vom Dieselverfahren durch das fehlende Merkmal der Selbstzündung.

Vorläufiger Abschluß der von Diesel und der Maschinenfabrik Augsburg betriebenen Entwicklung war der dritte Versuchsmotor, heute als «Erster Dieselmotor» im Deutschen Museum aufgestellt (Abb. 91). Der über zwei Meter hohe Koloß übertraf mit einem Wirkungsgrad von 26 % alle bis dahin bekannten Wärmekraftmaschinen.

Nach der für Diesel schmeichelhaft verlaufenen Hauptversammlung Deutscher Ingenieure in Kassel 1897 erwarben fast ein halbes Hundert Firmen Lizenzen, Geschäftsleute gründeten Dieselmotoren-Fabriken. Der Eupho-

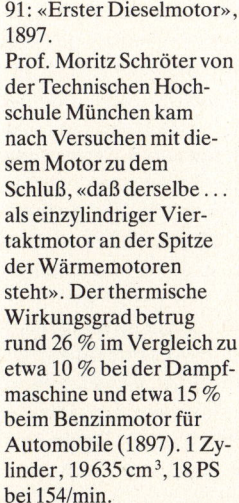

91: «Erster Dieselmotor», 1897.
Prof. Moritz Schröter von der Technischen Hochschule München kam nach Versuchen mit diesem Motor zu dem Schluß, «daß derselbe ... als einzylindriger Viertaktmotor an der Spitze der Wärmemotoren steht». Der thermische Wirkungsgrad betrug rund 26 % im Vergleich zu etwa 10 % bei der Dampfmaschine und etwa 15 % beim Benzinmotor für Automobile (1897). 1 Zylinder, 19 635 cm$^3$, 18 PS bei 154/min.

92: SAFIR-Dieselmotor, 1908/10.

Heinrich Dechamps sollte einen 42 PS-Benzinmotor in einen Dieselmotor mit 30 PS umkonstruieren. Bei der Erprobung des Motors, der übrigens nie in ein Fahrzeug eingebaut wurde, ergaben sich Schwierigkeiten mit der Kraftstoffpumpe (rechts über dem Schwungrad), mit der Kraftstoffdüse und mit der Umsteuerung. Mit ihr wollte Rudolf Diesel ein Zahnrad-Wechselgetriebe einsparen, sie hängt nicht ursächlich mit dem Dieselverfahren zusammen. 4 Zylinder, 5740 cm³, 30 PS.

rie folgte die Ernüchterung: Unpräzise Herstellung und mangelnde Erfahrung führten zu Motorschäden, die nichts mit dem Dieselverfahren als solchem zu tun hatten, den technischen und wirtschaftlichen Niedergang des Dieselmotors aber auslösten. Heinrich Buz, Leiter der Maschinenfabrik Augsburg, einer der Vorläuferfirmen der MAN, ist es zu verdanken, daß etwa ab 1904 eine Wende in der Beurteilung des Dieselmotors aufgrund von verbesserten Konstruktionen eintrat. Als 1908 Diesels Grundpatente abliefen, nahmen viele Firmen den Bau von Dieselmotoren wieder auf. Schiffsmotoren wurden ab 1903, der erste U-Boot-Motor 1904 ausgeliefert. Der Bau leichterer Dieselmotoren für Straßenfahrzeuge schien in absehbarer Zeit möglich.

Bis dahin war es jedoch noch ein weiter Weg, obwohl Versuche schon früh begannen. Die Maschinenbau-AG Nürnberg, die andere Vorläuferfirma der MAN, befaßte sich bereits seit 1896 mit Dieselmotoren für Kutschen und Triebwagen. Der Österreicher Ludwig Lohner wollte sich mit einem Diesel-Automobil an den Rennen des Jahres 1898 beteiligen. Heinrich Dechamps entwickelte ab 1907 im Auftrag von Rudolf Diesel einen Lastwagenmotor (Abb. 92) für die Schweizerische Automobilfabrik in Rheineck (SAFIR).

Dechamps sollte einen Vierzylinder-Benzinmotor von Saurer auf den Betrieb von Gasöl umkonstruieren. Er beließ Zylinder, Kolben und das übrige Triebwerk; neu hinzu kamen u. a. ein geänderter Zylinderkopf, eine vierkolbige Kraftstoffpumpe und ein zweistufiger Luftverdichter. Der Motor lief, konnte aber nicht schnell und exakt genug auf die unter Fahrbedingungen auftretenden Drehzahländerungen reagieren. Die Versuche wurden bald wieder eingestellt, hauptsächlich auch deswegen, weil noch keine zuverlässige Kraftstoffpumpe zur Verfügung stand.

Die Einbringung des Kraftstoffs in den Zylinder erwies sich als die größte Schwierigkeit, den Dieselmotor kleiner, leichter und billiger und damit für Fahrzeuge geeignet zu machen. Bei dem bisher angewendeten Lufteinblasverfahren wurde der Kraftstoff in einer Niederdruckpumpe einem gesteuerten Zerstäuber oder Einspritzventil vorgelagert und dann im richtigen Augenblick von komprimierter Luft in den Zylinder eingeblasen. Die dafür nötige Luftverdichtungsanlage mit Luftpumpe und Leitungen erhöhte Gewicht, Abmessungen und Herstellungskosten, verschlechterte den mechanischen Wirkungsgrad und war weder für höhere Drehzahlen noch für raschen Lastwechsel geeignet.

Diesel selbst und einige Firmen hatten mehrmals vergeblich versucht, das Lufteinblasverfahren, das sich bei ortsfesten Anlagen durchaus bewährte, durch eine mechanische Druckeinspritzung zu ersetzen. Erst James McKechnie, technischer Direktor der englischen Vickers-Werke, gelang ab 1910 die Konstruktion einer Pumpe, die den Kraftstoff unter hohem Druck in den Zylinder einspritzte und zerstäubte. Unerklärlicherweise aber verharrte man lieber bei der Lufteinblasung, und wie sehr gerade die deutsche Dieselmotoren-Industrie McKechnies großartiger Erfindung mißtraute, mag aus dem Verhalten der MAN hervorgehen: Die Firma, die den Dieselmotor groß gemacht hatte und zu seinen Gunsten den Dampfmaschinenbau 1908 aufgegeben hatte, bestückte ihre ab 1915 herausgebrachten Lastwagen mit Benzinmotoren.

Die Dieselmotoren-Entwicklung für Fahrzeuge kam erst in den zwanziger Jahren in Gang. Die Daimler-Motoren-Gesellschaft, Werk Marienfelde, versuchte es noch einmal mit einem Dieselmotor mit Lufteinblasung, den sie auf der Berliner Automobil-Ausstellung 1923 vorstellte. Er wurde nicht weiterentwickelt, weil die 1924 gebildete Interessengemeinschaft zwischen den Firmen Benz und Daimler dem inzwischen von Benz gebauten kompressorlosen Dieselmotor den Vorzug gab. Mit Hilfe einer im eigenen Haus von dem französischen Ingenieur Prosper l'Orange konstruierten Einspritzpumpe konnte die Mannheimer Firma ab 1922 Benz-Sendling-Motorpflüge mit Zweizylinder-, ab 1924 Benz-Lastwagen mit Vierzylinder-Dieselmotoren anbieten. Ebenfalls 1924 erschien MAN mit einem Diesel-LKW (Abb. 93) mit Direkteinspritzung (s. Anhang) und hausgemachter Dieseleinspritzausrüstung (s. Anhang).

Mit den Lastwagen von Benz und MAN gelang dem Dieselmotor der Einbruch in den Fahrzeugbau, der auf Grund der Arbeiten von McKechnie schon zehn Jahre früher hätte erfolgen können. Als Bosch ab 1927 marktreife Einspritzpumpen, Regler und Düsen in das Verkaufsprogramm aufnahm, begannen auch andere Firmen in Deutschland, England und in der Schweiz mit dem Bau von Diesel-Lastwagen und -Bussen.

Omnibusbetriebe rechneten sich niedrigere Betriebskosten bei Dieselbetrieb aus. 1934 schickte die BVG (Berliner Verkehrs-Aktien-Gesellschaft) ihre ersten Doppeldecker mit Dieselmotoren von Büssing und Daimler-Benz durch die Stadt. Die Sechszylindermotoren leisteten 125 und 150 PS. Die AEC (Associated Equipment Co), neben der London General Omnibus Company Tochterfirma der UndergrounD Group, entwickelte schon 1928 einen «oiler», wie in England die patriotische Umschreibung für den Dieselmotor hieß, und belieferte ab 1931 die LGOC. Deren Nachfolgefirma, die London Transport, verfügte 1934 mit 500 Dieselbussen über die wahrscheinlich weltgrößte Flotte an oil engined vehicles. Pikanterie am Rande: sieben

93: MAN Diesel-Lastwagen, 1924.
Der erste von MAN hergestellte Lastwagen mit Dieselmotor, ausgestellt auf der Berliner Automobil-Ausstellung 1924. MAN hatte 1915 mit dem Bau von Lastkraftwagen nach Saurer-Lizenzen begonnen. 4 Zylinder, 5650 cm$^3$, 40 PS, 5 Tonnen.

94: Mercedes-Benz-Diesel Lo 2000, 1932.
Erster leichter Lastwagen (Nutzlast 2000 kg) mit schnelldrehendem Vorkammer-Dieselmotor, hier mit Busaufbau als Wochenendwagen. 4 Zylinder, 3770 cm³, 55 PS bei 2000/min.

von acht englischen Dieselmotorbauern (1931) kauften ihre Einspritzausrüstung bei Bosch – wie vor dem Ersten Weltkrieg die Magnetzünder.

Im Vergleich zum Benzinmotor erwies es sich als noch schwieriger, von den beim Stationärmotorenbau üblichen Gewichten und Abmessungen auf Fahrzeugmaß herunterzukommen und den damit einhergehenden Leistungsschwund durch höhere Drehzahlen auszugleichen. Schwierigkeiten bereiteten u. a. die wegen der höheren Drücke schwereren Triebwerksteile, die kleinen, einzuspritzenden Kraftstoffmengen und die durch hohe Verdichtung vorgegebenen kleinen Verbrennungsräume, die den Konstrukteuren zur Unterbringung von Ventilen und Einspritzorganen zur Verfügung standen. So betrachtete man bis in die dreißiger Jahre hinein den 5-Tonnen-LKW als untere Grenze für Diesel-Fahrzeuge mit Motor-Höchstdrehzahlen bis 1600/min. Als Daimler-Benz 1932 einen kleinen 2-Tonner mit Dieselaggregat (Abb. 94) herausbrachte, das schon 2000 Umdrehungen pro Minute schaffte, schrieb die Fachpresse freudig erregte Kommentare in Erwartung eines nun bald fälligen Diesel-Personenwagens.

Dieser kam vier Jahre später. Auf der Automobil-Ausstellung 1936 in Berlin stellte Daimler-Benz den ersten serienmäßig hergestellten Diesel-Personenwagen (Abb. 95) vor. Er war schwerer, langsamer und teurer in der Anschaffung als vergleichbare Autos mit Benzinmotoren. Wegen seiner niedrigen Betriebskosten und seiner Langlebigkeit fand er Gegenliebe besonders bei der Droschkenzunft. Der zweite der Dieselgilde war die SA André Citroën, die 1937/38 wahlweise einen Diesel-PKW anbot, gefolgt von Hanomag.

95: Mercedes-Benz 260 D, 1936.
Erster serienmäßig hergestellter Personenwagen mit Dieselmotor. Er wurde meist als Taxi ausgeliefert. 4 Zylinder, 2550 cm$^3$, 45 PS bei 3000/min.

# Senkung der Betriebskosten

durch den neuen

## Hanomag-Diesel-Personenwagen

35 PS Vier-Zylinder-Diesel-Motor ● Endgeschwindigkeit über 90 km/Std. ● Verbrauch etwa 7 Liter des billigen Dieselöles auf 100 km ● Geräuschlose Fahrweise

# HANOMAG HANNOVER

96: Hanomag-Diesel, 1938.
Hanomag bot seinen Mittelklasse-Typ Rekord wahlweise mit Benzinmotor (1,5 l Hubraum, 32 und 35 PS) oder mit Dieselmotor an. Die Dieselversion war um 1000 Mark teurer. 4 Zylinder, 1910 cm$^3$, 35 PS bei 3000/min.

Die Hannoveraner hatten seit 1931 an einem Dieselmotor als Alternative zu einem Benzinmotor in einem Mittelklassewagen gearbeitet. Auf der Ausstellung 1936 wurde die kleine Dieselmaschine zunächst als Einbauaggregat gezeigt, zwei Jahre später konnte man auch bei Hanomag einen Diesel-PKW (Abb. 96) kaufen. Bis 1940 wurden davon 2572 Exemplare ausgeliefert, vom Diesel-Mercedes etwa das Achtfache.

Wie mühsam und langwierig die Entwicklung eines konkurrenzfähigen Dieselmotors für Personenwagen war, zeigen die Versuche anderer Firmen. Fiat, BMW und die Zubehörindustrie boten Schwerölvergaser für Mischbetrieb von Benzin und Schweröl in der Hoffnung an, über die niedrigeren Dieselpreise die Betriebskosten senken zu können. Bagnulo in Italien lieferte, Peugeot experimentierte mit Glühkopfmotoren, ging aber 1928 auf Zweitakt-Diesel-Gegenkolbenmotoren (s. Anhang) nach Lizenz Junkers/Dessau über, die dann in Lastwagen Verwendung fanden. Einen wenn auch bescheidenen Erfolg hatte der Flugpionier Hermann Dorner. Seine Dorner Ölmotoren AG in Hannover mag 1924/25 etwa zehn kleine Personenwagen mit Ein-

97: Dorner-Schwerölwagen, 1924 (Fahrwerk).
Dorner stellte einige Dieselmotoren mit ein und zwei Zylindern sowie Wasser- und Luftkühlung her für ein Kleinstfahrzeug, das er in größeren Mengen abzusetzen hoffte. V 2 Zylinder, 10 PS.

98: Duesenberg-Rennwagen mit Cummins-Dieselmotor, 1931.
Um die Amerikaner für den Dieselmotor einzunehmen, beteiligte sich die Cummins
Engine Co. an Rennen und Rekordfahrten. Der Duesenberg-Rennwagen mit Cummins-Motor verbesserte am 7. Februar 1931 in Daytona Beach/Florida den Rekord für
Dieselwagen auf 100, 75 mph (162,21 km/h). 4 Zylinder, 4700 cm³, 80 PS Diesel.

und Zweizylinder-Dieselmotoren (Abb. 97) hergestellt haben sowie einige
Einbaumotoren für Traktoren und stationäre Zwecke. Dorner dürfte somit
die ersten Diesel-Personenwagen gebaut haben. Mit einem seiner Miniautos
bereiste er wenig später die USA, konnte Lizenzen an Packard verkaufen
und entwickelte dort zusammen mit Ingenieur Lionel M. Woolson einen
Packard-Diesel-Sternmotor (s. Anhang) für Flugzeuge.

In den USA bestand wegen des niedrigen Benzinpreises wenig Interesse an
Diesel-Fahrzeugen. Eine ernsthafte Dieselmotoren-Entwicklung setzte erst
in den dreißiger Jahren ein, als General Motors, Waukesha, Cummins und
Caterpillar Zwei- und Viertakt-Dieselmotoren für Lastwagen, Traktoren
und Baumaschinen auf den Markt brachten. Auf dem Personenwagensektor
ruhte die Entwicklung mit Ausnahme der Aktivitäten von Clessie Lyle Cummins. Cummins hatte seit 1919 Dieselmotoren für ortsfeste Anlagen, Boote
und Eisenbahnen hergestellt, aber selten daran verdient. Als der einzige
Gläubiger der Cummins Engine Co. die Fabrik zum 1. Januar 1930 schließen

wollte, pflanzte Clessie einen Vierzylinder-Diesel-Bootsmotor in einen ge-
brauchten Packard, legte die 792 Meilen von Indianapolis zur New York
Auto Show mit nur $ 1,38 Kosten für Dieselkraftstoff zurück und machte mit
Hilfe der Nachrichtenagentur AP «die Nation über Nacht dieselbewußt» (E.
Diesel: Die Geschichte des Diesel-Personenwagens, Stuttgart 1955, S. 69).
Die Fabrik brauchte Clessie nun nicht mehr zu schließen, und aus Publicity-
gründen baute er sogar dieselgetriebene Rekord- und Rennwagen (Abb. 98).
Doch trotz aller Sporterfolge wollte ihm der Verkauf einer größeren Zahl
von Dieselmotoren für Personenwagen nicht glücken. Amerika war für den
Diesel-PKW noch nicht reif.

Seit der Antike befruchtete der bei Personenfahrzeugen erzielte technische Fortschritt das Lastfahrzeug. Beim Dieselmotor ging die Entwicklung
den umgekehrten Weg: Nur über das Nutzfahrzeug war die Produktion eines
Diesel-Personenwagens möglich. Obwohl mit dem Dieselmotor nach den
längst verdrängten Dampf- und Elektroantrieben wieder eine Alternative
zum Benzinmotor vorhanden war, konnte bis 1939 von einer ernsthaften
Konkurrenz keine Rede sein. Im Vergleich schnitt der PKW-Diesel in Lauf-
kultur, Geräuschentwicklung, Geruchsbelästigung, Gewicht und Leistung
schlechter ab als der Benzinmotor, weshalb sich der Diesel-Personenwagen
trotz Achtungserfolge im deutschen und englischen Taxigewerbe bis etwa
1974 mit einer Statistenrolle bescheiden mußte.

## Die dreißiger Jahre

In den Jahren vor dem Ersten Weltkrieg hatte das Auto weder wirtschaftlich
noch politisch eine Rolle gespielt. Die überwiegend kleinen Betriebe ban-
den, volkswirtschaftlich gesehen, wenige Arbeitskräfte, die Infrastruktur
war unterentwickelt, die Eisenbahn galt als das wichtigste Verkehrsmittel zu
Lande. In den zwanziger Jahren reifte das Auto in Europa zu einem allgemeinen Wirtschaftsfaktor heran, der es in Amerika bereits geworden war. In den
dreißiger Jahren war das Auto und seine Entwicklung eng mit dem Schicksal
der einzelnen Nationen verbunden.

Adolf Hitler erkannte die Bedeutung des Autos als Mittel zur Durchsetzung seiner nationalsozialistischen Ziele. Er förderte seine Entwicklung mit
einer neuen Gesetzgebung, mit dem Bau von Autobahnen, mit Staatsgeldern
für den Rennwagenbau und mit der Konstruktion des Volkswagens als zu-
künftigem Weltauto.

Die Vereinigten Staaten als aufstrebende Weltmacht hatten in vielen Ländern Montagewerke aufgezogen oder Firmen aufgekauft, die die für den jeweiligen Markt geeigneten Modelle bauten. 1932 besaß jeder fünfte Amerikaner ein Auto, in Deutschland jeder Hundertste. 1937 stammten 75 % der
Weltproduktion aus US-Autowerken, aus deutschen gerade 5 %.

England als absteigende Weltmacht gefiel sich in seiner splendid isolation: Die nur für den heimischen Markt mit seinen engen, kurvenreichen Straßen konstruierten Autos vermochten weder formal noch technisch in Europa oder Übersee zu gefallen. Der Export war unterentwickelt, nur Sportwagen und Luxusautomobile gingen gut.

Frankreich, einst führende Autonation, litt unter sozialen Spannungen, unter Wirtschafts- und Finanzkrisen. Es mußte sich mit seinen veralteten Produktionsanlagen bei den Neuzulassungen ab 1935 mit einem Platz hinter Deutschland bescheiden.

Italien schließlich, geschwächt von der bereits 1927 beginnenden Wirtschaftskrise, mußte einen Großteil seiner Autoproduktion exportieren, um mit den Devisen Kohle, Öl, Eisen und andere Rohstoffe einführen zu können. Der heimische Markt blieb unterentwickelt.

Ende der zwanziger Jahre deutete sich bereits an, was in den dreißiger Jahren zu Tage trat: Die Vorliebe der Amerikaner für große Autos und die aus wirtschaftlicher Schwäche begründete Hinwendung der Europäer zum kleinen oder mittelgroßen Wagen. In Amerika führte dies zu hubraumgroßen, durstigen Motoren mit verhältnismäßig geringer Leistung, aber hohem Drehmoment, in Europa zu kleinen, hochdrehenden, aber auch sparsamen Motoren. Selbst Ford mit seinem Anspruch, preisgünstige Autos für jedermann zu bauen, setzte ab 1932 auf einen Achtzylinderwagen (Abb. 99). Erst unter dem Druck steigender Energiekosten gegen Ende der siebziger Jahre fanden die Amerikaner zum kleineren Auto zurück, eine Domäne der Europäer seit den zwanziger, der Japaner seit den fünfziger Jahren.

In Europa hatte sich, eine Dekade später als in Amerika, der Übergang von handwerklicher auf industrielle Fertigung vollzogen. Einige wenige Autofabriken machten mit marktgerechten Modellen und rationeller Fertigung das große Geschäft: Fiat in Italien, Morris und Austin in England, Opel in Deutschland, Citroën, Peugeot und Renault in Frankreich. Die übrigen deckten den Bedarf anspruchsvollerer Kundschaft, suchten sich eine Marktnische oder verließen sich auf eine einmal erworbene Reputation.

Die Europäer hatten einsehen müssen, daß sich weder Typenpolitik noch Fabrikationsmethoden der Amerikaner ohne weiteres übertragen ließen. Ab 1930 begann sich die Autotechnik der Alten Welt von der Vorherrschaft der amerikanischen zu befreien. Hatten sich die europäischen Autohersteller in den zwanziger Jahren hauptsächlich mit der Weiterentwicklung der Motoren hinsichtlich Zuverlässigkeit und Leistungserhöhung befaßt, standen in den dreißiger Jahren Fahrwerk und Karosserie im Mittelpunkt konstruktiver Verbesserungen. Die Alte und die Neue Welt wuchsen zu ebenbürtigen Partnern heran, von den erzielten Fortschritten der einen profitierte die andere.

Ein Beispiel dafür ist die Entwicklung der hydraulischen Bremse. Hugo Mayer aus Rudolstadt hatte bereits 1895 ein Patent über eine «Vorrichtung zum Anziehen einer durch Flüssigkeitsdruck bethätigten Wagenbremse» für

*Das Rad ...*

... ist eine von vielen Erfindungen, die uns das Vorwärtskommen erleichtern.
Eine andere: das Geld.
  Geld treibt, spornt an, beflügelt. Mit Geld fährt man einfach besser.

# Pfandbrief und Kommunalobligation

**Meistgekaufte deutsche Wertpapiere - hoher
Zinsertrag - schon ab 100 DM bei allen Banken
und Sparkassen**

pferdegezogene Wagen erhalten. Doch niemand nahm von dieser Erfindung Notiz. So gebührt dem Amerikaner Malcolm Lockheed das Verdienst, die hydraulische Bremse im Automobilbau eingeführt zu haben. Damit entfiel die bisher übliche, über Seilzug und Gestänge wirkende mechanische Bremsanlage, die einen hohen Wartungsaufwand erforderte und bei Vollbremsungen trotzdem schiefzog. Duesenberg führte ab 1921 hydraulisch gebremste Vorderräder ein, Chrysler und Audi folgten 1924 mit Vierradbremsen. 1932 war über die Hälfte der deutschen Personenwagen mit ATE-Lockheed-Bremsen ausgerüstet, für die Alfred Teves in Frankfurt/M. 1926 die Lizenzen erworben hatte.

Eine ähnliche Entwicklung vollzog sich im Getriebebau. Im Gegensatz zum Dampf- und Elektromotor geben Brennkraftmaschinen (Benzin- und Dieselmotoren) ihre größte Leistung nur in einem schmalen Drehzahlbe-

99: Ford V 8, 1932.
Auf Grund von Absatzschwierigkeiten der Tin Lizzy und wegen eines fehlenden Nachfolgemodells hatte Ford seine Werke 1927 für ein halbes Jahr schließen müssen. Erst dann konnte mit der Produktion des Typ A (bis 1932) begonnen werden. Chevrolet brachte 1929 den Typ International mit 6-Zylindermotor heraus, der sich zu Fords schärfstem Konkurrenten entwickelte. Das veranlaßte Ford, das erste Massenauto mit V 8-Motor herzustellen. Doch der einmal begangene Fehler, nicht rechtzeitig ein modernes Nachfolgemodell auflegen zu können, war nicht mehr gutzumachen: Mit Ausnahme von wenigen Jahren führte Chevrolet im Produktionsrennen vor Ford bis auf den heutigen Tag. V 8 Zylinder, 3560 cm³, 65 PS.

reich ab. Sie können deshalb nicht unter Last angelassen werden. Da ihre Drehzahlen für den gewöhnlichen Geschwindigkeitsbereich eines Fahrzeugs nicht ausreichen, sind Drehzahlwandler (Kupplungen) und Drehzahl-Drehmoment-Wandler (Getriebe) erforderlich. Insofern sind Benzin- und Dieselmotoren für Straßenfahrzeuge eigentlich nicht besonders gut geeignet. Abgesehen vom niedrigen thermischen Wirkungsgrad war dies immer wieder der Anlaß, den Bau von Dampf- und Elektrofahrzeugen zu versuchen. Weil sich Brennkraftmaschinen jedoch aus anderen Gründen (Reichweite, Gewicht, Handhabung usw.) für Straßenfahrzeuge besser eignen als die beiden anderen Antriebsarten, mußte von vornherein ein hoher konstruktiver und finanzieller Aufwand für die Wandler getrieben werden.

Mit der zunehmenden Verbreitung des Autos als eines allgemeinen Transportmittels wurde es immer notwendiger, die Schaltarbeit zu vereinfachen. Hier setzte bereits in den zwanziger Jahren eine rege Erfindertätigkeit ein, doch kam der Autofahrer meist erst zehn Jahre später in den Genuß erhöhten Betätigungskomforts.

Die Diamant Speed Gear Company in Triest hatte bereits um 1900 Getriebe mit schrägverzahnten, ständig im Eingriff befindlichen Zahnrädern gebaut. Gegenüber den üblichen Getrieben mit geradverzahnten Rädern ließen sie sich leichter schalten, verursachten weniger Geräusche und verschlissen weniger schnell, weil die länger anliegenden Zahnflanken den Druck auf eine größere Strecke verteilten. Es dauerte länger als zwanzig Jahre, bis amerikanische Getriebehersteller und Autowerke Getriebe mit schrägverzahnten, dauernd kämmenden Rädern verwendeten. Europa folgte noch später. Die Zahnradfabrik Friedrichshafen ZF bot ihr ‹Aphon›-Getriebe mit drei schrägverzahnten Gängen erst ab 1929 an.

Weltweite Anwendung fand das Synchron- oder Gleichlaufgetriebe, bei dem Schaltmuffe und Zahnrad von einer Kupplung auf gleiche Drehzahlen gebracht werden, bevor geschaltet werden kann. 1929 führte General Motors das Synchrongetriebe bei den Konzernmarken Cadillac und La Salle ein. So gut wie alle amerikanischen Hersteller folgten innerhalb der nächsten drei Jahre, Europa einige Jahre später. Mit der Synchronisierung der Gänge war das mechanische Zahnrad-Wechselgetriebe am Ende seiner Entwicklung angelangt, Detailverbesserungen ausgenommen. Es wird heute noch in die meisten außeramerikanischen Fahrzeuge eingebaut und erfordert nach wie vor Schalten und meistens auch Kuppeln.

Um den Käufern auch noch diese Unbequemlichkeit zu ersparen, brachte General Motors im Oldsmobile 1940 ein Hydramatic genanntes automatisches Getriebe heraus. Bereits vor dem Ersten Weltkrieg hatten Hermann Föttinger und sein Mitarbeiter Wilhelm Spannhake Patente auf Flüssigkeitskupplungen und -getriebe erhalten. Bei der 1925 gegründeten Forschungs- und Prüfungsanstalt für Windkraftmaschinen in Berlin entwickelte Föttinger ein hydraulisches Getriebe (Abb. 100), womit er um die Jahreswende 1936/37

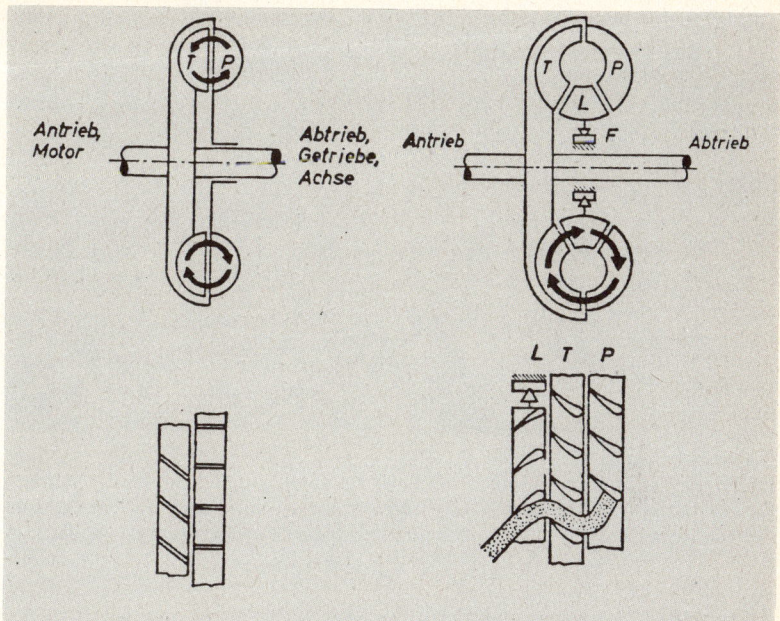

100: Schematische Darstellung von Strömungskupplung und Strömungsgetriebe nach Föttinger.

Die Strömungskupplung (links) besteht aus dem mit dem Motor verbundenen Pumpenrad P und dem mit dem Abtrieb bzw. dem nachgeschalteten Getriebe verbundenen Turbinenrad T. Wände unterteilen die Pumpenraumhälften von P und T in Kammern.

Bei Drehung des Motors tritt eine Arbeitsflüssigkeit, meist Öl, von P zu T über und drückt dort auf die Schaufelwände. Es entsteht ein Drehmoment.

Der Strömungswandler (rechts) unterscheidet sich von der Strömungskupplung durch ein zusätzliches Leitrad L, das den aus T austretenden Ölstrom umlenkt. Das dabei auf die Schaufeln von L drückende Öl hat eine Drehmomentsteigerung von T gegenüber P zur Folge.

Ein nachgeschaltetes Zahnradgetriebe, meist Planetengetriebe, ist erforderlich, weil Strömungswandler nur in einem mittleren Drehzahlbereich mit gutem Wirkungsgrad arbeiten. Bei niedrigeren oder höheren Drehzahlen (= Fahrgeschwindigkeiten) wären die Öl-Strömungsverluste zu hoch (= überhöhter Kraftstoffverbrauch). F = Freilauf. Zeichnung: Dr. Ing. J. Loomann, Friedrichshafen.

in einem Mercedes erfolgreiche Probefahrten durchführte. Der deutschen Pionierleistung folgte der von General Motors vorangetriebene Reifeprozeß für die Serie. 1950 entschieden sich bereits 50 % aller amerikanischen Autokäufer für eine Automatik.

101: Selbsttragende Karosserie.
In den tragenden Wagenkörper, bestehend aus Bodengruppe und den eigentlichen Karosserieteilen, werden Motor, Getriebe und Achsen eingehängt. Blick in die Montagehalle bei Opel 1937: links Fließbandfertigung des Olympia, rechts des Kadett.

Deutsche, Tschechen und Franzosen waren die ersten, die sich von der nicht mehr entwicklungsfähigen Standard-Bauweise (vornliegender Motor, Hinterradantrieb, Starrachsen) trennten. Schon 1931 erschienen in Deutschland und Frankreich Serienfahrzeuge mit Frontantrieb und einzeln aufgehängten Rädern (Schwingachse). Bis 1935 hatte sich bei den meisten deutschen und französischen Wagen die Schwingachse, bei einigen Fahrzeugen auch die Pendelachse hinten durchgesetzt.

Schwingachsen verbesserten den Fahrkomfort, erhöhten die Sicherheit und erlaubten niedrigere Einstiegshöhen und Aufbauten. Die neuen Fahrgestelle waren Voraussetzung für strömungsgünstigere Karosserien. Der Kühler verschwand hinter einer Kühlermaske, die, wie auch die Windschutzscheibe, leicht schräggestellt wurde. Kennzeichen der Karosserieentwicklung der dreißiger Jahre waren ausgeprägte Rundungen an Dach und Motorhaube, nach hinten auslaufende Kotflügel und eine schräggestellte Heckwand, die einen Kofferraum umschloß.

Zu den formalen Fortschritten im Karosseriebau gesellte sich ein fertigungstechnischer. Für einen geplanten kleinen Chevrolet entwickelte General Motors unter Theodore Ulrich die selbsttragende Karosserie. Sie besteht aus Bodengruppe (Bodenträger, -bleche, Radkästen) und den eigentlichen Karosserieteilen (Stirn- und Rückwand, Dach und Dachsäulen), die miteinander durch Elektroschweißung zu einem tragenden Wagenkörper verbunden sind. Motor, Getriebe und Radaufhängungen sind direkt in die Boden-

102: Lancia Lambda, 1925, Fahrwerk.
Vincenzo Lancia ersetzte die Längsträger des herkömmlichen Leiterrahmens durch hochbordige Stahlbleche, die ihre Steife durch eingeschweißte Querverbindungen (Heckwand, Sitzkästen, Armaturenbrett) erhielten. Die Vorder- und Hinterradaufhängungen ruhen in Stahlverbunden (teilweise verdeckt in der Abb.). 4 Zylinder, 2120 cm³, 49 PS.

gruppe eingehängt. Auf das schwere Fahrgestell kann verzichtet werden. Statt des Chevrolet erschien 1935 der Opel Olympia, der erste Großserienwagen mit selbsttragender Ganzstahlkarosserie (Abb. 101).

Europäische Autohersteller übernahmen die selbsttragende Karosserie in den fünfziger Jahren, amerikanische 10 bis 15 Jahre später. Sie wird heute ausschließlich im Großserienbau angewendet. Als vorausgegangene Entwicklungsstufen können der von 1928–1937 gebaute DKW mit selbsttragen-

103: Bugatti Royale, 1932.
Ein Klassiker par excellence: Bugattis Tourenwagen Typ 41 mit wahrhaft riesenhaften Dimensionen. Allein der Radstand betrug 4,3 m, 10 cm mehr als die Gesamtlänge eines Audi 80. Selbst Könige und Potentaten, für die der Royale gedacht war, schreckten vor einer Anschaffung zurück. Nur sechs Stück konnten verkauft werden. Einer davon, heute im Ford Museum in Dearborn, erhielt einen Cabriolet-Aufbau von der Münchner Karosseriefabrik Ludwig Weinberger. 8 Zylinder, 12 763 cm³, 300 PS.

133

der Holzkarosserie gelten, ferner der Grade, ein deutscher Kleinwagen von 1923, sowie der Vauxhall 5HP von 1903 und der Lancia Lambda von 1925. Bei Lancia (Abb. 102) ersetzten zwei hochbordige Stahlbleche, durch Armaturenbrett, Heckwand und Sitzkästen miteinander verbunden, die Rahmenlängsträger und drückten sein Gewicht auf 780 kg herab. Gewichtsersparnis und rationellere Fertigung, der im Fortfall des Fahrgestells besteht, sind die Hauptvorteile der selbsttragenden Karosserie.

Nach wie vor aber ließen sich wohlhabende Kunden Karosserien nach Wunsch auf Luxus-Fahrwerke setzen. Daran herrschte in den dreißiger Jahren trotz Wirtschaftskrise kein Mangel: Packard, Franklin, Lincoln und Pierce-Arrow in Amerika, British Daimler, Rolls-Royce, Horch, Maybach und Voisin in Europa boten Wagen oder Fahrwerke mit 12-Zylinder-Motoren an, Cadillac, Marmon und die französische Firma Bucciali gar mit 16-Zylinder-Aggregaten. Autowerke und Karosseriefirmen wetteiferten um harmonische Karosserieformen (Abb. 103). Nicht umsonst werden die dreißiger Jahre gern als klassische Zeit des Autobaus angesehen.

## Renaissance der deutschen Autotechnik

Mit der Machtübernahme durch die Nationalsozialisten 1933 erholte sich die geschwächte deutsche Autoindustrie erstaunlich schnell. In der Eröffnungsrede zu der Internationalen Automobil- und Motorrad-Ausstellung in Berlin 1934 beklagte Hitler, daß Deutschland in den vergangenen Jahren bei der Motorisierung des Verkehrs im Vergleich zum Ausland in «... unverständlicher Weise zurückgeblieben» (zitiert nach: Vollgas Voraus!, Berlin 1934, S. 7) sei. Als Gegenmaßnahmen stellte er staatliche Förderung des Straßenverkehrs, allmähliche steuerliche Entlastung der Kraftwagenhalter, Ausbau des Straßennetzes und motorsportliche Veranstaltungen in Aussicht. Die Autoindustrie forderte er auf, den Luxuswagenbau aufzugeben und einen für die Massenmotorisierung geeigneten Kraftwagen zu konstruieren. Mit seinen Maßnahmen wollte er nicht nur die Wirtschaft ankurbeln und die Arbeitslosenzahlen verringern, sondern «auch immer größeren Massen unseres Volkes die Gelegenheit ... bieten, dieses modernste Verkehrsmittel zu erwerben» (zitiert nach: Vollgas Voraus!, Berlin 1934, S. 7).

Die von Hitler angekündigten und auch durchgeführten Maßnahmen verhalfen der deutschen Autoindustrie nach wenigen Jahren zur technischen Führung auf den Gebieten Dieselmotor, Fahrwerkbau, Aerodynamik und Rennwagenbau. Hinzu kamen zwei spezifisch deutsche Beiträge zur Entwicklung des Automobils, nämlich Zweitaktmotor und Volkswagen, die eine technisch, die andere politisch motiviert.

Der große Förderer des Zweitaktmotors war der Däne Jörgen Skafte Rasmussen, dessen Zschopauer Motorenwerke zunächst Fahrradhilfsmotoren und DKW-Motorräder und seit 1928 Personenwagen herstellten. An seine Erfolge bei den Zweirädern – DKW war von 1928 bis zum Zweiten Weltkrieg der Welt größte Motorradfabrik – knüpfte Rasmussen mit den 1931 herausgebrachten Fronttrieblern an, die wegen ihres niedrigen Preises und wegen ihrer unkonventionellen Technik Aufsehen erregten: quergestellter Zweizylinder-Zweitaktmotor, Vorderradantrieb, an Querfedern aufgehängte Vorder- und Hinterräder sowie Sperrholzkarosserie mit Kunstlederbezug. Die später Meister- und Reichsklasse (Abb. 104) genannten Kleinwagen mit ihren hübschen Karosserien erwiesen sich als dauerhafte und billige Transportmittel. Bis 1940 dürften etwa 230 000 Exemplare hergestellt worden sein.

DKW hatte sich 1932 mit Wanderer, Audi und Horch zur Auto Union AG mit Sitz in Zschopau, später Zwickau, zusammengeschlossen. Um sich zu profilieren, kam dem jungen sächsischen Konzern der vom Reich geförderte Motorsport gerade recht: Das Verkehrsministerium in Berlin stellte Beihilfen für einen neuen deutschen Rennwagen in Aussicht, für den Ferdinand Porsche der Auto Union Anfang 1933 Konstruktionsunterlagen eingereicht hatte.

104: DKW-Meisterklasse, 1937.
Unüblich beim DKW war die kunstlederbespannte Holzkarosserie, deren Festigkeit hier auf ungewöhnliche Weise demonstriert wird. Die an Querfedern aufgehängten Räder entsprachen deutscher Fahrwerksauslegung während der dreißiger Jahre. 2-Zylinder-Zweitakt, 692 cm$^3$, 20 PS.

105: Auto-Union-Renn-
wagen, 1939.
Mit den unkonventionel-
len Rennwagen der Auto
Union konnten Hans
Stuck, Achille Varzi,
Bernd Rosemeyer, Tazio
Nuvolari und andere
Weltrekorde und zahlrei-
che Grand Prix-Siege her-
einholen, wenn auch mit
hohem fahrerischen Ein-
satz. Die Abb. zeigt Nu-
volari im GP von
Deutschland auf dem
Nürburgring 1939.

Im Vergleich zu den bis 1933/34 führenden Rennwagen von Alfa-Romeo,
Bugatti und Maserati war der von Porsche entworfene Rennwagen Typ P ein
großer technischer Fortschritt: Einzeln aufgehängte Räder vorn und hinten
statt Starrachsen, stromlinienförmige Verkleidung statt markiger Karosse-
riekonturen und, den Rumpler'schen Ideen folgend, ein vor der Hinterachse
angeordneter Motor (Abb. 105). Mit der kompakten Antriebseinheit wollte
Porsche vermutlich die Kraftübertragungsverluste verringern, die bei vornliegendem Motor mit Hinderradantrieb wegen der längeren Übertragungs-
wege unvermeidlich sind. Heute wissen wir, daß die Gruppierung aller Massen in Schwerpunktnähe das Kurvenverhalten eines Fahrzeugs zwar verbessert, die Richtungsstabilität bei Geradeausfahrt aber verschlechtert, wenn
nicht Hilfsmittel zur Erhöhung des Anpreßdrucks wie Keilform und Spoiler
herangezogen werden. Diese Hilfsmittel aber gab es damals noch nicht, und
so entpuppte sich der Typ P trotz aller Verfeinerungen durch das Auto-Uni-
on-Konstruktionsteam unter dem Österreicher Robert Eberan von Eber-
horst als ein schwierig zu fahrendes Rennauto.

Dennoch erwies sich der Auto-Union-Bolide und dessen Nachfolgetypen
als einer der erfolgreichsten Rennwagen, übertroffen nur noch vom Mercedes W 25 (Abb. 106) und dessen Weiterentwicklungen. Der neu konstruierte
Mercedes hatte konventionelle Triebwerksanordnung, aber verfeinerte Radaufhängungen und eine strömungsgünstige Verkleidung. Mehr noch als die
Auto-Union-Rennwagen begründete Mercedes den Mythos der unschlagba-
ren Silberpfeile. Die internationalen Rennveranstaltungen von 1934 bis 1939

entwickelten sich mehr und mehr zu Duellen zwischen den beiden deutschen Firmen, die von der ausländischen Konkurrenz nur noch selten geschlagen werden konnten.

An den Subventionen, mit denen das Reich die Auto Union und Mercedes unterstützte, fanden die ausländischen Konkurrenten wenig Gefallen. Sie führten die technische Überlegenheit der deutschen Rennwagen auf diese Staatshilfe zurück. Die Auto-Union erhielt in den Jahren 1933 bis 1939 2,7 Mio RM an staatlichen Zuschüssen. Konstruktion, Bau und der eigentliche Rennbetrieb erforderten mehr als 13 Mio RM. Danach hat die Auto Union vier Fünftel des Gesamtaufwandes selbst getragen. Der jährliche Rennaufwand von durchschnittlich 2,2 Mio RM erscheint hoch, machte aber noch nicht einmal 1 % des Konzernumsatzes pro Geschäftsjahr aus.

Es darf bezweifelt werden, ob sich die Rennsiege, wie gehofft, förderlich auf den Inlandsabsatz auswirkten. Die Auto Union konnte zwar ihren Marktanteil von 1932 bis 1938 verbessern, Daimler-Benz jedoch verlor Anteile (Tabelle 5). Die Adam Opel AG, die sich seit Übernahme durch die Amerikaner vom Rennsport fernhielt, konnte ihre Stellung auf dem deutschen Markt im gleichen Zeitraum ausbauen, ebenso die unsportliche Ford-Tochter in Köln.

Die Rennsiege dienten in erster Linie der Hebung deutscher Weltgeltung im Ausland. Außerdem stellten sie einen wichtigen Wirtschaftsfaktor dar: Wegen der immer knapper werdenden Rohstoffe, verursacht durch die Aufrüstung (1935 Einführung der allgemeinen Wehrpflicht), sahen sich die Autowerke zu erhöhten Ausfuhren gezwungen. Nur in diesem Fall war mit zusätz-

106: Mercedes-Benz Rennwagen, 1934.
Für die von 1934 bis 1937 gültige 750 kg-Formel (Maximalgewicht 750 kg bei beliebiger Motorleistung) entwickelte Daimler-Benz einen neuen Rennwagen mit Einzelradaufhängung und de-Dion-Achse hinten. Auf der Abb. überholt Fagioli auf Mercedes Durand auf Bugatti während des GP von Deutschland 1934.

137

|  | 1932 | | 1938 | |
|  | Stück | % | Stück | % |
| --- | --- | --- | --- | --- |
| Auto Union | 6760 | 16,5 | 52169 | 23,4 |
| Daimler-Benz | 5325 | 12,9 | 20889 | 9,4 |
| Opel | 12436 | 30,2 | 81983 | 36,8 |
| Ford | 1596 | 3,9 | 17366 | 7,8 |
| Sonstige | 15001 | 36,5 | 50371 | 22,6 |
| Gesamt | 41118 | 100,0 | 222778 | 100,0 |

Tabelle 5: Pkw-Zulassungen in Deutschland 1932 und 1938
incl. Importe und Montage.

107: Audi 920, 1939.
Audi baute bis 1932 Wagen mit Hinterradantrieb, es folgten die «Front-»Typen bis 1938, die wiederum vom Modell 920 mit angetriebenen Hinterrädern abgelöst wurden – vielleicht im Hinblick auf amerikanische Wagen, denen er auf dem Weltmarkt Konkurrenz machen sollte. 6 Zylinder, 3281 cm³, 75 PS.

108: Persu-Stromlinienwagen, 1923.
Der vielseitige rumänische Ingenieur Aurel Persu entwickelte 1923 einen Stromlinienwagen, bei dem das kurze Dach und das überlange Heck weder aerodynamisch noch
formal befriedigen. Der Wagen ist heute im Technischen Museum in Bukarest aufgehoben.

lichen Material-Kontingenten zu rechnen, womit die Produktion gesteigert
werden konnte. Diese Rechnung ging zumindest für die Auto Union auf: Sie
erhöhte ihre PKW-Ausfuhr von 480 Stück 1932 auf 14940 Einheiten 1938,
somit um das Dreißigfache.

Die Auto Union ging noch einen Schritt weiter: Sie brachte 1938 den Audi
920 (Abb. 107) heraus, der mit amerikanisierter Karosserie für den Weltmarkt bestimmt war. Ähnlich verfuhr Opel. Bei der Vorstellung des ebenfalls amerikanisch aussehenden Kapitän 1938 strich Heinrich Nordhoff, damals stellvertretendes Vorstandsmitglied in Rüsselsheim, die Vorrangigkeit
des Exports heraus, versicherte aber gleichzeitig, der Wagen wäre auch auf
dem deutschen Markt erhältlich.

Neben dem Rennsport förderte das Reich besonders den motorisierten
Breitensport. Es richtete, meist über das 1931 ins Leben gerufene NS-Kraft-
fahrer-Korps (NSKK), in allen Gauen Deutschlands Veranstaltungen mit re-
gionaler bis nationaler Bedeutung aus (z. B. Dreitagefahrt Harz, Ostland-
Treuefahrt, Brandenburgische Geländefahrt, Mittelgebirgsfahrt). Sie dienten vordergründig der Verbesserung von Serien- oder seriennahen Fahrzeugen unter erschwerten Bedingungen, machten vor allem aber künftige Soldaten mit Technik und Gelände vertraut.

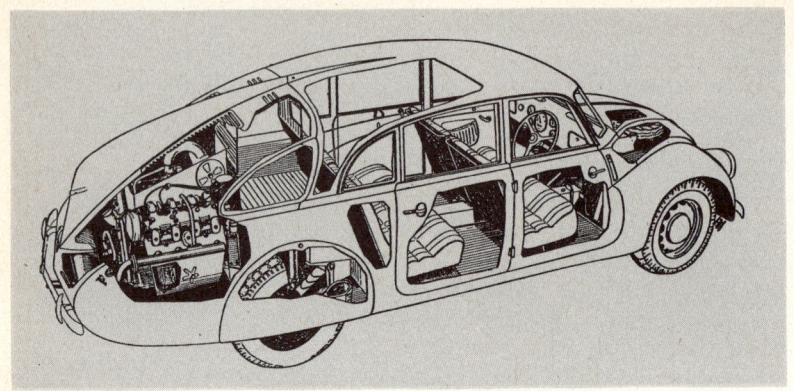

109: Tatra 87, 1937.
In den dreißiger Jahren meinte man, bei strömungsgünstigen Personenwagen müsse der Motor im Heck liegen. So weisen die von Ledwinka konstruierten Tatra-Modelle 77 und 87 luftgekühlte Heckmotoren auf. Die Höchstgeschwindigkeit betrug 160 km/h, der $c_w$-Wert war mit 0,36 sehr günstig. V 8 Zylinder, 2960 cm$^3$, 75 PS.

Auf dem Gebiet der Aerodynamik war seit den Jarayschen Versuchen zu Anfang der zwanziger Jahre kein Fortschritt mehr erzielt worden. Wohl hatten unter anderen der Rumäne Aurel Persu 1923 (Abb. 108), der Franzose Emile Claveau 1927 und der Brite Sir Dennistoun Burney 1928 strömungsgünstigere, jedoch praxisferne Autos gebaut. Der erste ernstzunehmende, formal befriedigende Personenwagen war der von Hans Ledwinka 1934 entwickelte Tatra 77. Das auch in konstruktiver Hinsicht bemerkenswerte Fahrzeug besaß eine gerundete Bugpartie, eine angenäherte Pontonform ohne Trittbretter und ein lang auslaufendes Heck. Beim Nachfolgemodell 87 (Abb. 109) konnte durch einbezogene Scheinwerfer und allmähliche Übergänge der Radverkleidungen in die Seitenwände der Luftwiderstandsbeiwert $c_w = 0,36$ erreicht werden.

Die Grundlagenforschung für aerodynamische Karosserien wurde von Privatpersonen und Instituten vorangetrieben, die sich auf die Arbeiten von Jaray stützten und dort Ansatzpunkte für Verbesserungen fanden. So war die theoretisch erwünschte Aufbaulänge zur Vermeidung frühzeitigen Abreißens der Luftströmung undurchführbar, weil die Fahrzeuge überlang geworden wären. Freiherr Reinhard Koenig-Fachsenfeld entwickelte daher die Form eines Wagenaufbaus mit «abgeschnittenem» Heck. Die Reichsregierung beauftragte 1936 das Forschungsinstitut für Kraftfahrwesen und Fahrzeugmotoren in Stuttgart (FKFS) unter der Leitung von Wunibald Kamm mit weiterführenden Versuchen (Abb. 110). Das seitdem als K(amm)-Heck be-

140

110: FKFS-Personenwagen K 1, 1938.

Auf Serienfahrwerken, hier BMW 335, stellte das Forschungsinstitut für Kraftfahrwesen und Fahrzeugmotoren in Stuttgart (FKFS) einige Versuchswagen mit K-Heck her. Auch mit Hilfe anderer Maßnahmen (Verzicht auf Kotflügel, abgedeckte Räder, gerundete Frontscheibe) konnte der Luftwiderstandsbeiwert auf $c_w = 0,23$ gesenkt werden. Der Wagen ist verschollen. Karosserie Vetter, Höchstgeschwindigkeit 172 km/h, 6 Zylinder, 3485 cm³, 90 PS.

111: Borgward Hansa 2400, 1953.

Die Karosserieform des Hansa 2400 mit K-Heck verkörperte die Vorstellungen, die man sich vor dem Zweiten Weltkrieg von dem Auto der Zukunft gemacht hatte. Er ist mit Ausnahme der nicht abgedeckten Räder, der Stoßstangen und einiger kleinerer Einzelheiten eine beinahe getreue Übersetzung der K 1-Studie (s. Abb. 110) in ein Gebrauchsauto. Mit einem $c_w$ von 0,36 bei geschlossenem und 0,43 bei geöffnetem Kühllufteintritt hatte der Hansa den kleinsten Luftwiderstandsbeiwert aller deutschen Serienwagen jener Zeit. 6 Zylinder, 2337 cm³, 82 PS, Höchstgeschwindigkeit 150 km/h.

zeichnete Stumpfheck nach Koenig-Fachsenfeld tauchte in abgewandelter Form nach dem Krieg an Serienwagen (Abb. 111) wieder auf.

Die Ära des Stromlinienautos schien angebrochen, und tatsächlich befaßten sich Konstruktionsbüros in allen autobauenden Ländern mit aerodynamisch günstigen Versuchsfahrzeugen und Sportwagen. Zu einer Serienfertigung konnten sich jedoch nur wenige Werke entschließen, weil fortschrittliche Lösungen unkonventionell denkende Autokäufer voraussetzen. Chrysler ließ sich 1934 mit dem Airflow auf das Wagnis der Herstellung eines aerodynamisch geformten Personenwagens ein, der sich nicht gut verkaufen ließ. Um den Absatz anzukurbeln, mußte Chrysler ein Jahr später einen formal

112: Steyr 50, 1936.
Die Steyr-Daimler-Puch AG brachte 1936 einen viersitzigen Kleinwagen mit strömungsgünstiger Karosserie nach Entwürfen von Karl Jenschke heraus. Der Zeichner Wilfried Zeller-Zellenberg hielt seine Eindrücke fest, als er Jenschke während der Erprobung des Steyr am Katschberg traf. Vom Typ 50 und dessen Nachfolgemodell 55 wurden bis 1940 etwa 13 000 Exemplare gebaut. 4 Zylinder, 978 cm$^3$, 22 PS.

113: Adler Diplomat mit Autenrieth-Karosserie, 1936.
Die Darmstädter Karosseriefabrik Autenrieth fertigte 1936 eine viertürige Stromlinienkarosserie auf Adler-Diplomat-Fahrwerk an. Sie ist nicht besonders gut durchgebildet (senkrecht stehende Scheinwerfer, hervortretende Kotflügel- und Radabdeckungen, Heckflosse im Totluftgebiet), erreichte aber eine Höchstgeschwindigkeit von etwa 170 km/h. Serienmäßige Adler Diplomat liefen nicht schneller als 115–120 km/h. 6 Zylinder, 2916 cm³, 60 PS.

verwässerten, dem Publikumsgeschmack mehr entsprechenden Schwestertyp nachschieben. Auch der Steyr 50 (Abb. 112), der Hanomag 1,3 Liter und der Adler 2,5 Liter waren gewöhnungsbedürftig und erreichten keine größeren Stückzahlen.

Privatpersonen und Autowerke ließen sich von Karosseriebetrieben strömungsgünstige Aufbauten anfertigen. So entstanden bei Spohn, Wendler, Vetter und Autenrieth (Abb. 113) einige aerodynamisch durchgebildete Fahrzeuge, oft in Zusammenarbeit mit Jaray, Koenig-Fachsenfeld oder Forschungsinstituten.

Autowerke und Karosseriebaufirmen fühlten sich besonders in Deutschland zu strömungsgünstigeren Aufbauten herausgefordert, weil schnellere Autos auch ausgefahren werden konnten – auf den neuen Autobahnen, «... aus nationalsozialistischem Geist geboren und vom Rhythmus und Ethos nationalsozialistischer Arbeit getragen» (Reichspressechef Otto Dietrich bei der Eröffnung der ersten Reichsautobahn Frankfurt/M.–Darmstadt am 19. Mai 1935). Die Behauptung ist eine der vielen Geschichtsklitterungen des Dritten Reiches, denn die HAFRABA, ein privater «Verein zur Vorbereitung der Autostraße Hamburg–Frankfurt–Basel» mit später geplanter Verlängerung über Mailand nach Genua, datiert vom November 1926. Aus Italien dürfte überhaupt die Anregung zum Bau von Autobahnen gekommen sein. Unter Piero Puricelli war mit der autostraßenmäßigen Anbindung von Varese und Como an Mailand und Bergamo schon 1923 begonnen worden.

Zweifellos beschleunigte das «Gesetz über Errichtung eines Unternehmens Reichsautobahnen» vom Juni 1933 den Autobahnbau in Deutschland, der sich nahtlos in das Arbeitsbeschaffungsprogramm einfügen ließ und für Hitler strategische Bedeutung hatte. Von dem geplanten 7000-km-Netz waren 1935 112 km, 1938 schon 3065 km fertiggestellt, darunter die großen Nord–Süd-(Hamburg–Frankfurt–Karlsruhe und Stettin–München) und West–Ost-Verbindungen (Köln–Hannover–Berlin–Breslau und Karlsruhe–Stuttgart–München–Salzburg). Das Unternehmen unterstand der Reichsbahn. Mit der Reichsregierung als Aufsichtsorgan hoffte man, den seit den zwanziger Jahren schwelenden Streit zwischen Schiene und Straße beizulegen. In Wirklichkeit jedoch förderte die Bahn mit dem Bau der Autobahnen – daher Autobahn statt Autostraße? – einen Wettbewerber, mit dem sie nach dem Krieg erneut im Zwist liegen sollte.

Zielstrebigkeit bestand auch bei dem Vorhaben, dem «deutschen Volk einen Kraftwagen zu schenken, der im Preis nicht mehr kostet als früher ein mittleres Motorrad . . .» (Hitler zur Eröffnung der Internationalen Automobil- und Motorradausstellung 1935). 1934 hatte der Kanzler den Reichsverband der Automobilindustrie aufgefordert, Pläne für einen Volkswagen zu erarbeiten. Doch da sich die Vertreter der Autoindustrie nicht über die Technik eines solchen Fahrzeugs einigen konnten, schlug der Vorsitzende des Reichsverbandes der Automobilindustrie (RDA), Robert Allmers, vor, einen unabhängigen Ingenieur mit Entwurf und Entwicklung zu betrauen. Es fielen die Namen Ferdinand Porsche, Josef Ganz und Edmund Rumpler. Weil die beiden zuletzt genannten Ingenieure jüdischer Abstammung waren, erhielt Porsche den Vertrag zur Konstruktion eines Volkswagens (1934). Bei einer Serie von zunächst 5000 Stück sollte der Gestehungspreis 900 Mark nicht überschreiten.

Porsche übergab dem RDA die ersten drei Prototypen im Oktober 1936 zur Erprobung. 1937 und 1938 folgten jeweils 30 weitere Versuchswagen. Nach Hitler sollte der Wagen «den Namen der Organisation tragen, die sich am meisten bemüht, die breitesten Massen unseres Volkes mit Freude und damit mit Kraft zu erfüllen» (zit. nach Motorschau, Berlin 1938, Heft 7, S. 506). Über propagandistische Erfolge kam der Kraft-durch-Freude-Wagen (Abb. 114) vor dem Zweiten Weltkrieg nicht hinaus. 1938 wurde der Grundstein des Volkswagenwerkes an einem Ort gelegt, der zunächst Arbeiterstadt des Volkswagenwerks, später Stadt des KdF-Wagens, noch später Wolfsburg hieß. Ende 1939 sollte mit der Serienfertigung begonnen werden, für 1940 waren 100000 Einheiten, für 1941 doppelt so viele vorgesehen. Die Jahresproduktion sollte «nach dem kommenden Sieg über die Plutokraten» (Reichsorganisationsleiter Robert Ley) in den nächsten Jahren auf 450000

114: KdF-Wagen, 1939.
Der KdF- oder Volkswagen verkörpert sehr anschaulich die damals in Deutschland herrschenden fortschrittlichen Konstruktionstendenzen: strömungsgünstige Karosserie, einzeln aufgehängte Räder und ein sparsamer, robuster Motor im Heck. 4 Zylinder Boxer, 985 cm$^3$, 23,5 PS.

Stück gesteigert werden. Diese Zahl erreichte Ford mit dem T-Modell bereits 1915, das Volkswagenwerk 1957 – in einer freien Wirtschaft.

Der Gedanke, Motor und Getriebe zu einer Einheit zusammenzufassen, gleichgültig, ob bei Front- oder Heckantrieb, erwies sich als großartige Idee. Daß der Österreicher Béla Barényi in seiner Abschlußarbeit an der Wiener Fachschule für Maschinenbau schon 1925 eine gleichartige «optimale Triebwerkskombination» zu Papier gebracht hatte, soll nicht verschwiegen werden. Auch Ledwinkas Tatra Typ 11 von 1923 und die von Josef Ganz ab 1930 entwickelten Fahrzeuge wiesen Merkmale des späteren Volkswagens auf.

# Motorisierte Heere im Zweiten Weltkrieg

Mehr als zuvor war der Zweite Weltkrieg ein Krieg größter Mobilität zu Lande: Hunderttausende von Fahrzeugen wurden eingesetzt und bestimmten seinen Verlauf. Der anfänglich überlegene deutsche Militärfahrzeugbestand war während des Krieges in eine nicht mehr überschaubare Typenvielfalt ausgeufert. Materialknappheit, Ergänzungsfahrzeuge aus der Privatwirtschaft und Beuteobjekte hatten zwei hoffnungsvolle Entwicklungen zunichte gemacht. Zum einen kam die ab 1939 vom Generalbevollmächtigten für das Kraftfahrwesen, Adolf von Schell, durchgeführte Typenbereinigung (Schell-Programm) nicht zum Tragen. Schließlich war man froh, wenn die Autowerke überhaupt noch liefern konnten, egal welches Modell. Zum zweiten wurde 1940 die Fertigung des Einheits-LKW (Einheits-Diesel) eingestellt, ohne daß Nachfolgemodelle vorhanden waren. Die Typenvielfalt an der Front

115: Volkswagen Kübelwagen, 1944.
Porsches Kübelwagen Typ 82 mit der offiziellen Bezeichnung le.gl.PKW (4 x 2) – leichter geländegängiger PKW mit zwei angetriebenen Rädern – ähnelte mechanisch weitgehend dem für die Serie vorgesehenen KdF-Wagen. Das Wort Kübelwagen kommt von Kübelsitz-Wagen, offene, oft türlose PKW mit Kübel-(Schalen-)Sitzen. Die Abbildung zeigt einen Kübelwagen in Nordafrika. 4 Zylinder, 985 cm$^3$, 23, 5 PS.

116: Horch Einheits-PKW, 1938.
Der von Horch gebaute mittlere geländegängige Einheits-Personenwagen weist an den Seiten je ein Stützrad auf, das Aufsetzer im Gelände vermeiden sollte. Er ist mit Vierradantrieb und Sperrdifferentialen versehen. Die Abbildung zeigt einen Horch auf der Ostpreußenfahrt 1939. V 8 Zylinder, 3492 cm³, 80 PS.

erlaubte keinen regelmäßigen Wartungsdienst und keine schnellen Reparaturen. Das richtige Ersatzteil zum richtigen Zeitpunkt am richtigen Ort geriet zum Zufallstreffer.

Bei den Alliierten verlief die Entwicklung umgekehrt. Hier herrschte bei Kriegsbeginn Typenvielfalt, reine Armeefahrzeuge gab es kaum. Amerika baute den Jeep erst ab 1940, England seine Armeelastwagen nicht früher. Doch bald waren US-Fahrzeuge auf allen Kriegsschauplätzen anzutreffen, eine Folge des Leih- und Pachtgesetzes (Lend-Lease Act) vom März 1941, das die Weitergabe von amerikanischem Know-how und die Lieferung von Rüstungsgütern an alle Gegner der Achsenmächte ohne sofortige Bezahlung erlaubte. Allein die USA bauten bis 1945 88000 gepanzerte Fahrzeuge (Deutschland 27340), 2,7 Mio Lastwagen und sonstige Armeefahrzeuge und 4,1 Mio Motoren. Wie im Ersten Weltkrieg kam zu der qualitativen die quantitative Überlegenheit der Alliierten.

Wenige Monate vor Kriegsbeginn erhielt Porsche den Auftrag, einen Geländewagen zu entwickeln. Als Basis diente ihm der KdF-Wagen. Er setzte das Fahrwerk höher und tauschte die geschlossene Karosserie gegen einen offenen Aufbau aus (Abb. 115). Das geringe Gewicht des Kübelwagens, sei-

117: Volkswagen-Schwimmwagen, 1944.
Im Gegensatz zum VW-Kübel weist der Schwimmer Vierradantrieb auf. Mit Hilfe einer herunterklappbaren Schiffsschraube und einer selbsttragenden Stahlblechwanne lassen sich mit ihm auch Wasserläufe und Seen durchqueren. 4 Zylinder, 1131 cm$^3$, 25 PS.

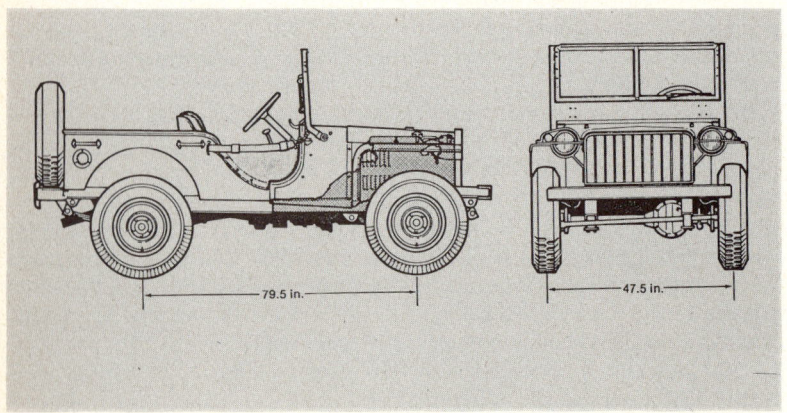

118: Bantam General Purpose Vehicle, 1940.
Der Bantam BRC-40 Quarter Ton ist der Vorläufer aller Jeeps. Er hatte Vierradantrieb, einen Fremdmotor (Continental) und wog 952 kg. Starrachsen vorn und hinten. 4 Zylinder, 1832 cm$^3$, 45 PS.

ne Hochbeinigkeit und die Heckmotoranordnung glichen den fehlenden Vierradantrieb aus, der bei den schwereren Einheits-PKWs (Abb. 116) erforderlich war. Der Kübelwagen lief zusammen mit dem 1941 herausgebrachten Schwimmwagen (Abb. 117) in rund 69 000 Exemplaren vom Band und war neben dem US-Jeep eines der zuverlässigsten und anspruchslosesten Fahrzeuge des Zweiten Weltkriegs.

Auf der anderen Seite des Atlantiks entwickelte ein ebenfalls unabhängiger Ingenieur den Jeep (s. Anhang). Innerhalb einer Fünf-Tage-Frist reichte Karl Knight Probst mit Unterstützung der American Bantam Co dem War Production Office Konstruktionspläne für ein Vielzweckfahrzeug ein. Er erhielt einen Auftrag über 70 Prototypen mit der Auflage, sie in 49 Tagen für Testzwecke zur Verfügung zu stellen. Auch diese Frist konnte eingehalten werden: Jeep No. 1 (Abb. 118) ging am 23. September 1940 ins Testgelände der US-Army in Maryland. Die Wagen bewährten sich, das War Office bestellte weitere 1500 Fahrzeuge. Gleichgroße Aufträge erhielten Willys-Overland und Ford zum Bau von Geländewagen nach den Plänen von Probst (Abb. 119). Willys und Ford bauten insgesamt etwa 600 000 Jeeps, Bantam schied aus. Die meisten der 2643 von Bantam hergestellten Geländewagen gingen nach Rußland und dienten dort wie in Japan als Vorbild für eigene Konstruktionen.

Charakteristisch für den Zweiten Weltkrieg waren Halbketten-Fahrzeuge mit luftbereiften, lenkbaren Rädern vorn und einem Kettenlaufwerk hinten. Bei im Grunde gleicher technischer Auslegung unterschieden sich die US

119: Willys-Overland MB/Ford GPW, 1944.
Die als Jeep bekanntgewordenen Fahrzeuge sind die von Willys und Ford hergestellten Geländewagen, die sich in ihrer Auslegung nur wenig vom Bantam unterscheiden. Auch hier Vierradantrieb bei einem Gewicht von 1112 kg. 4 Zylinder, 2200 cm$^3$, 54 PS.

120: Borgward-Halbketten-Zugkraftwagen, 1939.
Das Heereswaffenamt unterteilte die Halbketten-Fahrzeuge in sechs Klassen von 1 bis 8 t, wobei die Gewichtsangabe nicht die Tragfähigkeit bezeichnet, sondern die Zugkraft in mittlerem Gelände. Für jede Klasse war eine Firma für die Entwicklung bis zur Serienreife verantwortlich, bei den mittleren Zugkraftwagen bis 8 t Krauss-Maffei in München. Eine der Nachbaufirmen war Borgward. 6-Zylinder-Maybach-Motor, 6191 cm³, 140 PS.

121: Citroën-Kégresse-Autochenille 1931.
An der Croisière Jaune, Expeditionsfahrten durch Asien, nahmen Citroën-Kégresse-Hinstin-Halbkettenfahrzeuge mit Vierzylinder- (Pamir-Gruppe) und Sechszylinder-Fahrzeugen (China-Gruppe) teil. Besonderheiten waren Seilwinden vorn sowie mit Reifenfüllmasse pannensicher gemachte Reifen. 6 Zylinder, 2442 cm³, 45 PS.

Half Tracks durch ein kürzeres Kettenlaufwerk sowie gebremste und angetriebene Vorderräder von den deutschen Halbketten-Fahrzeugen mit einem
längeren Kettenlaufwerk und antriebs- wie bremslosen Vorderrädern (Abb.
120). Die Amerikaner besaßen schließlich rund 70 verschiedene Ausführungen als Mannschaftswagen, Zugmaschinen und Funkwagen, bei den Deutschen dürfte es nicht anders ausgesehen haben. Bis Kriegsende lieferten US-
Werke 41 170 Half Tracks an eigene und verbündete Truppen, die Deutschen
brachten es auf etwa 48 000 Stück.

Das Halbkettenfahrzeug ist kein Kind des Krieges, obwohl eng mit ihm
verbunden. Alvin O. Lombard in Waterville/Maine baute seit 1901 dampfgetriebene Half Tracks mit Kufen oder Vorderrädern für die Forstwirtschaft
und konnte 1916/17 104 Exemplare, inzwischen mit Benzinmotoren, an die
russische Armee verkaufen. Der Amerikaner Benjamin Holt lieferte während des Ersten Weltkrieges Halbkettentraktoren an die Engländer. Am bekanntesten wurden Citroën-Kégresse-Halbkettenfahrzeuge. Adolphe Ké-
gresse hatte als Chef des Wagenparks von Zar Nikolaus II. serienmäßige
Packard und Rolls-Royce auf Kettenlaufwerk für den Winterbetrieb umge-
rüstet. Er floh vor den Bolschewisten nach Paris. Hier konnte er André Citroën für sein Traktionssystem gewinnen. Mit auf Kettenlaufwerk umgerü-
steten Citroën (Abb. 121) unternahmen Expeditionsteams 1924/25 eine Sa-
hara- und Afrika-Durchquerung und 1931/32 Trans-Asien-Fahrten.

# Das Automobil als Wirtschaftsfaktor (1945–1980)

## Die fünfziger Jahre

Die Autoindustrie der westlichen Welt durchlief in der Nachkriegszeit die Phasen des Wiederaufbaus, der Befriedigung eines Nachholbedarfs in der Motorisierung breiter Bevölkerungsschichten und der Ausdünnung konkurrierender Firmen. Während die Amerikaner in ihren unzerstörten Werken lediglich die Produktion von Kriegsmaterial auf Zivilfahrzeuge umzustellen brauchten, konnten europäische Autowerke, je nach Zerstörungsgrad ihrer Anlagen, früher oder später mit dem Autobau beginnen, die Engländer als erste, die Deutschen zuletzt.

Das durch den Zweiten Weltkrieg an Geld und Selbstvertrauen reicher gewordene Amerika konnte sich noch größere Autos als bisher leisten, das zerstörte und demoralisierte Europa mußte sich mit kleinen bis mittel-

122: Le Sabre, 1951. General Motors' Le Sabre (Säbel), von Harley J. Earl entworfen, ist der bekannteste der Traumwagen, mit denen die US-Konzerne den Publikumsgeschmack testen wollten. Einige Stilelemente wie Panoramascheibe, Heckflossen und Stoßstangenhörner fanden später Eingang in den Serienbau, während der offensichtlich vom Studebaker 1947 inspirierte Düsenjäger-Bug schon ein alter Hut war. V 8 Zylinder, 3500 cm$^3$, 300 PS (mit Kompressor).

152

123: Fiat 1500 bis 2100, 1959–68.
Der italienische Karosseriestil verband schlichte, klare Linienführung mit amerikanischen Stilelementen in gemilderter Form. Der Fiat-Entwurf stammt von Pinin Farina. Ähnliche Karosserien zeichnete er für Austin in England und Peugeot in Frankreich.

großen Fahrzeugen begnügen. Die fünfziger Jahre zementierten die bereits in den zwanziger Jahren einsetzende Zweigleisigkeit der Auffassungen im Autobau: die europäische Schule mit ihren wirtschaftlich gerechtfertigten Konstruktionen und Betonung auf technischen Fortschritt und Qualität, die amerikanische Schule mit ihren gas guzzlers (Benzinsäufer) und Prunkkarosserien, die jedes Jahr einem ökonomisch unsinnigen Facelifting unterzogen wurden. Statt technischer Verbesserungen, die zum Beispiel an den Fahrwerken erforderlich gewesen wären, rangierte in Amerika Styling an erster Stelle. Hier tat sich besonders General Motors hervor. Die ab 1949 in New Yorks Waldorf Astoria Hotel veranstalteten Selbstdarstellungen auf Gebieten wie Forschung, Produktpalette und Technologie entwickelten sich schon bald zu Motoramas, auf denen mit Girls und Glamour präsentierte Dream Cars (Abb. 122) den Verbraucher auf das Styling künftiger Serienfahrzeuge vorbereiten sollten. Damit konnte GM neue Ideen – und neue Modelle – risikolos verkaufen und vermied ein Debakel, wie es Ford mit dem stilistisch ungewöhnlichen, aber unverkäuflichen Edsel 1957 hinnehmen mußte.

Die Europäer übernahmen einige der amerikanischen Stilmerkmale in gemilderter Form, so die stärker herumgezogene Windschutz- statt Panoramascheibe und akzentuierte Kotflügelbegrenzungen statt Heckflossen. Zur gleichen Zeit entwickelte sich ein eigenständiger europäischer Karosseriestil unter Führung italienischer Stilisten. Er war gekennzeichnet durch Raumausnutzung, geringe Überhänge und nüchterne Formgebung. Pinin Farina, Ghia, Bertone, Michelotti und Frua lieferten Entwürfe an französische, italienische, englische und deutsche Autowerke. Die aus den dreißiger Jahren bekannten nationalen Stilrichtungen verschwanden (Abb. 123).

124: BMW V 8 mit Autenrieth-Karosserie, 1960.
Der BMW V 8 (1954–63) war einer der letzten deutschen Personenwagen in Fahrgestellbauweise, was einige Karosseriefirmen zum Bau von Sonderkarosserien anregte.
Hier ein nach Kundenangaben hergestelltes viertüriges Cabriolet von Autenrieth (ca.
1921– 64). V 8 Zylinder, 3168 cm$^3$, 140 PS.


Der Übergang von der gemischten Holz/Blech- auf die Ganzstahlkarosserie in den zwanziger Jahren und vor allem von der Fahrgestellbauweise auf
die selbsttragende Karosserie in den fünfziger Jahren ließ für Cabriolets und
Sonderwünsche des Käufers keinen Raum mehr. Die Wandlung vom hand-
werklich gefertigten Einzelstück zum Industrieprodukt zwang zur Einführung weniger Grundtypen. Die Zahl der rund 400 Wagen- und Karosserie-
bauer, die es seit etwa 1880 in Deutschland gegeben hatte, war 80 Jahre später auf zehn bis fünf unabhängige Firmen (Abb. 124) geschrumpft. Sie befassen sich heute mit dem Bau von Kranken- und Bestattungswagen auf PKW-
Basis, mit Prototypen-Fertigung für die Autoindustrie oder, in Ausnahme-
fällen, mit Karosserieherstellung in Kleinstserie (Baur) oder Großserie (Kar-
mann). Die Entwicklung in anderen Ländern verlief ähnlich.
Als die amerikanischen Autohersteller Anfang der fünfziger Jahre unter-
einander mit einem Leistungsrennen begannen, das um 1959 zu 240 PS starken
Mittelklassewagen führte, waren die meisten Europäer froh, sich überhaupt
einen fahrbaren Untersatz leisten zu können. In Deutschland, Frankreich,
England und Italien entstanden Mobile und Kleinstfahrzeuge. Dabei übersa-
hen die Konstrukteure allerdings, daß der Arbeitsaufwand gegenüber einem
vollwertigen Kleinwagen nicht in dem gleichen Verhältnis niedriger sein kann,
wie es der am Markt erzielbare Verkaufspreis erforderte. Keines der Mobile

war auf Dauer erfolgreich, wohl aber Kleinwagen wie Lloyd, Goggomobil oder der 2CV von Citroën. Der 2CV (Abb. 125) ging 1948 in Produktion, inzwischen wurden mehr als 3,5 Millionen Exemplare hergestellt.

In den fünfziger und sechzig Jahren überschritten, abgesehen vom Volkswagenwerk, auch andere europäische Hersteller mit einem Modell der unteren Mittelklasse die Traumgrenze von einer Million Stück. Zu ihnen gehörten der Fiat 600 (1955–1970), der Renault 4CV (1947–1961) und der von Alec Issigonis entworfene Morris Minor (1949–1961). Derselbe Issigonis konstruierte den ab 1959 gebauten Mini (Abb. 126): Viel Innenraum bei kleinen Außenabmessungen durch quergestellten Motor und Vorderradantrieb, Räder an den äußersten Ecken der Karosserie, schrägfallende Heckwand statt Stufenheck. Nach diesem Rezept baut heute die ganze Welt Kleinwagen. Sie bieten inzwischen mehr als der Mini, der nicht in den Genuß einer konsequenten Modellpflege kam. Bis 1980 wurden 5 Mio Stück gebaut.

Nicht die Prestige-Automobile von Rolls-Royce, Cadillac oder Ferrari machten Autogeschichte, sondern unscheinbare Massenautos, die Millionen Menschen neue Lebensgewohnheiten erlaubten. Die Stückzahlmillionäre beweisen augenfällig, daß dem Käufer die von der Karosserie bedeckte Tech-

125: Citroën 2 CV, 1939.
1936 begann die Entwicklung, bis 1939 wurden 250 Prototypen gebaut, 1948 begann die Produktion: das häßliche Entlein von Citroën mit vornliegendem, luftgekühltem Boxermotor und einem Federungssystem, das Vorder- und Hinterräder einer Seite miteinander verbindet. 2 Zylinder, 375 cm³, 8 PS.

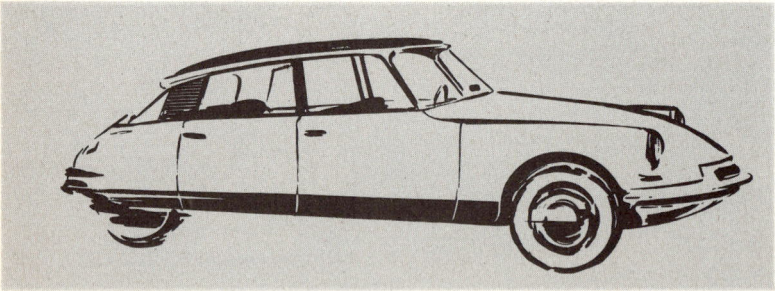

126: Mini, 1959.
Das von Issigonis entworfene «Raumwunder» mit kleinen Abmessungen außen und erstaunlich viel Platz innen, zu dem auch die kleinen 10-Zoll-Räder beitragen. Urvater des modernen Kleinwagens, Sporterfolge bei Rallies und Langstreckenrennen. Der Mini wird neben dem Nachfolgemodell Metro weitergebaut. 4 Zylinder, 848 cm³, 34,5 PS (1959).

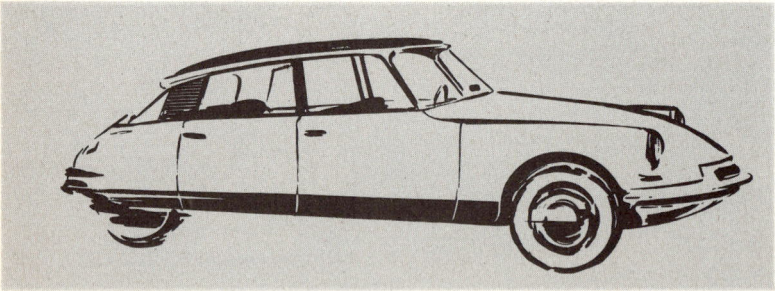

127: Citroën DS, 1956.
Unkonventionell wie die traction avant-Vorgänger aus den dreißiger Jahren, aber technisch komplizierter war der 1955 vorgestellte Citroën DS 19, dem bald eine verein-fachte Version folgte. Einige seiner Konstruktionsmerkmale fanden inzwischen Eingang im allgemeinen PKW-Serienbau, z. B. Lenkhilfe, Servobremsen und Scheibenbremsen. 4 Zylinder, 1911 cm³, 70 PS.

nik letztlich einerlei ist. Sie akzeptieren die Standard-Bauweise mit vornliegendem Motor und Hinterradantrieb (Ford T, Austin 7, Fiat 1100) ebenso wie luftgekühlte (Volkswagen) oder wassergekühlte (Fiat 600, Renault 4CV) Motoren im Heck oder Fronttriebler wie Mini oder Citroën 2CV. Die Technik muß funktionieren, Unterhaltskosten sollen niedrig, Kundendienst und Ersatzteile müssen jederzeit und überall vorhanden sein. Sind diese Voraussetzungen erfüllt, kann selbst ein technisch überholtes Konzept eine Zeitlang Erfolg haben. Dies haben das Benz Velo, das Oldsmobile Curved Dash, das Ford-T-Modell und der VW Käfer bewiesen.

Für formal ungewöhnliche und technisch zu fortschrittliche Autos ist der Beifall einer Minderheit sicher, nicht aber ein hoher Produktionsausstoß. Immer wieder überschätzen Konstrukteure und Autofirmen die Bereitschaft des Publikums, sich mit dem Tropfenauto eines Rumpler, mit dem Airflow von Chrysler oder den nur gemäßigt fortschrittlichen Personenwagen von Borgward zu identifizieren. Die DS-Baureihe von Citroën stellt in dieser Hinsicht eine Besonderheit dar. Neben einer gewöhnungsbedürftigen Karosserie verfügte der Citroën bereits 1955 über technische Lösungen, die bei Konkurrenzmodellen damals noch nicht angeboten wurden: hydropneumatisches, höhenverstellbares Federungssystem (s. Anhang), Servounterstützung für Lenkung, Schaltung und Bremsen, Frontantrieb und Scheibenbremsen vorn. Während seiner fast zwanzigjährigen Produktionszeit wurden 1 454 795 Exemplare hergestellt (Abb. 127).

Trotz der für einen solchen individualistischen Wagen beachtlichen Stückzahl muß festgehalten werden, daß Citroën als Einzelfirma nicht überleben konnte. Schon 1934, als die Firma unter dem Einfluß des Konstrukteurs André Lefèbre und dessen fortschrittlichem 7 CV Traction Avant eine «technische Philosophie» zu Lasten einer rein kommerziellen Ausrichtung zu entwickeln begann, konnte Citroën nur dank der Übernahme durch die Michelin-Gruppe überleben. 1974 ging Citroën in den Besitz der Peugeot SA über.

Am Beispiel Peugeot und auch Daimler-Benz wird deutlich, daß Firmen, die zunächst technisch fortschrittliche Autos herausbrachten, im Laufe von Jahrzehnten eine vorsichtigere Produktpolitik einschlugen. Ihre Autos wurden immer konventioneller; beide Firmen konnten ihre Marktposition verbessern. Darin äußert sich die Bedeutungsänderung des Automobils, die Ende der fünfziger Jahre einsetzte. Das Auto wandelte sich vom technischen Produkt zum Konsumartikel. Nicht mehr konstruktive Fähigkeiten eines Unternehmens sind allein ausschlaggebend für die Durchsetzung eines Produktes am Markt, sondern auch modernes Management. Juristen und Volkswirtschaftler rückten in die Vorstände der Autofirmen. Technische Konzeptionen und elegante Detaillösungen verloren ihre überragende Bedeutung zugunsten einer Firmenpolitik, die Marktuntersuchungen vor Technikerträume stellte. Vertreter der neuen Linie waren Opel, Vauxhall und Ford Europa. Diese Firmen hatten auch die von ihren amerikanischen Muttergesellschaften vertretene Philosophie des «So-gut-wie-nötig» statt des «So-gut-wie-möglich» bereits vor dem Zweiten Weltkrieg in Europa eingeführt. In den fünfziger Jahren bauten sie ihre Ausgangspositionen für einen sich verschärfenden Konkurrenzkampf aus. Rein technisch orientierte Firmen überlebten die sechziger Jahre nicht. Sie gingen zugrunde, wie Borgward und Bugatti, oder wurden von anderen übernommen, wie Citroën, Panhard, DKW/Auto Union und Lancia.

## Wiederaufbau und Konsolidierung der deutschen Fahrzeugindustrie (1945–1958)

Der Wiederaufbau der zerstörten Werke und der Verkehrsstruktur, die Erholung der (Fahrzeug-)Industrie, der nicht vorhersehbare Erfolg des Volkswagens und ein wiedererlangtes Selbstvertrauen, das sich in technischen und sportlichen Höchstleistungen ausdrückte, prägten die Jahre nach dem Zweiten Weltkrieg in Deutschland. Die Voraussetzungen dafür ergaben sich in den Westzonen aus der Gründung der Bank deutscher Länder im März 1948, der Währungsreform vom 20. Juni 1948 und der Einführung der sozialen Marktwirtschaft mit der Aufhebung von Preisvorschriften und Preisstops. Eine zusätzliche Hilfe bedeuteten die Leistungen aus dem Marshall-Plan seit April 1948, die in Warenlieferungen und in günstigen Investitionskrediten bestanden. Die deutschen Unternehmer konnten Maschinen und Produktionseinrichtungen auf den neuesten Stand bringen und gegenüber den Siegermächten England und Frankreich eine günstige Ausgangsposition beziehen. Die allgemeine industrielle Erzeugung stieg in der zweiten Jahreshälfte 1948 um fast 50 %, die LKW-Produktion von 1948 auf 1949 um 190 %, die PKW-Produktion gar um 350 %.

Die Lastwagen- und Motorradfabriken der Westzonen bauten bereits 1950 mehr Einheiten als 1938 das Reichsgebiet, die PKW-Produktion folgte 1951 – alles vor dem Hintergrund eines geographisch und ideologisch geteilten Landes mit weniger Automarken als vor dem Krieg. Stoewer in Stettin befand sich auf polnischem Gebiet, Hanomag konzentrierte sich auf Schlepper und Lastwagen, Maybach und Adler zogen sich ganz vom Autobau zurück, BMW fehlten die Werke in Eisenach. Opel hatte nicht nur sein LKW-Werk in Brandenburg verloren, sondern mußte auch alle Kadett-Fabrikationseinrichtungen als Reparationsleistung an die Sowjetunion liefern. Ein möglicher Konkurrent zum Volkswagen Käfer war so von vornherein ausgeschaltet worden.

Das Volkswagenwerk als Produktionsstätte für Privatfahrzeuge war neu hinzugekommen. Es baute seit 1945 ein Auto, das in den Augen britischer Experten «... technische Ansprüche nicht erfüllt. Weder Leistung noch sonstige Qualitäten können den durchschnittlichen Käufer überzeugen. Es ist zu häßlich und zu laut. So ein Auto kann, wenn überhaupt, höchstens für zwei oder drei Jahre verkauft werden» (D. B. Wise: The Motor Car, London 1977, S. 263). Diese krasse Fehleinschätzung kam die Engländer teuer zu stehen. Noch in den fünfziger Jahren drückte der Volkswagen britische Autos vom Weltmarkt – dank englischer Hilfe, die ihm in der ersten Nachkriegszeit zuteil wurde.

Die Amerikaner, die zuerst in Wolfsburg eingerückt waren, übergaben die Stadt und ein zu 85 % zerstörtes Automobilwerk den Engländern am 26. Mai 1945. Nachdem ein Teil der Hallen einige Monate als Werkstatt benutzt worden war, kurbelte Major Ivan Hirst von den Royal Electrical and Mechanical Engineers die Autoproduktion wieder an. Im August wurden Kübelwagen aus Restbeständen zusammengebaut, ab September KdF-Wagen, jetzt wieder unter der Bezeichnung Volkswagen. Bis Ende 1945 hatte Hirst in der einzigen wieder funktionsfähigen Autofabrik der Westzonen 1293 Fahrzeuge, darunter 539 Kübelwagen, montieren lassen. Das entsprach zugleich der gesamten PKW-Produktion der besetzten Westzonen im Jahr 1945.

Die Engländer hatten Interesse an einer Re-Industrialisierung und Wiedermotorisierung in Deutschland, weil sie ihren Steuerzahlern die Last eines dahinsiechenden Landes ersparen und als Siegermacht Reparationen einnehmen wollten. Auch bestand die Gefahr, Maschinen und Fabrikationseinrichtungen an die nicht weit von Wolfsburg entfernt stehenden Sowjets zu verlieren. Mit dem Nachweis einer intakten Autoproduktionsstätte hofften die Engländer, sowjetischen Demontagegelüsten entgegentreten zu können. Mit dem Beginn des Kalten Krieges verstärkten sie ihre Anstrengungen, die Autoproduktion in Wolfsburg voranzutreiben. Als sie zum 2. Januar 1948 endlich die Verantwortung für das Werk auf das ehemalige Opel-Vorstandsmitglied Heinrich Nordhoff abwälzen konnten, war das Volkswagenwerk mit knapp 9000 hergestellten Personenwagen (1947) außer Reichweite der Sowjets und größte Autofabrik auf deutschem Boden.

Mit der Wiederaufnahme der PKW-Produktion folgten dem Volkswagenwerk im Jahr 1946 Daimler-Benz, 1947 Opel, 1948 Ford, 1949 Borgward und 1950 die im Westen neu gegründete Auto Union mit ihrer Marke DKW sowie Goliath, Lloyd, Gutbrod und Porsche. Bis 1952, dem Ende der eigentlichen Wiederaufbauphase, kam BMW/München als letzte große Automarke hinzu. Die meisten Autowerke begannen mit mehr oder weniger veränderten Vorkriegsmodellen. Die erste deutsche Personenwagen-Neukonstruktion nach dem Krieg brachte Borgward mit seinem Hansa 1500 (Abb. 128) heraus.

Noch schneller als die PKW-Produktion kam die LKW-Produktion in Gang. Liefer- und Lastwagen benötigte man wegen zerbombter Bahnhöfe, gesprengter Eisenbahnbrücken und Millionen von Kubikmetern Trümmerschutt dringender zum Wiederaufbau der Wirtschaft als Personenwagen. 1945 lieferten die Firmen Tempo, Daimler-Benz, Ford, Büssing, MAN und

Kaelble schon über 5300 Fahrzeuge aus. Bis 1952 kamen weitere 14 Anbieter hinzu, darunter auch das Volkswagenwerk. Seit 1950 bot es den von Alfred Haesner konstruierten VW Transporter (Abb. 129) an. Er wies ein eigenständiges, neues Konzept in Frontlenkerbauart auf, das von europäischen, amerikanischen und japanischen Lieferwagenherstellern übernommen wurde.

Von 1952 bis 1958 folgte in der 1949 gegründeten Bundesrepublik Deutschland die Phase der Konsolidierung, gekennzeichnet durch Vollbeschäftigung und Gleichberechtigung des jungen Staates in internationalen Wirtschaftsorganisationen. Eine vorsichtige Geld- und Finanzpolitik, die Vermeidung von Streiks und eine zurückhaltende Lohnpolitik der Gewerkschaften erlaubten auch der Automobilindustrie ein kräftiges Wachstum. 1953 produzierte sie mit 490 581 PKW, LKW und Bussen 6000 Einheiten mehr als Kanada, 1954 überflügelte sie Frankreich, 1956 England. Konstante Preise und steigende Nachfrage auf allen Märkten der Welt erhöhten den Export. 1954 verkaufte die Bundesrepublik mehr Personenwagen im Ausland als Frankreich oder die USA, 1956 mußte sich England auch in der Ausfuhr geschlagen geben. Von da an blieb die Bundesrepublik Deutschland für knapp 20 Jahre Spitzenreiter im Export; in der Produktion lag sie an zweiter Stelle hinter den USA.

128: Borgward Hansa 1800, 1952.
Borgward führte die Pontonkarosserie nach amerikanischem Vorbild (Kaiser 1947) in Deutschland ein. Dem Hansa 1500, gebaut von 1949 bis 1952, folgte der Hansa 1800 (1952–54), lieferbar in verschiedenen Karosserieausführungen und wahlweise mit Benzin- oder Dieselmotor. 4 Zylinder, 1658 cm$^3$, 60 PS.

129: Volkswagen-Transporter-Montage.
Zuverlässigkeit, Fahrkomfort und Wirtschaftlichkeit sind Merkmale des seit 1950 ausgelieferten Volkswagen-Transporters. Inzwischen wurden rund 5 Mio Exemplare hergestellt, sein Marktanteil betrug in der Bundesrepublik zeitweise über 80 % in seiner Klasse. Luftgekühlter Boxermotor im Heck, einzeln aufgehängte Räder. 4 Zylinder, 1192 cm$^3$, 30 PS (um 1955).

Einen maßgeblichen Anteil am Erfolg der deutschen Autoindustrie kommt dem Volkswagenwerk zu. Seine Anstrengungen konzentrierte es auf nur ein Personenwagen-Modell, den später als Käfer bezeichneten Typ 1. Technische Mängel am Fahrzeug wurden zielstrebig ausgemerzt. Nach jeden Werksferien kam ein verbessertes Modell heraus. Die in Europa bis dahin in diesem Umfang nicht bekannte Modellpflege begann sich auszuzahlen: Im August 1955, zehn Jahre nach Produktionsbeginn des Käfers, war die erste Million, zwei Jahre später die zweite Million erreicht. Zweigwerke entstanden im In- und Ausland. Wolfsburgs Preispolitik entschied über Sein oder Nichtsein so mancher anderer Autowerke: sechs Jahre, von 1955 bis 1961, war der Käfer in Standard-Ausführung für nur 3790 DM zu haben.

Der Käfer machte in technischer wie preislicher Hinsicht den Herstellern von Kleinwagen und Mobilen, die nach Kriegsende die Automobillandschaft belebten, schwer zu schaffen. Wohl lagen die Betriebskosten ihrer Fahrzeuge unter denen des Volkswagens, doch sie konnten in Fahreigenschaften, Leistung und Platzangebot nicht mit dem VW-Standard konkurrieren, dessen

130: Goggomobil, 1955.
Das von der Hans Glas Isaria Vertriebs KG in Dingolfing gebaute Goggomobil war
eines der erfolgreichen Kleinstautos nach dem Zweiten Weltkrieg in Deutschland.
Produktionszeit von 1955 bis 1969, wahlweise Motoren mit 250, 300 oder 400 cm$^3$
Hubraum, Preise zwischen DM 3097,– und 3357,–. 2-Zylinder-Zweitakt, 300 cm$^3$, 14,8
PS.

Preis sie deshalb auch nicht überschreiten durften. Mit nur wenigen hundert
Mark Abstand brachten es einige Kleinwagen dennoch auf beachtliche
Stückzahlen, so der Lloyd auf etwa 304 500, der NSU Prinz auf 665 000 und
das Goggomobil auf 277 200 Stück (Abb. 130). Auch einige Mobile nahmen
am allgemeinen Aufschwung teil, so die BMW Isetta mit 149 000 und der
Messerschmitt Kabinenroller mit 29 700 Einheiten. Zunehmender Wohl-
stand, verbunden mit dem Trend zu größeren Wagen, zu geringe Kapitalaus-
stattung und der Erfolg des VW Käfers ließen nur wenige Kleinwagen- und
Mobilhersteller das Ende der fünfziger Jahre überleben.
    Im Gegensatz zu den primitiven Cycle Cars der automobilen Frühzeit und
den Kleinstautos vor und nach dem Ersten Weltkrieg boten einige Kleinwagen und Mobile nach dem Zweiten Weltkrieg fortschrittliche Technik: Zen-

tralrohrrahmen (s. Anhang), Einzelradaufhängung, hydraulisch betätigte Fußbremsen und Kunststoff- oder Aluminium-Karosserien. Die meisten Kleinwagen wurden mit Zweitaktmotoren angetrieben, die den deutschen Autofahrern durch die Vorkriegsmodelle von DKW in bester Erinnerung waren. In Zusammenarbeit mit Bosch versuchten Gutbrod und Goliath (Abb. 131) ab 1951, den Zweitakter durch Kraftstoffeinspritzung kraftvoller, elastischer und sparsamer zu machen. Doch die komplizierte Einspritztechnik machte den Vorteil der einfachen Zweitakt-Bauweise wieder zunichte. Es gelang nicht auf Dauer, den Zweitaktmotor gegenüber dem Viertaktmotor konkurrenzfähig zu erhalten. Heute bauen nur noch Suzuki in Japan, Syrena in Polen und die DDR-Firmen Wartburg und Trabant Personenwagen mit Zweitaktmotoren.

Die Vorteile des Viertaktmotors gegenüber dem Zweitaktmotor liegen in seinem niedrigeren Kraftstoffverbrauch, einem höheren Drehmoment bei niedrigen Drehzahlen und in einer geringeren Wärmebelastung bei besserer Wärmeabfuhr. Gegenüber dem Zweitaktmotor hat der Viertaktmotor eine geringere spezifische Leistung, d. h. bei gleicher Leistung benötigt ein Viertaktmotor entweder mehr Hubraum oder leistungssteigernde Hilfsmittel wie Aufladung oder Einspritzung. Wurde in den 20er und 30er Jahren die Kom-

131: Goliath GP 700 E Sport.
Als Versuchsträger und zur Propagierung von Zweitaktmotoren mit Benzineinspritzung diente bei Goliath ein eigens dafür entwickeltes Sportcoupé, von dem nur etwa 25 Stück hergestellt wurden. Die später in Goliath-Personen- und auch -Geländewagen eingebauten Einspritzmotoren erwiesen sich als recht zuverlässig. 2-Zylinder-Zweitakt, 688 cm$^3$, 28 PS.

pressortechnologie angewendet, so fand in den 50er Jahren die Einspritztechnik Eingang in den Automotorenbau. Seit 1884 ist die Benzineinspritzung (s. Anhang) im allgemeinen Motorenbau bekannt. Im deutschen Flugmotorenbau fand sie ab 1937 größere Verbreitung. 1952 war die Benzineinspritzung bei Daimler-Benz und Borgward für die Viertaktmotoren der
Sport- und Rennwagen im Versuch. Mit den Erfolgen der Mercedes 300 SL-
Modelle begann diese Technologie bei europäischen Serienwagen eine Rolle
zu spielen. Mercedes rüstete zunächst die 300er Baureihe, später auch andere Typen (Abb. 132) mit Einspritzpumpen aus; Peugeot führte 1962 die Einspritztechnik in die europäische Mittelklasse ein. Zur Zeit bieten so gut wie
alle europäischen und japanischen Autohersteller Einspritzmotoren an, wo-

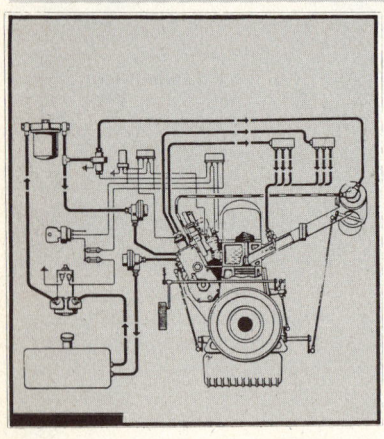

132: Mercedes-Benz 220 SE Coupé mit
Einspritzmotor, 1958.
1955 führte Mercedes die Einspritztechnik in den Serienwagenbau ein. Zunächst
wurde die 300er Baureihe, ab 1958 auch
die 220er-Modellreihe mit Bosch-Ben-
zineinspritzpumpen ausgerüstet. Eine
Zweistempel-Pumpe spritzte den Kraftstoff über Zuteilstücke in die Ansaugrohre (Saugrohreinspritzung). 6 Zylinder,
120 PS, 2195 cm$^3$.

133: Mercedes-Benz-Formel-Rennwagen, 1954.
Wie in den dreißiger Jahren trat Mercedes auch in den 50er Jahren mit neuer Technik
(Gitterrohrrahmen, Stromlinie, Benzineinspritzung direkt in die Verbrennungsräume) gegen die Konkurrenten an. Nach 15jähriger Rennpause gewann Mercedes mit
den Fahrern Fangio und Kling den Grand Prix von Frankreich in Reims. Der Durchschnittsverbrauch betrug etwa 35 l/100 km. 8 Zylinder, 2496 cm$^3$, ca. 300 PS.

bei sowohl mechanische als auch elektronisch gesteuerte Systeme zur Anwendung kommen. Das früher ausschlaggebende Moment der Leistungssteigerung tritt heute zugunsten schadstoffärmerer Abgase und niedrigeren Ver-
brauchs durch vollkommenere Verbrennung immer mehr in den Hintergrund.
Abgesehen von der Einspritztechnik zeigte die deutsche Fahrzeugindustrie in den fünfziger Jahren mit einer Fülle neuer Entwicklungen ihren Wil-
len, den vom Ausland während des Krieges ausgebauten technischen Vorsprung zu beseitigen und zu überholen. Borgward bot 1950 als erster in Europa ein nach englischen Hobbs-Lizenzen entwickeltes Strömungsgetriebe für
Personenwagen an, Opel verzichtete ab 1951 nach Einführung engerer Ferti-
gungstoleranzen im Motorenbau auf Einfahrvorschriften. Porsche verkaufte
seit 1952 Lizenzen einer neu entwickelten Getriebe-Sperrsynchronisierung
in alle Welt, BMW legte 1955 den ersten deutschen Personenwagen mit
Achtzylindermotor nach dem Krieg auf Band. Fichtel & Sachs, Opel, Daimler-Benz und der Kupplungsfabrikant Häussermann lieferten ab 1957 Kupp-
lungsautomaten zur Schalterleichterung.
Zur Erprobung der neuen Technologien und zur Stärkung des Selbstwert-
gefühls beteiligten sich ab 1952 die meisten deutschen Autohersteller am na-

tionalen und internationalen Renn- und Rallyesport. Zahllose Siege von Porsche-Wagen, vor allem aber der 300 SL-Typen von Mercedes (Abb. 133), die die Erfolgsserie der ‹Silberpfeile› aus der Vorkriegszeit fortsetzten und die Weltmeisterschaft der Rennwagen 1954 und 1955 errangen, wirkten sich nachhaltig auf das allgemeine Ansehen der deutschen Autoindustrie aus. Gegen Ende der fünfziger Jahre hatte sie technisch und wirtschaftlich eine führende Stellung erreicht.

Das Volkswagenwerk beteiligte sich nicht am Sport. Es baute seine Position in Deutschland und auf den Märkten der Welt durch ein Auto aus, das genau in die Zeit paßte. Bis Jahresende 1965 waren über 8 Mio Käfer in Wolfsburg gebaut worden, 1968 kletterte der Jahresgewinn auf die Rekordhöhe von 339 Mio DM. 1970 war VW mit 15,8 Milliarden Mark zum wiederholten Male die umsatzstärkste Firma in Deutschland, die drittgrößte nach Shell und Unilever in Europa und die 15. in der Weltrangliste. Am 17. Februar 1972 (Abb. 134) passierte der Käfer mit 15 007 034 Stück die vom Ford T gehaltene Rekordmarke. Am 15. Mai 1981 lief der 20millionste Käfer vom Band der inzwischen nach Mexiko ausgelagerten Produktion. Damit wurde der Volkswagen Typ 1 zum bisher erfolgreichsten Automodell der Geschichte.

Zu dem Käfer mit Boxermotor im Heck und der von ihm abgeleiteten Mittelklasse-Modelle 1500/1600 gesellten sich durch die Übernahme der Auto Union 1965 wassergekühlte Frontantriebswagen (Audi 100). Nach dem Kauf von NSU 1969 kamen Autos mit luftgekühlten Reihenheckmotoren (Prinz), wassergekühlten Frontmotoren anderer Auslegung (K 70) und Kreiskolbenmotoren (Ro 80) hinzu. Die durch die Modell- und Konzeptviel-

134: Volkswagen-Käfer (Typ 1), 1972.
Im Jahr 1972 überrundete der Volkswagen-Käfer mit 15 007 034 gebauten Exemplaren den Ford T als bisherigen Stückzahlweltmeister. Während der 19jährigen Produktionszeit (1908–27) änderte sich die Karosserieform des T-Modells stärker als die des VW-Käfers, wie eine Gegenüberstellung zum KdF-Wagen von 1939 (links) zeigt. S. auch Abb. 114. 4 Zylinder Boxer, 1285 cm$^3$, 44 PS.

134a: Volkswagen Polo, 1975.
Unmittelbar nach der Energiekrise 1973/74 bot die zum Volkswagenkonzern gehörende Audi NSU Auto Union AG den Audi 50 an, den ersten deutschen Kleinwagen seit vielen Jahren. Der Audi 50 lief ab September 1974, das Parallelmodell VW Polo ab März 1975 vom Band. Quergestellter Motor (Konstruktion Martin Probst), Frontantrieb und Schrägheck mit Klappe sind zur Standardbauweise bei Klein- und Mittelklassewagen geworden. 4 Zylinder, 895 cm³, 40 PS.

falt verursachten hohen Produktionskosten, der Niedergang des inzwischen altmodisch gewordenen und in der Herstellung teuren Käfers sowie Exporteinbußen durch Markaufwertungen ab 1969 führten zu finanziellen Verlusten, die erst ab 1973 durch neuzeitliche Frontantriebsmodelle nach dem Baukastensystem (Abb. 134a) gestoppt werden konnten.

## Strukturwandel

Die Jahre zwischen 1960 und 1980 sind für die Automobilentwicklung gekennzeichnet von zunehmender staatlicher Einflußnahme im Hinblick auf sicherheitstechnische, Abgas- und Verbrauchsauflagen, von Fahrzeugherstellung in Schwellen- und Entwicklungsländern, vom Aufschwung der japa-

|  | 1960 | 1980 |
|---|---|---|
| D | Volkswagen<br>Opel (GM)<br>Ford D<br>Daimler-Benz<br>BMW<br>Porsche<br>Borgward/Goliath/Lloyd<br>Auto Union/DKW<br>NSU<br>NSU-Fiat/Neckar<br>Glas | VAG (Volkswagen, Auto Union/<br>Audi, NSU)<br>Opel (GM)<br>Ford D<br>Daimler-Benz<br>BMW<br>Porsche |
| F | Peugeot<br>Renault<br>Citroën<br>Simca<br>Panhard | PSA (Peugeot, Citroën, Simca/<br>Chrysler/Talbot, Matra)<br>Renault (Renault, Alpine) |
| GB | British Motor Corporation<br>(BMC) (Austin, Morris, MG,<br>Riley, Wolseley, Vanden Plas)<br>Roots Group (Hillman, Humber,<br>Sunbeam, Singer)<br>Ford GB<br>Vauxhall (GM)<br>Rolls-Royce/Bentley<br>Alvis<br>Armstrong-Siddeley<br>Jensen und zahlreiche andere | BL Limited (Austin, Morris,<br>Rover, Triumph,<br>Jaguar/Daimler)<br>PSA (ex Chrysler UK ex Roots<br>Group)<br>Ford GB<br>Vauxhall (GM)<br>Rolls-Royce/Bentley |
| I | Fiat<br>Alfa-Romeo<br>Lancia<br>Ferrari<br>Autobianchi | Fiat (Autobianchi, Lancia,<br>Ferrari)<br>Alfa-Romeo |
| USA | General Motors (GM)<br>(Buick, Chevrolet, Oldsmobile,<br>Pontiac, Cadillac)<br>Ford (Ford, Comet, Lincoln,<br>Mercury, Thunderbird)<br>Chrysler (Chrysler, De Soto,<br>Dodge, Imperial, Plymouth,<br>Valiant)<br>American Motors Corporation<br>(AMC) (Rambler, Metropolitan)<br>Studebaker/Packard<br>Willys | GM (Buick, Chevrolet, Olds-<br>mobile, Pontiac, Cadillac)<br>Ford (Ford, Mercury, Lincoln)<br>Chrysler (Chrysler, Dodge,<br>Plymouth)<br>AMC (Spirit/AMX, Pacer,<br>Concord, Jeep)<br>Volkswagen of America |

Tabelle 6: Firmen und Konzerne 1960 und 1980.

nischen Autoindustrie und von Firmenzusammenschlüssen und Konzernbildungen, die noch heute andauern.

Die Gründung der Europäischen Wirtschaftsgemeinschaft am 1. Januar 1958 führte zu einer starken Zunahme des europäischen Binnenhandels mit der Folge eines nochmals härter werdenden Konkurrenzkampfes zwischen den einzelnen Produzenten. Besonders in der zweiten Hälfte der sechziger Jahre kam es zu Produktionseinstellungen, verschiedenen Formen der Zusammenarbeit und zu Fusionen. Sie fanden eine Fortsetzung in der zweiten Hälfte der siebziger Jahre, zum Teil unter dem Druck japanischer Exporterfolge. Von den mehr als 34 unabhängigen Automobilherstellern in den USA und in den klassischen Autoproduktionsländern Europas waren 1980 gegenüber 1960 nur noch zehn marktbeherrschende Konzerne und einige kleinere Firmen wie BMW, Porsche, Rolls-Royce/Bentley und Alfa-Romeo übriggeblieben (s. Tabelle 6).

Auslese und Zusammenschlüsse bewirkten, daß Europa, seit 1906 von den USA stückzahlmäßig überrundet und von zwei Weltkriegen geschwächt, 1969 mit knapp 9,44 Mio wieder mehr Personenwagen als die Vereinigten Staaten und Kanada produzierte. An erster Stelle lagen die EWG-Mitglieder Bundesrepublik Deutschland und Frankreich mit Zunahmen von rund 20 % gegenüber 1968 (s. Tabelle 7).

An dem allgemeinen Aufschwung der westeuropäischen Länder hatte England keinen Anteil. Während diese ihre·Produktion bis 1979 steigern konnten, verlor die englische Autoindustrie zunehmend an Bedeutung. Sie ist heute entweder bankrott oder überfremdet. Der einzige größere britische Autoproduzent ist die BL Limited. Sie ging aus der Fusion des LKW-Herstellers Leyland mit einer Firmenansammlung unter der Bezeichnung British Motor Holding hervor. Der 1968 vollzogene Zusammenschluß konnte auf

| Jahr | Nord-amerika (USA, (CDN) | West-europa[1] (EWG, EFTA) | Fernost (J, AUS, IND) | Ost-block | Latein-Amerika | Welt total |
|---|---|---|---|---|---|---|
| 1938 | 2 124 746 | 868 409 | 8 500 | 40 475 | – | 3 043 831 |
| 1950 | 6 950 660 | 1 105 416 | 20 896 | 97 000[2] | – | 8 174 032 |
| 1960 | 7 028 390 | 5 079 348 | 434 191 | 271 821 | 121 733 | 12 935 583 |
| 1969 | 9 257 505 | 9 435 949 | 3 017 750 | 677 851 | 406 396 | 23 167 260 |
| 1979 | 9 464 733 | 10 344 354 | 6 726 318 | 2 251 857 | 1 464 018 | 31 540 390 |
| 1980 | 7 265 510 | 9 447 529 | 7 383 653 | 2 279 300 | 1 522 133 | 29 357 297 |

[1] ohne Spanien (1969: 370 000, 1979: 890 824, 1980: 976 216)
[2] angenähert

Tabelle 7: Weltproduktion Personenwagen und Kombi.

Dauer nicht über die mißliche Wirtschaftslage hinwegtäuschen: Wegen unrentabler PKW-Fertigung ist die 1975 nationalisierte BL Limited auf Staatszuschüsse angewiesen. Ein anderer englischer Konzern, die Roots Group, ging schon in den sechziger Jahren in den Besitz der Chrysler Corporation UK Ltd. über, die ihrerseits von PSA/Peugeot 1978 übernommen wurde. Wegen der veralteten Produktionsanlagen ehemaliger Roots-Fabriken ist mit Werksschließungen und Entlassungen durch Peugeot zu rechnen.

Bei Vauxhall und Ford/GB bestimmen Amerikaner seit Jahrzehnten die Firmenpolitik. Wegen härter gewordener Konkurrenz und sogenannter Weltautos wurden Rationalisierungsmaßnahmen erforderlich. Sie führten bei Vauxhall zur Montage von Opel-Wagen, bei Ford zur Einfuhr kompletter Modelle von Ford-Köln. Die Rückentwicklung der englischen Autoindustrie zu reinen Montagebetrieben dürfte kaum noch aufzuhalten sein, zumal in Kürze auch Honda und Nissan in Japan konstruierte Autos in England zusammenbauen lassen wollen.

Politische und wirtschaftliche Fakten führten den industriellen Niedergang Englands herbei. Der Verlust der Kolonien nach dem Zweiten Weltkrieg öffnete anderen Ländern bisher von England geschützte Märkte. Die Steuergesetzgebung lähmt heute noch auf Grund ihrer hohen Progression jede unternehmerische Eigeninitiative. Veraltete Maschinen und Herstellungsverfahren verteuern die Produkte. Einzelgewerkschaften ohne Dachverband, deren wenige Mitglieder ganze Industriezweige bestreiken können, zwingen die Unternehmer zu zahllosen Tarifverhandlungen. Klassenbewußtsein und Interessengegensätze herrschen an Stelle von Mitbestimmung und Common sense.

Die britische Autoindustrie leidet zusätzlich unter der ständigen Änderung der Kreditvorschriften und der Sondersteuer für Neufahrzeuge (Purchase Tax), die eine längerfristige Planung erschweren und den Investitionswillen lähmen. Ihre Autos selbst eignen sich nur bedingt für andere Märkte. Schon in den dreißiger Jahren blieb die englische Autotechnik gegenüber derjenigen des Kontinents zurück, weil die regierenden Parteien den Straßenbau vernachlässigten. Die Folge waren Autos, die sich auf den engen, kurvenreichen und überlasteten Straßen zwar gut manövrieren ließen, deren Motoren und Fahrwerke aber keine höheren Dauergeschwindigkeiten aushielten. Wegen hoher Einfuhrzölle fehlte eine Herausforderung durch ausländische Konkurrenz. Der Linksverkehr verteuert zusätzlich Export- und Importautos.

In den fünfziger Jahren begannen sich alle diese Schwächen auszuwirken. Niedrige Produktivität und geringe Rentabilität des eingesetzten Kapitals führten zu Absatzeinbußen auf dem Binnenmarkt und in Exportländern. Das bis 1956 größte Autoproduktionsland nach den USA fiel immer weiter zurück. 1980 stand England auf dem achten Platz in der Weltrangliste hinter Japan, den USA, der Bundesrepublik Deutschland, Frankreich, Italien, der Sowjetunion und Spanien (s. Tabelle 8).

| Jahr | USA | D | F | GB | J | I |
|---|---|---|---|---|---|---|
| 1938 | 2 000 985 | 276 592 | 189 691 | 341 028 | 8 500 | 58 966 |
| 1950 | 6 665 863 | 214 489 | 257 292 | 522 515 | 2 396 | 101 310 |
| 1960 | 6 703 108 | 1 816 779 | 1 175 301 | 1 352 728 | 165 094 | 595 923 |
| 1970 | 6 550 150 | 3 375 822 | 2 225 699 | 1 650 000 | 3 130 000 | 1 696 120 |
| 1979 | 8 485 826 | 3 930 154 | 3 162 276 | 1 029 036 | 6 288 330 | 1 559 146 |
| 1980 | 6 428 310 | 3 533 153 | 2 879 566 | 936 948 | 7 040 000 | 1 580 941 |

Tabelle 8: Pkw-Produktion 1938–1980.

Während der Bedeutungsrückgang der Autoindustrie in England wegen eines politischen und gesellschaftlichen Systems grundsätzlicher Natur ist und im Einklang mit anderen Industriezweigen steht, erlebt die amerikanische Autoindustrie wegen ihrer Modellpolitik gegenwärtig ihre größte Rezession seit der Weltwirtschaftskrise. Die Modellpolitik bestand in der Fortschreibung der seit einem halben Jahrhundert gebauten übergroßen Autos, die bisher lediglich für den amerikanischen, nicht aber für den Weltmarkt taugten. General Motors, Ford, Chrysler und American Motors Corporation (AMC) meldeten für das Geschäftsjahr 1980 Rekordverluste. Chrysler mußte trotz der 1978 verkauften Zweigwerke in Frankreich, England und Spanien kurze Zeit später Staatsbürgschaften in Anspruch nehmen, um den

135: Ambassador, 1969.
Typischer Vertreter der amerikanischen Auffassung vom Automobil war der Ambassador, hergestellt von der American Motors Corporation. Servolenkung und Automatic-Getriebe erhöhten zwar den Betätigungskomfort, doch beschränkten zu große Außenabmessungen, zweifelhafte Fahrwerksqualitäten und hoher Kraftstoffverbrauch die Absatzmöglichkeiten solcher Schiffe fast ausschließlich auf den US-Markt. V 8 Zylinder, 5400 cm$^3$, 200 PS (DIN).

Konkurs abzuwenden. Eine Besserung der Situation trat nicht ein, so daß mit dem Verkauf weiterer Chrysler-Werke, mit Beteiligungen oder Übernahme zu rechnen ist. Bei AMC ist Renault seit Ende 1980 der einzige Großaktionär. In Kürze wird mit der Fertigung eines Renault-PKW begonnen.

Die amerikanische Autoindustrie hatte seit den zwanziger Jahren unbekümmert große Autos (Abb. 135) für einen aufnahmefähigen Binnenmarkt gebaut. Wirtschaftlichkeit spielte wegen niedriger Öl- und Benzinpreise keine Rolle. Das änderte sich mit den von der Organization of the Petroleum Exporting Countries (OPEC) 1973/74 erzwungenen Ölpreiserhöhungen und der Ölverknappung nach der iranischen Revolution von 1979. Innerhalb eines Jahrzehnts verdreifachte sich der Benzinpreis. Er verlor seine Funktion als Schutzwall für große Autos aus einheimischer Produktion.

Die amerikanischen Autohersteller erkannten die von der Ölverknappung und -verteuerung eingeleitete Strukturänderung zunächst nicht. Sie bauten entweder große Autos, verkleinerte Standard-Autos mit überholter Technik (General Motors, Ford) oder einen Europa-Verschnitt mit Simca-Karosserie und VW-Motor (Chrysler, Omni/Horizon). Die vom Vietnam-Krieg und Watergate-Skandal, von Inflation und Dollarverfall verunsicherten Verbraucher griffen jedoch zu sparsamen und wirtschaftlichen Autos, die bisher nur Importeure und das seit 1978 in den USA produzierende Volkswagenwerk liefern konnten. Der Marktanteil japanischer und europäischer Autos stieg von 15% im Jahr 1973 auf 25% 1980, die US-Produktion fiel im gleichen Zeitraum von 9,6 Mio auf 6,4 Mio Einheiten.

Eine neue Fahrzeuggeneration erschien erst zum Ende der siebziger Jahre: 1979 die X-Cars (Abb. 136) von General Motors, 1980 die K-Serie von Chrysler. Weltautos wie die kleineren Modelle Escort/Lynx von Ford und die J-Cars von GM folgten 1981. Mit ihnen stellte sich die amerikanische Autoindustrie zum erstenmal seit rund 50 Jahren wieder dem internationalen Wettbewerb. Alle diese Fahrzeuge liegen mit zeitgemäßer Technik (Frontantrieb, quergestellte Motoren), mit vernünftigen Außenabmessungen, niedrigerem Gewicht und Verbrauch, besserer Qualität und Raumausnutzung auf der Linie ihrer europäischen und japanischen Konkurrenten.

Schon einmal hatten sich Amerikas große Drei auf den Bau kleinerer Personenwagen eingelassen. Anlaß dazu waren die in den fünfziger Jahren zunehmenden Europa-Importe unter Führung des VW-Käfers, die erfolgreichen Kompaktwagen der amerikanischen Außenseiter Rambler und Studebaker und ein Verkaufsrückgang amerikanischer Standard-Personenwagen ab 1955. Wie auf Verabredung brachten General Motors, Ford und Chrysler Ende 1959 Compact Cars heraus, bei denen europäische Einflüsse in Technik (selbsttragende Karosserien, Fahrwerksauslegung) und Styling nicht zu übersehen waren. Besonders Chevrolets Corvair sollte den Käfer mit dessen eigenen Waffen, nämlich luftgekühltem Boxermotor im Heck und Einzelradaufhängung, schlagen (Abb. 137). Doch weder der als Käfer-Killer gedachte

136: Chevrolet Citation, 1980.
1974 begann General Motors mit der Entwicklung der X-Cars, Familienautos im Europa-Format mit quergestellten Vier- oder Sechszylindermotoren und Frontantrieb. Auch Gewicht (um 1100 kg), Verbrauch und Luftwiderstandsbeiwert (ca. 0,42) liegen auf dem Niveau vergleichbarer europäischer Wagen. 4 oder V 6 Zylinder, 2474 oder 2835 cm³, 91 oder 115 PS.

Corvair noch Fords Falcon oder Chryslers Valiant waren sonderlich erfolgreich. Alle drei Werke schoben größere, ebenfalls als Compacts bezeichnete Modelle nach. Mit großen Autos ließ sich mehr Geld verdienen.

Anfang der sechziger Jahre erreichte die Verkehrssituation ein Stadium, in dem eine isolierte Betrachtung des Autos nicht mehr ausreichte. Durch Massenmotorisierung und gestiegene Durchschnittsgeschwindigkeiten traten sicherheitstechnische Grenzen der Fahrwerksauslegung besonders amerikanischer Autos zutage. Die Nachteile des Käfers wie Übersteuern (s. Anhang) und labiles Fahrverhalten bei höheren Geschwindigkeiten wirkten sich beim stärker motorisierten Corvair noch deutlicher aus. Verbraucheranwalt Ralph Nader nahm dies zum Anlaß, beide Autos in den Mittelpunkt öffentlich geübter Kritik an der Entwicklung des Automobils zu stellen. In der Weigerung von General Motors, die Fahrsicherheit des Corvair durch eine wenige Dollar kostende Zusatzausrüstung zu verbessern, sah Nader mehr als nur Profitsucht eines Autowerks. Er warf den Konzernen allgemein technische Fehlentwicklungen vor und beklagte, daß sie Patente und Erkenntnisse über die Fahrzeugsicherheit mißachteten, überfällige Reformen blockierten und mit zunehmender Macht immer weniger auf Gesundheit und Leben der Kunden Rücksicht nähmen.

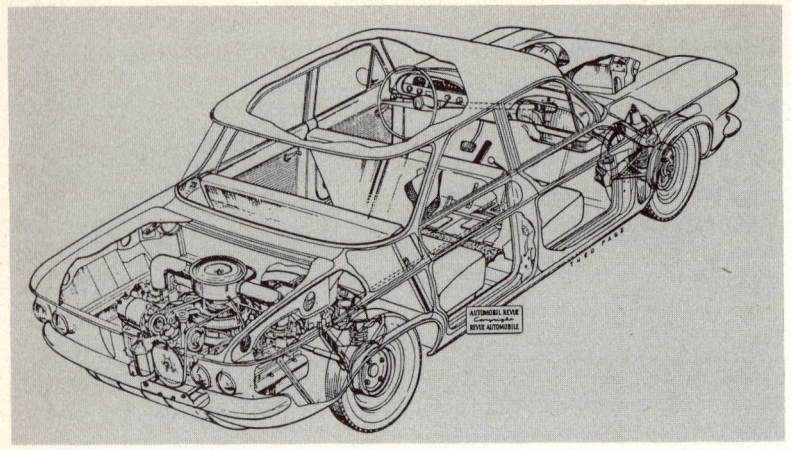

137: Chevrolet Corvair, 1960.
Die für General Motors neue Leichtmetalltechnologie (Motor), Heckmotoranordnung und selbsttragende Karosserie zwangen zur Errichtung neuer Produktionsanlagen und bescherten technische Anlaufschwierigkeiten. Mit nur 1,78 Mio gebauten Exemplaren dürfte der Corvair ein Zusatzgeschäft gewesen sein. 6 Zylinder Boxer, 2286
cm$^3$, 81 PS (SAE).

Nader bereitete den Boden für immer kritischer werdende Käufer, Ver-
braucherverbände und Behörden, die technische Mängel an den Fahrzeugen
nicht mehr als unvermeidlich hinzunehmen bereit waren. Rückrufaktionen
und Prozesse gegen die Auto- und Reifenindustrie häuften sich. Amerikanische Behörden sahen sich zu strengeren Vorschriften veranlaßt. Die ab 1965
verfügten Sicherheits-, Abgas- und Verbrauchsbestimmungen kamen die
Autoindustrie letztlich teurer als eine freiwillige Verbesserung ihrer Produkte.
  Mit den 1965 erlassenen GSA- (General Services Administration) Bestimmungen beeinflußte eine Regierung erstmals Auslegung und Konstruktion von
Personenwagen aus anderen als steuertechnischen Erwägungen. Vorgeschrie-
ben waren u. a. so selbstverständliche und harmlose Dinge wie gepolstertes Armaturenbrett, Sicherheitstürschlösser, Außenrückspiegel, Zweikreisbrem-
sen, genormte Stoßstangenhöhe. Die geforderten 17 Maßnahmen waren das
Resultat von Untersuchungen eines Ausschusses der US-Legislative, die sich
seit 1960 unter Vorsitz von Senator Edward J. Speno mit Sicherheitsfragen befaßte. Speno konnte auch den Staat New York zur Finanzierung eines Sicher-
heits-Prototyps bewegen. Die Unterzeichnung der Vorlage durch Gouverneur
Nelson Aldrich Rockefeller am 15. Juli 1965 markiert den eigentlichen Beginn
für die Entwicklung der Experimental Safety Vehicles (ESV, Abb. 138),

174

mit dem Amerika seinen jährlichen hohen Blutzoll auf den Straßen (1965: 49 000 Tote, 1,8 Mio Verletzte, 12,3 Mio Unfälle) zu senken hoffte.

Die Sicherheitsforschung ist freilich sehr viel älter. Pinin Farina stellte 1963 ein unter Verwendung von Daimler-Benz-Patenten hergestelltes Sicherheitsauto (Sigma) vor. James J. Ryan von der Universität Minnesota kritisierte die Industrie für die mangelhafte Sicherheit ihrer Fahrzeuge und führte ab 1956 Crash-Tests mit eigens dafür entwickelten Stoßstangen durch. Als Vater der passiven Autosicherheit gilt jedoch Béla Barényi, der schon 1925 ein zurückverlegtes Lenkgetriebe und eine kurze Lenksäule vorgeschlagen hatte. Es folgten zahlreiche Patente und Entwicklungen, darunter solche über Automobile in Zellenbauweise 1935/39, über Verschwind-Scheibenwischer 1951, über Karosserien mit festem Mittelteil und nach den Enden abnehmender Steife (Knautschpatent 1952), über Sicherheitslenkräder 1954 und -lenksäulen 1963. Barényi erarbeitete 1962 auch einen Leitfaden zur Milderung von Unfallfolgen, an dem sich Gesetzgeber und Konstrukteure hätten orientieren können.

Das ESV-Programm mußte sich totlaufen, weil schon der Denkansatz falsch war. Nach Barényi wird Autosicherheit in drei Hauptgruppen unterteilt: aktive Sicherheit (Fahrsicherheit durch entsprechende Fahrwerksauslegung), präventive Sicherheit (Blinkwarnleuchten, reflektierende Kennzei-

138: AMF-ESV, 1971/72.
Nach dem New York Safety Sedan vergab das Department of Transportation (DOT) je einen ESV-Auftrag an die AMF Inc., an die Fairchild Industries und an General Motors. Die Sicherheitsautos von AMF und Fairchild wiesen automatisch ausfahrende Stoßstangen vorn, Luftsäcke statt Gurte, ausgiebige Innenpolsterungen und Periskope statt Rückblickspiegel bei konventioneller Fahrwerksauslegung auf. V 8 Zylinder (Chevrolet), 5733 cm$^3$, 157 PS.

chen u. a.) und passive Sicherheit (Maßnahmen zur Milderung von Unfallfolgen). Die Amerikaner hatten sich in ihrem Programm auf die an rangletzter Stelle stehende passive Sicherheit versteift, möglicherweise mit Absicht. Bei einem 80-km/h-Frontalcrash haben nur Insassen in großen, schweren Autos, wie sie die amerikanische Industrie herstellte, Überlebenschancen, nicht aber Fahrer und Mitfahrer in kleinen Autos europäischer oder japanischer Herkunft. Auch kann man ein so komplexes Gebilde wie ein Automobil nicht nur unter dem Aspekt der Sicherheit betrachten. Viele andere Gesichtspunkte wie Abmessungen, Gewicht, Gebrauchstüchtigkeit, Umweltfreundlichkeit, Wirtschaftlichkeit sind ebenso wichtig, manchmal sogar wichtiger. Dennoch beteiligten sich auch nichtamerikanische Autowerke wie Daimler-Benz (Abb. 139), Fiat und Volvo unnötigerweise am ESV-Experiment. Nach der Energiekrise 1973/74 wurde die Aktion abgeblasen.

Die passive Sicherheit war in Europa bereits seit langem bekannt, wenn sie auch nur vereinzelt im Serienbau verwirklicht worden war. Daimler-Benz hatte mit dem Typ 220 von 1959 die erste Serien-Limousine nach Barényis Knautschpatent gebaut. Vor der Hinterachse angeordnete Kraftstofftanks, Deformationselemente und zahlreiche andere Sicherheitseinrichtungen sind heute in vielen Personenwagen anzutreffen. Bei der Lenkung (Aufbäumen der Lenksäule, gefährliche Lenkräder) liegt allerdings noch vieles im argen.

Die aktive Sicherheit als die wichtigste hielt schon in den dreißiger Jahren Einzug in den europäischen Automobilbau. Vor allem deutsche und französische Autofirmen bemühten sich um fortschrittliche und sicherere Fahrwerkauslegungen. Dazu gehörten Einzelradaufhängung, ausreichend dimensionierte Bremsen, präzise Lenkung.

Die durch das Auto hervorgerufene Luftverschmutzung in Ballungsgebieten veranlaßte amerikanische Behörden, Grenzwerte für Abgasemissionen festzulegen. In einer Wärmekraftmaschine mit innerer Verbrennung ist die Verbrennung unvollkommen: Als Reste bleiben die unschädlichen Bestandteile Kohlensäure und Wasserdampf sowie die Schadstoffe Kohlenmonoxid (CO), unverbrannte Kohlenwasserstoffe (CH) und Stickoxide (NOx) übrig. Noch in den sechziger Jahren traten Abgasbestimmungen in Kraft, weil die Autoindustrie die von ihr mitverursachte Luftverschmutzung nicht zur Kenntnis nahm.

Die ersten Bestimmungen konnten von europäischen Motoren, die den Kraftstoff sauberer verbrannten als amerikanische Aggregate, mühelos eingehalten werden. Schärfer fielen die für 1976 geplanten, aber wieder verschobenen US-Abgasnormen aus, nach denen pro Meile (1,6 km) nicht mehr als 0,41 g Kohlenwasserstoffe, 3,4 g Kohlenmonoxid und 2,0 g Stickoxid ausgestoßen werden durften. Diesen Werten ist auf Dauer nur mit neuen Technologien wie Schichtladung (Abb. 140), geteiltem Verbrennungsraum, Magerkonzepten, langhubigen Motoren und Optimierung des Verbrennungsablaufs durch elektronische Einspritzung und Zündung beizukommen.

139: Mercedes-Benz ESF 05, 1971.
Obwohl von seiten des amerikanischen Verkehrsministeriums weder Nutzen/Kosten-Analysen vorlagen noch Randprobleme wie Unfallarten-Rangfolge oder einheitliche Testverfahren geklärt waren, beteiligte sich Daimler-Benz an der Entwicklung von Experimentier-Sicherheits-Fahrzeugen. Der ESF 05 bot Überlebenschancen bis zum 80-km/h-Frontalaufprall auf eine Wand, wog mit 1725 kg aber rund 300 kg mehr als das Ausgangsmodell 250. Bei späteren ESF konnte das Gewicht gesenkt werden bei allerdings reduzierter Frontalaufprall-Geschwindigkeit (65 km/h).

Kein Autowerk wäre 1976 in der Lage gewesen, Motoren anzubieten, die diese Abgas-Normen erfüllt hätten. Schon für gemilderte Grenzwerte mußte auf Behelfsmittel zurückgegriffen werden, und zwar auf die Nachverbrennung (s. Anhang) der unerwünschten Abgasbestandteile durch Abgasrückführung, durch katalytische oder durch thermische Reaktoren. Sie alle bedeuten Raubbau an den natürlichen Energiereserven und am Luftsauerstoff, weil mit ihnen Verbrauchsanstieg, Leistungsminderung, Katalysator-Verschleiß und Lufteinblasung verbunden sind.

Als erster Staat der Welt hatten sich die USA entschlossen, auf die zunehmende Erdölverknappung Ende der siebziger Jahre mit einer gesetzlichen Beschränkung des Kraftstoffverbrauchs für Automobile zu reagieren. Die Behörden schrieben Verbrauchsnormen vor, nach denen der durchschnittliche Kraftstoffkonsum der gesamten Modellflotte eines Herstellers (Flottenverbrauch) 1980 unter 11,75, 1985 unter 8,55 l/100 km liegen müsse. Da diese

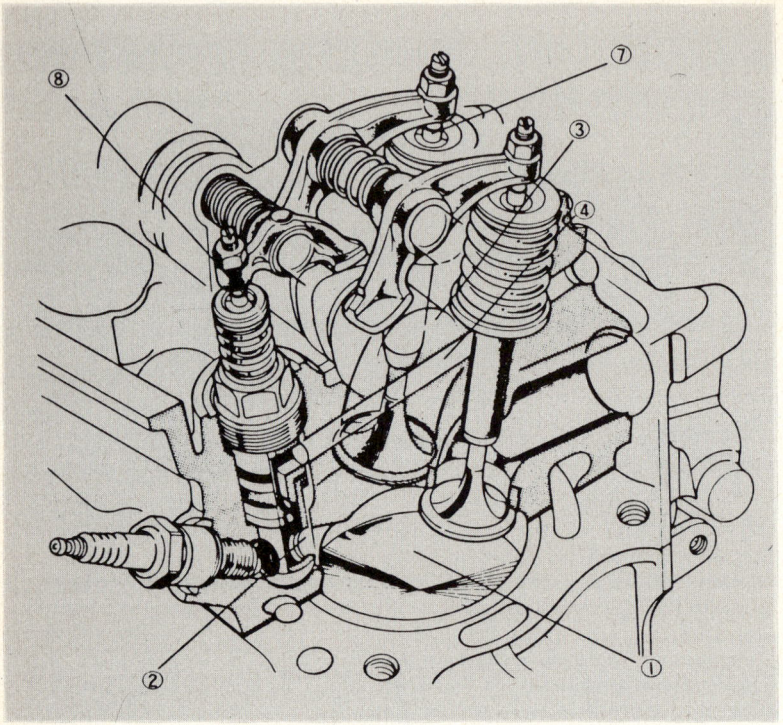

140: Honda CVCC-Schichtlademotor, 1975.
Die Schichtladung beim Benzinmotor wurde bereits von Otto in seinem Patent 532 von 1877 angesprochen. Mit Hilfe einer Vorkammer oder anderer konstruktiver Maßnahmen wird die Ladung geschichtet, d. h. das im Bereich der Zündkerze fette (sauerstoffarme) Kraftstoff-Luft-Gemisch wird in Richtung Zylinderwand oder Kolben immer magerer (sauerstoffreicher). Dadurch erreicht man weniger Schadstoffe im Abgas. Anwendung der Schichtladung bei Hubkolben- oder Kreiskolbenmotoren. Beim Honda-Schichtlademotor sind Vorkammer und zusätzliches Ventil zu erkennen. CVCC = Compound Vortex Controlled Combustion = gesteuerte Verbrennung durch abgestimmte Verwirbelung.
1 Verbrennungsraum, 2 Vorkammer, 3 Einlaßkanal zum Verbrennungsraum, 4 Einlaßkanal zur Vorkammer, 7 Haupt-Einlaßventil, 8 Vorkammer-Einlaßventil.

Verbrauchsgrenzen von den herkömmlichen amerikanischen Wagen nicht zu erreichen waren, reagierten die Hersteller mit drei Maßnahmen: Abspecken der Straßenkreuzer, Einbau genügsamer Dieselmotoren und Neukonstruktion kleinerer, wirtschaftlicher Autos.

Die Erdölverteuerung machte den Dieselmotor als Antriebsquelle für Personenwagen attraktiv. Dank der doppelt so hohen Verdichtung gegenüber dem Benzinmotor ist sein Wirkungsgrad höher und damit der Kraftstoffverbrauch niedriger. Diesel-typische Nachteile wie geringere spezifische Leistung und höheres Motorengewicht werden mit Aufladegeräten (Abgas-Turbolader, s. Anhang, Druckwellenlader, Kompressoren) gemildert, die Frischluft mit leichtem Überdruck in die Zylinder drücken und den Luftmengendurchsatz pro Arbeitsspiel erhöhen. Auch im Abgasverhalten sind Dieselmotoren günstiger, weil sie im gesamten Drehzahlbereich mit Luftüberschuß arbeiten. Die Anteile an Kohlenmonoxid und unverbrannten Kohlenwasserstoffen sind geringer, die Stickoxidmengen allerdings höher. Die günstigen Verbrauchs- und Abgaswerte von Dieselmotoren haben viele Firmen bewogen, neben Benzin- auch Dieselmodelle anzubieten. Zu den Pionierfirmen Daimler-Benz, Austin und Peugeot gesellten sich in den siebziger Jahren unter anderem Citroën, Nissan, Opel, General Motors und Volkswagen. Der Anteil der Dieselmotoren an der Personenwagen-Weltproduktion stieg von 0,6 % im Jahr 1970 auf 2,7 % 1978. Stückzahlmäßig führendes Land in der Diesel-PKW-Fertigung ist die Bundesrepublik, bei Diesel-LKW Japan.

Weitere Verbrauchssenkungen lassen sich mit Maßnahmen erreichen, die seit Jahrzehnten bekannt sind und die bereits nach Abschluß der Wiederaufbauphase der Autoindustrie zumindest wahlweise in die Serienfertigung hätten einfließen können. Zu diesen Maßnahmen gehören optimierte Verbrennungsvorgänge, Motorabschaltungen im Leerlauf und im Schiebebetrieb, Verminderung der Reibung durch verbesserte Schmierstoffe, Getriebe-Spargänge, Overdrive (s. Anhang), Gewichtseinsparung durch leichtere Werkstoffe, Verminderung des Fahrwerk-Rollwiderstandes und Anwendung aerodynamischer Erkenntnisse. Für die Zukunft lassen sich mit Hilfe der Elektronik Gemischzusammensetzung, Zündung und Getriebesteuerung aufeinander abstimmen und optimieren.

Der bisher zur Gewichtsreduzierung beschrittene Weg, Grauguß oder Stahl durch Leichtmetall zu ersetzen, scheint wenig befriedigend, weil für die Erzeugung von Aluminium und Magnesium enorme Energiemengen erforderlich sind. Energie aber wird immer kostspieliger, so daß trotz steigender Erdölpreise den aus petrochemischen Rohstoffen gewonnenen Kunststoffen größere Zukunftsaussichten eingeräumt werden. Schon seit den dreißiger Jahren sind autogerechte Kunststoffe bekannt, doch haben sie eine vorrangige Bedeutung bisher nur bei der Fahrzeug-Innenausstattung erlangt. Im Karosserie-Außenbereich dagegen haben erst wenige Wagen elastische Fahrzeugbegrenzungen statt stählerner Stoßstangen. Hier liegen bei der Substitution von Blechteilen wie Kotflügeln, Türen und Klappen noch erhebliche Möglichkeiten zur Energie- und Gewichtseinsparung. Das gleiche gilt für Motor- und Fahrwerksteile.

Ein weiteres Mittel, Kraftstoff zu sparen, ist angewandte Aerodynamik. In den dreißiger Jahren hatten deutsche Auto- und Karosseriefirmen auf diesem Gebiet ihre Führung ausbauen können, doch nach dem Krieg wurden aerodynamische Erkenntnisse mit wenigen Ausnahmen (1953 Borgward Hansa 2400, 1955 Citroën DS, 1967 NSU Ro 80) sträflich vernachlässigt. Um 1975 lag der durchschnittliche Luftwiderstandsbeiwert von Personenwagen bei $c_w = 0,45$. Werte von $c_w = 0,30-0,28$ und darunter sind möglich, wenn die Phase der Modellkosmetik an vorhandenen Typen beendet ist und beim Entwurf neuer Fahrzeuge von vornherein auf strömungsgünstige Karosserieformen und geführte Luft im Motorraum wie im Fahrwerkbereich geachtet wird. Dabei muß es nicht zu noch niedrigeren Personenwagen kommen. Denn die Fahrzeugquerschnittsfläche übt einen untergeordneten Einfluß auf die aerodynamischen Qualitäten einer Karosserie aus, so daß höhere und geräumigere Aufbauten zu wünschen sind (Abb. 141).

Verbrauchseinsparungen lassen sich auch durch einen besseren Verkehrsfluß erreichen. Die Verkehrsämter in der Bundesrepublik wären gut beraten, wenn sie den Schilderwald abholzen und den Ampelluxus einschränken und statt dessen elektronisch gesteuerte Verkehrsrechner installieren würden. BMW will bei Versuchen im Münchner Stadtverkehr eine Kraftstoffeinsparung von 40% bei optimaler Ampelsteuerung ermittelt haben.

Bis etwa 1960 hatte das Automobil in den industrialisierten Ländern des Westens eine überragende gesamtwirtschaftliche Bedeutung erlangt. In Nordamerika entwickelte es sich darüber hinaus zu einem Spielobjekt: die ‹Fun Explosion› auf Rädern. Umgebaute VW-Käfer beleben als Dune Buggies kalifornische Strände. Auf kürzeste Beschleunigungszeiten getrimmte Dragster ersetzen dem Amerikaner den Rennwagen. Lieferwagen-Meetings, Lastwagen-Rennen, Querfeldeinfahrten und Sumpfschlachten – eine Freizeitgesellschaft auf dem Weg in die letzten Winkel der Natur. Dies alles vor dem Hintergrund knapper und teurer werdender Energie.

| | Fahrzeugquerschnittsfläche F $(m^2)$ | Luftwiderstandsbeiwert $c_w$ | Luftwiderstandsfläche $c_w \cdot F$ $(m^2)$ |
|---|---|---|---|
| 1924 Rumpler-Tropfenwagen | 2,57 | 0,28 | 0,72 |
| 1978 VW Golf | 1,83 | 0,42 | 0,77 |

Tabelle 9: Luftwiderstandsfläche.

Aussagekräftiger als der Luftwiderstandsbeiwert $c_w$ ist die Luftwiderstandsfläche. Sie macht deutlich, daß auch Fahrzeuge mit großer Querschnittsfläche gute aerodynamische Qualitäten haben können. Demnach besteht kein Anlaß, Personenwagen immer niedriger zu bauen.

141: Mitsubishi Super Space Wagon, 1979.
Bei Verzicht auf ausgeprägte Motorhaube, Stufenheck und niedrige Wagenhöhe lassen sich durchaus gefällige und geräumige Reiselimousinen ohne Lieferwagencharakter mit guten aerodynamischen Eigenschaften verwirklichen. Beispiele dafür sind die Großraum-Personenwagen Stout Scarab (USA, 1935), Fiat Multipla (I, 1956–60) und der japanische Mitsubishi Super Space Wagon (Prototyp) mit Platz für sieben Fahrgäste.

Aus England stammt die Vorliebe für Veteranenautos. Die unschuldige Liebhaberei einiger Begüterter entwickelte sich nach dem Krieg zu einer weltweiten kommerzialisierten Bewegung mit Clubs, Automuseen und Veranstaltungen. Noch vor zwei Jahrzehnten belächelte Veteranenfahrzeuge erzielen heute ein Vielfaches der damaligen Verkaufspreise. Die Sehnsucht nach der ‹guten alten Zeit› veranlaßte einige Kleinbetriebe, berühmte Automodelle nachzubauen oder eigenständige Schöpfungen mit moderner Technik, aber mit Karosserieformen im Stil der dreißiger und fünfziger Jahre anzubieten. Das Angebot reicht vom wohlfeilen Bugatti auf Volkswagen-Fahrwerk zum Selberbauen (Kit Car) bis hin zum 100 000 Dollar teuren Konglomerat aus Stil und Technik.

Mit Aufnahme der Massenproduktion des Automobils konnten breite Bevölkerungskreise von Fahrplänen unabhängig reisen, wie es in vergangenen Jahrhunderten nur einem privilegierten Kreis in Privatkaleschen möglich gewesen war. Das motorisierte Reisen entwickelte sich freilich nicht zum Autowandern, wie von Otto Julius Bierbaum 1902 beschrieben und von den Fremdenverkehrsämtern noch in den dreißiger Jahren propagiert, sondern zum Massenautotourismus. Auf einigen wenigen Verkehrsschienen sind sich die Ströme motorisierter Touristen selbst im Weg. Die geplante 1000-km-Tagesetappe zum Ferienort kann oft nur mit Hilfe der fahrplanmäßig verkehrenden Bahnen (Autoreisezüge) und Fährschiffe eingehalten werden. Die dominierende Rolle des Automobils im Tourismus zwang Bahn, Schiff und auch Flugzeug (Fly and Drive) zu Zubringerdiensten.

Die vermutlich begrenzten Rohölreserven stellen besonders den Rennsport in seiner heutigen Form in Frage. Zweifellos förderten Rennen den technischen Fortschritt des Gebrauchsautos, wenn auch unter hohem Kapitaleinsatz und hohem Unfallrisiko für die Rennfahrer. Ingenieure vollbrachten Spitzenleistungen auf dem Gebiet der Motoren- und Fahrwerkstechnik, der Reifenentwicklung und der Aerodynamik. Doch gerade der spektakuläre Formel-Rennsport hat sich zum wiederholten Male vom Gebrauchsauto entfernt. Heute kommt es nicht mehr auf Spitzengeschwindigkeiten und überhöhte Motorleistungen ohne Rücksicht auf Entwicklungskosten und Kraftstoffverbrauch an. Aufgabe der Sportverbände wäre die Schaffung neuer Formeln und Wagenklassen, um den auch weiterhin zu erwartenden technischen Fortschritt in eine für Alltagsautos sinnvolle Richtung zu lenken. Erinnert sei an die ersten Wettbewerbe in Europa (Frankreich 1894) und in den USA (Chicago 1895) sowie an die Herkomer-Fahrten für Tourenwagen 1905–1907. Bei ihnen handelte es sich um eine Bestandsaufnahme des erreichten technischen Niveaus, gewertet wurden neben Geschwindigkeit auch Sparsamkeit, Zuverlässigkeit, Bequemlichkeit, Handhabung und Sicherheit.

## Der Aufschwung der Autoindustrien in Japan und anderen Ländern

Nach dem Zweiten Weltkrieg sahen sich Europa und Nordamerika mit Industrieprodukten aus solchen Ländern konfrontiert, die seit jeher außerhalb der Traditionen der abendländischen Welt standen, gleichwohl aber deren Rationalismus in den Produktionsmethoden übernahmen. Innerhalb von nur 15 Jahren haben japanische Autohersteller den rund 80 Jahre dauernden Zustand der Statik in der Welt-Automobilwirtschaft beendet und Produzenten und Politiker in der westlichen Welt durch unerwartete Exporterfolge in Unruhe versetzt. Eine Beeinträchtigung der westeuropäischen und amerikanischen Autokonzerne in ihrer Rolle als Schlüsselindustrien für die Volkswirtschaften trifft den Nerv des Massenwohlstands. Damit unterscheidet sich die Automobilwirtschaft in ihrer Bedeutung von anderen Wirtschaftszweigen, die von den Japanern bereits in den Jahren davor vom Weltmarkt weitgehend vertrieben wurden (Uhren, Kameras, Taschenrechner, Motorräder).

Mit einer scheinbar zwangsläufig zum Erfolg führenden Exportstrategie, die technologieintensive Produkte wie Unterhaltungselektronik, Präzisionsinstrumente, Supertanker, Motorräder und Computer favorisiert und die sich meist über Drittweltmärkte an die Erzeugerländer herantastet, haben die Japaner inzwischen auch mit ihren Autos erstaunlich hohe Marktanteile bei den Neuzulassungen überall auf der Welt erobern können. In Ländern ohne eigene Fahrzeugindustrie erreichten sie Anteile von über 50 %, auf den offenen Märkten automobilbauender Länder, wie der Bundesrepublik Deutschland und den USA, über 10 und 22 % (1980).

So bedrohlich scheint einigen Regierungen der westlichen Welt die fernöstliche Autoflut zu sein, daß sie den Japanern Mißbrauch wirtschaftlicher Prinzipien, Störung der Harmonie der Weltwirtschaft, Monopolisierung des Welt-Autohandels und Zerschlagung der westlichen Autoindustrie vorwerfen. Das von den Japanern geschaffene Ungleichgewicht der Kräfte, so befürchten sie, könnte Folgen haben, die die gesamte Öffentlichkeit zu tragen hätte, z. B. in Form von Arbeitslosenunterstützung oder Steuergeldern für notleidende Autokonzerne.

Als Reaktion auf die unerwarteten Erfolge der japanischen Autohersteller ergriffen Mitgliedsländer des General Agreement on Tariffs and Trade (Allgemeines Zolltarifs- und Handelsabkommen, GATT) Schutzmaßnahmen, nachdem sie über ein Jahrzehnt vergeblich versucht hatten, die Ausfuhren des GATT-Mitglieds Japan durch Diskriminierungen zu unterdrücken. Italien begrenzte schon 1955, Japans Beitrittsjahr zum GATT, die Einfuhr von Personenwagen auf 2200 Einheiten jährlich. Die Stückzahlbegrenzung gilt noch heute. England erzwang 1978 eine ‹freiwillige› Begrenzung des Marktanteils japanischer Autos von 10 bis 11 %. Frankreich errichtete administrative Hindernisse, die den Marktanteil sogar auf 3 % begrenzten. Geholfen haben die Einfuhrschikanen nicht. In allen drei Ländern fiel die eigene Autoproduktion 1980 stärker zurück als auf dem offenen Markt der Bundesrepublik Deutschland.

Die Bemühungen europäischer und amerikanischer Stellen, Japan zu freiwilligen Ausfuhrbeschränkungen zu bewegen, muten grotesk an. Darauf hatten sich vor den Japanern weder Amerikaner noch Deutsche eingelassen, als ihre Exporterfolge vor rund 60 und 30 Jahren die Strukturen der übrigen Auto-Produktionsländer veränderten. In den zwanziger Jahren waren europäische Staaten dem Ansturm der alltagstauglicheren, nach rationellen Fertigungsmethoden hergestellten amerikanischen Personenwagen nicht gewachsen. Die Deutschen leiteten ihren Exportboom in den fünfziger Jahren mit qualitativ hochwertigen, preiswerten Mittelklassewagen ein. In den achtziger Jahren beweisen die Japaner, daß sich mit Hilfe weitgehend mechanisierter Fertigungsabläufe die Herstellungskosten verringern lassen – ein Beitrag zur Kostensenkung des Automobils, der nur zu begrüßen ist.

Um trotz der von einigen Ländern einseitig verhängten Importbeschränkungen für Autos weiterhin gute Geschäfte machen zu können, griffen die Japaner zu altbekannten Maßnahmen: Montagewerke, Teileexport und -produktion, Kooperationen und Lizenzabkommen. Schon heute montieren Toyota, Nissan und Mazda in Europa, Nissan und Honda werden ab 1983 in den USA produzieren. Für amerikanische Unternehmen in Japan hergestellte Personenwagen (Mazda für Ford) sind im Gespräch, nachdem Mazda bereits einen Pickup baut, der auf dem amerikanischen Markt als Ford Courier verkauft wird.

Bis in die fünfziger Jahre befanden sich die japanischen Autohersteller auf dem Niveau von Lizenznehmern. Lizenzgeber waren Engländer, vor dem Zweiten Weltkrieg Amerikaner. Um 1960 beendeten die Japaner die Ära des Nachahmens, erneuerten oder erweiterten ihre Produktionsanlagen und drückten Personenwagen eigener Konstruktion auf einen Binnenmarkt, dessen Straßennetz zugleich ausgebaut wurde. Die Produktionszahlen kletterten von 268 784 Einheiten im Jahr 1962, als die neuen Modelle zu greifen begannen, auf 2,058 Millionen 1968. Damit hatte Japan England, Frankreich und Italien hinter sich gelassen und nach den USA und der Bundesrepublik den dritten Platz in der Weltrangliste eingenommen.

Ab Mitte der sechziger Jahre begannen die japanischen Autohersteller mit dem Export. Sie überrundeten die Bundesrepublik in der Produktion 1971, im Export 1974. 1980 überholte Japan schließlich auch die Vereinigten Staaten und wurde damit zum größten Autoproduktionsland der Welt.

Erfolgreichstes japanisches Unternehmen ist die Toyota Motor Co, die 1980 mit 2,4 Mio produzierten Personenwagen zum drittgrößten Hersteller hinter General Motors und Ford aufstieg. Der ewige Zweite auf dem japanischen Markt, die Nissan Motors Co, überholte im gleichen Jahr mit über 2 Mio Datsun- und Nissan-Autos PSA/Peugeot. Mit Abstand folgen Toyo Kogyo mit dem Markennamen Mazda, Honda und Mitsubishi, immer noch mit bedeutend höheren Produktionszahlen als Daimler-Benz oder BMW. Nach den großen Fünf rangieren die Fuji Heavy Industries mit der Marke Subaru, Daihatsu, Isuzu und Suzuki auf den weiteren Rängen.

Japanische Autos sind nicht immer begehrenswerter oder fortschrittlicher als europäische. Technisch überholte Radaufhängungen und Federungssysteme, dürftige Reifen und unpräzise Lenkungen wirken sich bei einzelnen Modellen in unbefriedigenden Fahreigenschaften aus. Hinzu kommen weniger gute Raumausnützung, höheres Gewicht und schlechte Aerodynamik. Der Übergang vom barocken Styling nach US-Vorbild zu klaren, gefälligen Karosserielinien europäischer Prägung hat jedoch gezeigt, daß die Japaner innerhalb kurzer Zeit Autos für gehobene Ansprüche anbieten können. Schon heute sind sie auf einigen Teilgebieten führend (Dreizylinder-Viertaktmotoren, Mitsubishi-Dieselmotor, elektronische Zündanlagen). Pluspunkte aller japanischen Wagen sind Qualität, Zuverlässigkeit, Anspruchslosigkeit, Komplettausstattung und vor allem niedrigere Preise. Die geringen Herstellungskosten sind der Schlüssel zum Erfolg japanischer Produkte.

Gründe für die kostengünstige Herstellung liegen in einer staatlich geförderten Strukturpolitik, in einer bisher unterbewerteten japanischen Währung, in einem hohen Automatisierungsgrad, in ethnischen Besonderheiten und gegenüber westlichen Ländern andersartigen sozialen Bedingungen.

Mit Steuervergünstigungen erleichterte die japanische Regierung die Automatisierung der Fahrzeugherstellung. Mechanisierung und Automation liegen etwa auf europäischem Niveau, aber der Ausrüstungsgrad mit Industrierobotern ist bedeutend höher. Die japanischen Autohersteller sahen in dem verstärkten Einsatz von Industrierobotern eine Voraussetzung für kostengünstige Fertigung. In der japanischen Autoindustrie sollen zur Zeit etwa 3050 Roboter eingesetzt sein, in der deutschen rund 750. Eine neue Qualität der Fertigungstechnik war erreicht.

Ein Industrieroboter ist ein programmierbarer, computergesteuerter Handhabungsautomat, der, ähnlich dem menschlichen Arm mit seinen Gelenken, um mehrere Achsen frei beweglich ist. Er trägt einen Greifer oder Werkzeuge, die ausgewechselt werden können, wenn ihm die entsprechenden Befehle eingegeben werden. Industrieroboter ermöglichen eine flexiblere Produktion als die bisher üblichen Transferstraßen, ersetzen zur Zeit zwei bis sechs menschliche Arbeitskräfte und arbeiten exakter als diese. Gegenwärtig sind sie für schwere, eintönige und gesundheitsgefährdende Tätigkeiten, z. B. an Schweißstraßen, in Lackierereien oder in der Motorenfertigung, eingesetzt. Zukünftige Generationen sollen Montagearbeiten erledigen können, Sinnes- und sogar Lernorgane erhalten.

Lerneifer, Leistungsbereitschaft und Sinn für technische Zusammenhänge sind vom japanischen Arbeiter bekannt. Er ist diszipliniert, unterwirft sich den Gruppeninteressen und verfügt über eine sehr gute Ausbildung. Sie befähigt ihn zum beruflichen Aufstieg, wenn sein Arbeitsplatz von Industrierobotern eingenommen wird. Konflikte zwischen Arbeitgebern und Arbeitnehmern oder gar Maschinenstürmerei wegen des Einsatzes von Computern oder Robotern wird es in Japan daher vermutlich nicht geben. Einstimmigkeit zwischen Arbeiter und Vorgesetzten ist oberstes Gebot.

Nicht höhere Löhne und Gehälter, sondern die begehrten Anstellungen auf Lebenszeit bei den großen Firmen und der von ihnen vorgezeichnete Berufsweg sind ausschlaggebend für den Arbeitsfrieden. Demgemäß ist die Bereitschaft zu Streiks klein, auch wenn nur ein Teil der Arbeiterschaft zur Stammbesetzung zählt und gewerkschaftlich organisiert ist. Der andere Teil kann in Krisenzeiten sofort entlassen werden.

Wie die amerikanischen Autohersteller vor ihnen, erkannten auch die japanischen Produzenten die Kostenvorteile, die sich durch eine tief gestaffelte Zubehörindustrie ergeben. Mit 60 % (Toyota) bis 80 % (Honda) Fremdteilen sind die japanischen Autowerke eher als Montagewerke zu bezeichnen. Sie werden von je 200 bis 300 Vertragslieferanten beliefert, die sich wiederum auf Kleinunternehmen bis hin zum Wohnzimmerbetrieb stützen. Für Toyota sollen 25000 Firmen beschäftigt sein. Sie sind dem Preisdiktat der Großen ausgesetzt, dienen in wirtschaftlich schweren Zeiten als Konjunkturpuffer und ersparen den Autokonzernen obendrein noch Lagerkosten. Die Arbeiter in den kleinen Betrieben haben keinen Kündigungsschutz, kaum Urlaub

| Toyota | J | 51,3 |
|---|---|---|
| Nissan/Datsun | J | 34,2 |
| Renault | F | 13,7 |
| Volkswagen | D | 12,3 |
| Ford | USA | 12,0 |
| General Motors | USA | 9,6 |
| Fiat | I | 8,1 |
| BL Limited | GB | 5,4 |

Tabelle 10: Produktivität in Fahrzeugen pro Beschäftigten 1977 ohne Berücksichtigung der Beschäftigten in der Zulieferindustrie.

und verdienen etwa 40% (1975) weniger als ihre Kollegen in den großen Firmen bei teilweise 70 Arbeitsstunden pro Woche. Sie sind die Ausgebeuteten, auf deren Rücken die Autokonzerne wachsen und gedeihen.

Die japanischen Besonderheiten schlagen sich in einer hohen Produktivität bei geringen Herstellungskosten nieder. Nach einer Studie von Toyota (Tabelle 10) liefen 1977 bei Toyota pro Beschäftigten 51 Fahrzeuge im Jahr vom Band, bei Volkswagen nur 12. Der englische Staatskonzern BL Limited befindet sich nach der Studie auf dem Niveau von Ford/USA vor Einführung des Fließbandsystems (s. auch Tabelle 3).

Auf wirtschaftliche und aministrative Veränderungen reagieren japanische Autohersteller schnell. Ungestört von europäischer Konkurrenz macht Japan seit Jahren gute Geschäfte mit Pickups (Abb. 142) auf dem amerikanischen Markt (Volkswagen of America bietet erst seit 1980 einen Pickup an). An dem seit wenigen Jahren in Mode gekommenen Markt für Freizeit-Geländewagen beteiligten sie sich früher und mit niedrigeren Preisen als etwa deutsche Firmen. Weniger Schadstoffe im Abgas und verringerten Benzinverbrauch erreichen sie nicht nur mit Hilfsmitteln wie Katalysatoren und elektronischer Zündung, sondern auch mit geänderten Verbrennungsräumen und Getrieben mit Spargängen – ohne Aufpreis. Neuerdings bestimmen sie sogar Trends: Die große Fahrsicherheit versprechende Familienlimousine mit Vierradantrieb ist keine Errungenschaft von Audi (Quattro 1980) oder AMC (Eagle 1979), sondern von Subaru, die 1978 einen Pickup mit Vierradantrieb, kurz darauf Kombi und Limousine (Abb. 143) mit identischer Technik auf den Markt brachte.

Die japanischen Autohersteller sind in eine Konzernstruktur eingebettet, die sich in Krisenzeiten als lebensnotwendig erweisen könnte. Keine Firma beschränkt sich auf Personenwagen allein, sondern bietet Lieferwagen, Busse, Nutzfahrzeuge, Traktoren und Geräte für die Landwirtschaft oder Spezialfahrzeuge an. Mitsubishi, mit rund 8,5% Inland-Marktanteil bei den PKW-Zulassungen 1980 wahrlich kein Riese, mit 600000 produzierten Einheiten aber weit vor Daimler-Benz (429000) und BMW (340000, Zahlen ge-

142: Datsun Pickup, 1980.
Der Pickup ist eine in Deutschland nahezu unbekannte Fahrzeugart: ursprünglich Lieferwagen-, seit einigen Jahren auch PKW-Vorderwagen mit einer Sitzreihe und offener Ladefläche. Die nicht umklappbaren Seitenwände sind stilistisch integriert, Fahrkomfort und Ausstattung erreichen Personenwagen-Niveau. Die Nutzlast beträgt etwa 600 kg. Die Abbildung zeigt den King Cab von Datsun.

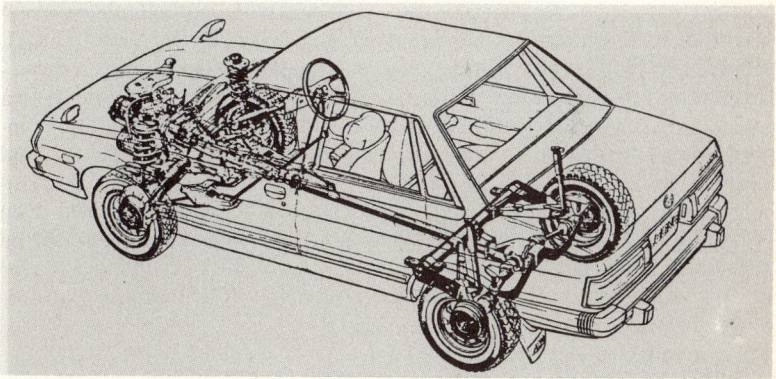

143: Subaru 4 WD, 1979.
Bis auf den englischen Jensen, ein luxuriöses Hochleistungscoupé aus den Jahren 1967–71, war Vierradantrieb bisher nur Gelände- oder Sonderfahrzeugen sowie Schleppern vorbehalten. Heute verspricht man sich auch bei Personenwagen bessere Traktion, ausgewogenes Fahrverhalten und kürzere Bremswege. Vornliegender Leichtmetall-Boxermotor (ähnlich Goliath 1957) mit Frontantrieb und zuschaltbarem Hinterradantrieb. 4 Zylinder, 1595 cm$^3$, 67 PS.

rundet), ist nur Ableger des Mitsubishi-Mischmultis. Er stellt neben Fahrzeugen aller Art auch Flugzeuge, Kameras und Unterhaltungs-Elektronik her und ist im Anlagenbau, in der Textil-, Chemie- und Nahrungsmittelindustrie sowie im Bergbau, im Schiffs- und Maschinenbau engagiert. Ähnlich, wenn auch weniger ausgeprägt, sind Toyota, Nissan/Datsun, Toyo Kogyo/Mazda, Honda und Fuji Heavy Industries/Subaru strukturiert.

In Europa sind nur Fiat und PSA/Peugeot auch in anderen Wirtschaftsbereichen außer der Automobilproduktion vertreten. Firmen wie Volkswagen, Ford, Renault, Daimler-Benz, BL Limited und Vauxhall bieten Personen-, Liefer- oder Lastwagen an, einige stützen sich fast ausnahmslos auf Personenwagen (Opel, BMW, Porsche). Es erscheint zweifelhaft, ob besonders die kleinen Firmen die nächsten zwei Jahrzehnte überleben können, wenn die Japaner ihre Vorteile ganz ausspielen und wenn die USA und Drittländer verstärkt auf die Weltmärkte vordringen.

Mit einer Reihe historisch bedingter, aber auch hausgemachter Wettbewerbsvorteile gelang es der japanischen Industrie, im Zeitraffertempo zur Oberklasse der Industrienationen vorzustoßen. Hinter den erstaunlichen Erfolgen der Autoindustrie verbirgt sich jedoch nicht nur planmäßige Generalstabsarbeit. Auch die Japaner machten Fehler. Die ersten Export-Versuche in die USA (Toyota 1957, Datsun 1959) und in die Bundesrepublik (Honda 1967) scheiterten kläglich, weil ihre Autos weder für die Highways noch für deutsche Autobahnen geeignet waren. Zu spät nahmen die Japaner die Diesel-Entwicklung für PKW auf. Davon profitierten die Dieselmodelle von Daimler-Benz und Volkswagen, vor allem auf dem nordamerikanischen Markt. In Krisenzeiten ließen die Japaner amerikanische Kapitalbeteiligungen zu. Ford/USA hält 25% des Aktienkapitals von Toyo Kogyo/Mazda, Chrysler ist mit 15% an Mitsubishi Motors beteiligt. General Motors besitzt 34,2% von Isuzu Motors und 51% von der Isuzu Finance Co. Die Unterkapitalisierung japanischer Autohersteller könnte zu Schwierigkeiten bei der nächsten größeren Absatzkrise führen.

Nur selten gelang japanischen Wissenschaftlern und Ingenieuren eine Grunderfindung. Respektvoll blicken sie auf Deutschland mit seinen Erfindern Otto, Benz, Maybach, Daimler, Diesel und Wankel. Die Fähigkeit der Japaner, vorhandene Technik zu perfektionieren, verdient dagegen unsere Bewunderung.

Wie wenig Grunderfindungen bei der Errichtung einer Autoindustrie erforderlich sind, beweist Südkorea, noch 1967 weißer Fleck auf der Karte der Weltautowirtschaft. Schon 1980 stellten die drei südkoreanischen Werke Hyundai, Kia und Saehan etwa gleichviele Personenwagen her wie die DDR. Motor und Fahrwerksteile des Hyundai stammen von Mitsubishi, Kia und Saehan bauen Mazda- und General Motors-Modelle in Lizenz. 1975 exportierte die Hyundai Motor Co ganze 35 Wagen, heute besitzt sie ein Zweigwerk in Holland. Südkorea könnte eines derjenigen Schwellenländer wer-

144: ZIM, 1954.
Der Sowjetunion gelang es bisher nicht, sich von der Rolle des Lizenznehmers im
Personenwagenbau zu lösen. Für den GAZ-Personenwagen ab 1932 diente der Ford A
als Vorbild, für die ZIS-, ZIL- und ZIM-Limousinen GM- und Packard-Modelle, für
den Moskvitch der Opel Kadett und für den Saporoshez der Fiat 600. Hier eine ZIM-
Luxuslimousine (1950–57) nach Buick-Vorbild.

den, die dereinst die heutige Bedeutung der japanischen Autoindustrie einnehmen werden, wenn dort die Herstellungskosten europäisches Niveau erreicht haben.

Lizenzabkommen fallen auch bei der Autoindustrie der Staatshandelslän-
der auf, obwohl die heutigen RGW-Länder auf eine lange Tradition im Automobilbau zurückblicken können. Die Zeit der von der Sowjetunion ursprünglich verfolgten Politik der Arbeitsteilung innerhalb des Comecon
scheint zumindest auf dem Autosektor der Vergangenheit anzugehören.
Heute bauen alle Comecon-Länder Personenwagen.

Mit Ausnahme der DDR und der ČSSR, deren Personenwagen technisch
veraltet sind, haben alle anderen Länder mit Hilfe von Fiat und Renault den
Anschluß an die westliche Produktions- und Automobiltechnik gefunden.
Das mit Fiat-Unterstützung erbaute Lada/Shiguli-Werk in Togliatti/UdSSR
produzierte 1980 730 000 Personenwagen (zum Vergleich: Opel 790 000, BL
Limited 388 600 Einheiten). Polen stieg mit seinen Polski-Fiat-Modellen zur
zweitgrößten Autonation des Comecon mit 357 000 PKW auf, die DDR vege-
tiert mit 165 000 Wartburg und Trabant (Abb. 145) auf dem Niveau des ehe-
maligen Reichsgebiets von 1934/35. Der Anteil der Comecon-Länder an der

145: Trabant 601, ab 1964.
Die VEB Automobilwerke Sachsenring begannen 1958 mit der Produktion des Kleinwagens Trabant nach DKW-Tradition: quergestellter Zweitaktmotor und Frontantrieb. Erwähnenswert ist die selbsttragende Stahlblechkarosserie mit Duroplast-Au-
ßenteilen. 2 Zylinder Zweitakt, 595 cm$^3$, 26 PS.

Weltproduktion 1980 betrug etwa 8 % gegenüber 36 % Westeuropa, 24 %
Japan und 22 % USA.

Unter den fünf großen Industrieregionen der Welt hat Lateinamerika einen Anteil von 5 % an der Personenwagenproduktion. Einer amerikanischen
Investorenwelle in den zwanziger und fünfziger Jahren folgten in den sechziger Jahren europäische, in den siebziger Jahren japanische Autohersteller.

## Ersatzkraftstoffe, Wankelmotor und
## alternative Antriebssysteme

Schon in der Anfangszeit des Verbrennungsmotors wurde versucht, Benzin
durch andere Kraftstoffe zu ersetzen. Beispiele hierfür sind die jahrzehnte-
langen Arbeiten von Rudolf Diesel und der MAN mit Gasöl, die zum Erfolg
führten (Dieselmotor). Ungelöst blieb das Problem des (Kohlen-)Staubmo-

tors, ebenfalls von Diesel 1893 und 1899 vorgeschlagen. Weiterführende Versuche mit Staubmotoren von Rudolf Pawlikowski (Rupa-Motor), der F. Schichau AG und der IG Farbenindustrie AG auf der Basis von Kohlenstaub und anderen organischen Abfallstoffen wie Holzmehl, Reishülsen und Torf wurden um 1940 eingestellt. Es gelang nicht, die Vermischung der harten Rest- oder Aschenteilchen mit dem Schmieröl zu verhindern. Vorübergehend zum Einsatz gelangten Stadtgas (Leuchtgas), Flaschengas (Propan/Butan-Gemisch) und Sauggas-Anlagen mit Holz oder Schwelkoks. Sie sollten in den dreißiger und vierziger Jahren von Mineralölbezügen aus dem Ausland unabhängig machen (Deutschland) oder zur Einsparung von Devisen beitragen (England, Frankreich, Skandinavien).

In den fünfziger Jahren, als kein Mangel an mineralischen Kraftstoffen vorlag, beschäftigte man sich mit alternativen Antriebssystemen für Straßenfahrzeuge. Bezeichnend für die Aufbruchstimmung jener Jahre war, daß weder Dampf- noch Elektromotoren weiterentwickelt wurden, für die genügend Erfahrungen vorlagen. Vielmehr experimentierten europäische (Rover, Fiat, Gregoire/SOCEMA, Renault) und amerikanische Firmen (Chrysler) seit etwa 1950 mit Gasturbinenantrieben (s. Anhang) für Personenwagen. Einige Versuchs- und Rekordwagen sind gebaut worden. Aussichtsreich erschien der Gasturbinenantrieb für Lastwagen. Kenworth und Ford in den USA, Leyland, Magirus, MAN und andere Hersteller in Europa hatten in

146: NSU-Wankel Spider, 1964.
Im September 1964 begann die Serienfertigung des vom NSU-Sportprinz abgeleiteten Spider mit Einläufer-Kreiskolbenmotor. Bis Produktionsende Mitte 1967 konnten nur 2375 Exemplare verkauft werden. Einläufer-Kreiskolbenmotor, 500 cm$^3$ Kammervolumen, 50 PS.

den sechziger Jahren Versuchsfahrzeuge laufen. Wegen zu hoher Herstellungskosten und Kraftstoffverbräuche sowie wegen der Einsatzbedingungen im Straßenverkehr kam die Gasturbine nicht über das Prototypen-Stadium hinaus. Das zur Zeit einzige serienmäßig hergestellte Landfahrzeug mit Gasturbinenantrieb ist der umstrittene XM-1 Kampfpanzer von der Chrysler Defense Inc.

Eine andere Alternative zum Hubkolbenmotor ist der von Felix Wankel (∗1902) entwickelte Kreiskolbenmotor (s. Anhang). Er gehört zur großen Familie der Rotationskolbenmaschinen, die bereits seit dem 16. Jahrhundert bekannt sind und zum Teil als Pumpen, Gebläse und Verdichter verwendet werden. Nur wenige Rotationskolbenmaschinen sind als Kraftmaschinen geeignet, was von Erfindern und Autofirmen immer wieder übersehen wurde. Es ist Wankels Verdienst, eine Einteilung der Rotationskolbenmaschinen durchgeführt und aus der Fülle der möglichen Bauweisen geeignete Kraftmaschinen entwickelt und die Abdichtungsfrage gelöst zu haben.

Die 1951 aufgenommene Zusammenarbeit mit NSU führte zunächst zu einem Ladegebläse für ein Weltrekordmotorrad und 1957 zum ersten kleinen, stationären Versuchsmotor. 1964 erschien mit dem NSU-Wankel Spider (Abb. 146) das erste Serienauto der Welt mit Wankel-Kreiskolbenmotor.

1961 erwarb Toyo Kogyo/Mazda Wankel-Lizenzen und brachte 1967 den Sportwagen Mazda Cosmo mit Zweiläufer-Wankelmotor heraus. Im selben Jahr begann bei NSU die Serienfertigung der Limousine Ro 80 (Abb. 147), die außer einem unter Entwicklungsleiter Hans Georg Wenderoth herangereiften Zweiläufer-Kreiskolbenmotor ausgezeichnete aerodynamische Qualitäten und einen hohen Grad an aktiver und passiver Sicherheit bot. Als dritte Firma nahm Citroën 1974 mit dem Modell Birotor die Herstellung von Wankel-Autos auf. Der Zweiläufer-Kreiskolbenmotor stammte aus dem gemeinsam von Citroën und NSU errichteten Comotor-Werk bei Saarlouis.

Bis etwa 1973 beschäftigten sich rund 30 Lizenznehmer und Motorenhersteller in aller Welt mit der Entwicklung oder der Produktion von Wankel-Kreiskolbenmotoren. Fichtel & Sachs lieferte Einbaumotoren für Schneemobile, Stromaggregate und andere Geräte. Klöckner-Humboldt-Deutz, Daimler-Benz, MAN und Krupp experimentierten gemeinsam an Wankel-Dieselmotoren für Lastwagen, desgleichen Rolls-Royce. Curtiss-Wright in USA entwickelte einen Sechsläufer-Kreiskolbenmotor, die japanische Yanmar Diesel Co bot ab 1970 Außenbordmotoren an. Die Hercules-Werke in Nürnberg bauten 1970 das erste serienmäßige Motorrad mit Wankelmotor.

Ab Mitte der siebziger Jahre wurden in der westlichen Welt überraschend die Kreiskolben-Produktionsstätten stillgelegt und die meisten Entwicklungsprojekte eingestellt. General Motors verschob das für 1975 vorgesehene Debut eines Wankel-Chevrolet auf unbestimmte Zeit. Peugeot beendete die Herstellung des Birotors nach Übernahme von Citroën 1975. Das Volkswagenwerk als Muttergesellschaft von Audi/NSU nahm den Ro 80 1977 vom

147: NSU Ro 80, 1967.
«Ohne Rücksicht auf falschverstandenes Traditionsbewußtsein», schrieben die VDI-Nachrichten 1967, entstand hier ein Wagen «allein mit der Zielsetzung, die Möglichkeiten des modernen Automobilbaus optimal zu nutzen». Der Ro 80 ist noch heute beispielhaft in Fahreigenschaften, Aerodynamik und Karosserieform (Entwurf Claus Luthe). Zweiläufer-Kreiskolbenmotor, 500 cm$^3$ Kammervolumen, 115 PS.


Band. Hercules, Suzuki und Norton als Hersteller wankelgetriebener Motorräder beschränkten sich wieder auf Hubkolbenmotoren.

Nur Mazda baute weiterhin Autos mit Wankelmotoren, bot daneben aber auch Benzin- und Dieselhubkolbenmotoren an. Dem Cosmo-Sportwagen folgten bis Ende 1978 zwölf verschiedene Modelle mit Kreiskolbenmotoren, darunter Limousinen, Pickups und Busse. 1978 wurde der einmillionste Mazda mit Kreiskolbenmotor ausgeliefert (zum Vergleich: 37300 gebaute Ro 80). Der seit März 1978 hergestellte Mazda-Sportwagen RX 7 (Abb. 148) mit Zweiläufer-Kreiskolbenmotor war auf allen Märkten der Welt erfolgreich. Er verwies den Porsche 924, einen unmittelbaren Konkurrenten, aber auch die Wettbewerber von Fiat, MG, Triumph und Datsun auf die Plätze. Zur Zeit werden jährlich über 100 000 RX 7 gebaut, mehr als von jedem anderen Sportwagen.

Neben dem RX 7 produzieren zur Zeit Mazda und Lada Limousinen mit Wankelmotoren. Beide Fahrzeuge sind in Deutschland oder außerhalb der Sowjetunion nicht erhältlich. Mit einer neu konstruierten Kreiskolben-Limousine will zumindest Mazda in absehbarer Zeit in die Weltmärkte eindringen.

Im Vergleich zum Hubkolbenmotor weist der Kreiskolbenmotor wegen des fehlenden Kurbeltriebs einen um etwa 10 % günstigeren mechanischen Wirkungsgrad bei gleichem thermischen Wirkungsgrad auf. Weitere Vorteile des Kreiskolbenmotors sind Kraftstoffunempfindlichkeit, kleinere Abmessungen, weniger Teile, geringeres Gewicht und vibrationsarmer Lauf. Auch die Herstellungskosten sind niedriger als die für Hubkolbenmotoren. Die früher aufgetretenen Verschleißerscheinungen an den Dichtleisten und eine damit verbundene kürzere Motor-Lebensdauer sind behoben, die Kraftstoffkosten – Wankelmotoren begnügen sich mit Normalbenzin – entsprechen etwa denen von vergleichbaren Benzin-Hubkolbenmotoren. Das Abgasproblem ist bisher weder beim Hubkolbenmotor noch beim Kreiskolbenmotor zufriedenstellend gelöst worden. An Schichtladeverfahren für beide Motorenbauarten wird gearbeitet, um die von der US-Regierung vorgesehenen Grenzwerte ohne Hilfsaggregate einhalten zu können.

148: Mazda RX 7, 1980.
Kenichi Yamamoto, Generaldirektor für Forschung und Entwicklung bei Mazda, neben dem seit 1978 produzierten RX 7 Sportcoupé. Es ist das zur Zeit einzige Auto mit Wankelmotor, das auf den Märkten der Welt angeboten wird. Zweiläufer-Kreiskolbenmotor, 573 cm$^3$ Kammervolumen, 105 PS.

194

Das seit Mitte der siebziger Jahre einsetzende Desinteresse am Wankelmotor in den USA und in Westeuropa hat wirtschaftliche, nicht technische
Gründe. Die Erdölverknappung und -verteuerung zwang besonders amerikanische Hersteller zur Entwicklung sparsamer Personenwagen. Für Investi-
tionen in der Größenordnung von mehreren hundert Millionen Mark, die
zusätzlich für die Produktion einer neuen Motorenbauart erforderlich gewesen wären, war kein Spielraum mehr vorhanden. Wenn der Umstellungspro-
zeß auf wirtschaftliche Autos beendet ist, kann durchaus mit einer neuerlichen Produktionsaufnahme von Kreiskolbenmotoren in Europa und in den
USA gerechnet werden.

Unter dem Eindruck der Energiekrise wurde wiederholt untersucht, ob
die um die Jahrhundertwende zugunsten des Benzinmotors getroffene Ent-
scheidung aus heutiger Sicht noch richtig ist. Bisher vernachlässigte mögliche
Antriebssysteme sind deshalb wieder in den Mittelpunkt der Forschung ge-
rückt, obwohl der Straßenverkehr gerade 16% (USA: 33%, 1979) des Ge-
samtenergieverbrauchs der Bundesrepublik benötigt und die Substitution
von Erdöl beim Auto als ortsungebundenem Objekt besonders schwierig ist.

Bereits in den fünfziger Jahren hatte Gyrobus-Oerlikon jahrelange Versuchsfahrten mit schwungkraftgetriebenen Bussen durchgeführt. Bei dieser
Antriebsform wurde die kinetische Energie eines herkömmlich gelagerten
Stahlschwungrades zum Fahrzeugantrieb genutzt. Spätestens nach 6 km
mußte das Schwungrad mit Hilfe eines Elektromotors, der mit Strom über
Lademasten versorgt wurde, erneut in Drehung versetzt werden. Vorteile
waren abgasfreier und geräuschloser Betrieb sowie Verzicht auf Oberleitun-
gen, doch Herstellungs- und Betriebskosten erwiesen sich als zu hoch. Gyrobus-Oerlikon lieferte Busse mit Schwungkraftantrieb an die Städte Yverdon
und Leopoldville/Kongo sowie nach Belgien. Heute versuchen amerikanische Firmen die Wirtschaftlichkeit der Schwungkraftantriebe mit Hilfe luft-
gelagerter, glasfaserverstärkter Kunststoff-Schwungräder zu erhöhen.

Wie vor 80 bis 100 Jahren hemmen noch heute hohes Gewicht, ungenügen-
de Speicherkapazität und hoher Preis der nach etwa 40 000 Kilometern aus-
zuwechselnden Batterien die Einführung des Elektroautos. Obwohl Sonder-
fahrzeuge und Busse auch im Hinblick auf Umweltfreundlichkeit im Nahver-
kehr zufriedenstellende Versuchsergebnisse erbrachten, ist eine weitere Verbreitung von Elektrofahrzeugen ohne entscheidenden Durchbruch in der
Batterie-Entwicklung nicht vorstellbar.

Dampfmotoren für Straßenfahrzeuge stehen nicht mehr zur Diskussion,
weil sie zu unwirtschaftlich arbeiten. Der Heißluftmotor (s. Anhang) ist noch
nicht autotauglich. Gasturbinen werden wieder auf ihre Eignung als Fahrzeugantrieb untersucht. Verbundsysteme, z. B. benzin-elektrische, diesel-
elektrische oder schwungkraft-elektrische Antriebe, befinden sich ebenfalls
im Versuch.

Eine günstige Alternative zum Benzin- oder Dieselmotor, so hat sich herausgestellt, gibt es zur Zeit nicht. Doch läßt sich die Abhängigkeit vom Erdöl auch durch zusätzliche Kraftstoffe oder Verbundsysteme abbauen.

Hierher gehören Beimischungen aus Methanol (Methylalkohol), herstellbar aus Kohle, Holz oder Erdgas, sowie Äthanol (Äthylalkohol) aus Zuckerrohr und Feldfrüchten. Der Vorteil besteht in einem günstigen Abgasverhalten bei problemloser Umstellung heutiger Motoren. Die spezifischen Verbräuche sind allerdings höher. Die Auswirkungen auf die Welt-Ernährungslage müßten noch untersucht werden, wenn größere Mengen Mais, Zuckerrohr und Zuckerrüben für den Verkehr zweckentfremdet werden. Methanol-Antriebe werden seit Jahren erprobt, äthanol-getriebene Volkswagen und Fiat laufen bereits in größeren Stückzahlen in Brasilien.

Auch mit Flüssiggasen läßt sich Benzin strecken. Der schon aus Kriegszeiten bekannte Kraftstoff aus Propan-Butan-Gemischen ist umweltfreundlich, die Umrüstung gewöhnlicher Vergasermotoren einfach. Zur Zeit dürften etwa eine Million Fahrzeuge, meist Taxis, in Japan, Holland, Belgien, Italien, USA und Frankreich mit Flüssiggas fahren. Einer weiteren Verbreitung in der Bundesrepublik stand bisher ein zu dünnes Flüssiggas-Tankstellennetz im Wege.

Größere Chancen als den Alkohol- und Flüssiggas-Motoren wird auf längere Sicht dem Wasserstoff-Antrieb eingeräumt. Wasserstoff wird aus dem nahezu überall verfügbaren Wasser gewonnen. Herkömmliche Hubkolben- und Kreiskolbenmotoren lassen sich ohne weiteres umrüsten, die Abgase sind ungiftig. Die technischen Probleme – Gewinnung, Speicherung und Umsetzung der im Wasserstoff enthaltenen Energie – scheinen in absehbarer Zeit lösbar. Da Wasserstoff von Benzin und Dieselkraftstoff unabhängig macht, werden bei breiter Einführung der neuen Technologie die Interessen von ‹Big Oil› berührt. Wirtschaftliche und politische Umwälzungen sind kaum auszuschließen.

Die Energiekrise 1973/74 hat die Abhängigkeit der Industrieländer von Mineralölprodukten und die Endlichkeit der Mineralölvorkommen schlagartig beleuchtet. Die durchschnittlichen Verbräuche herkömmlicher Verbrennungsmotoren konnten seitdem zwar etwas gesenkt werden, eine nahezu totale Abhängigkeit der motorisierten Straßenfahrzeuge vom Öl besteht jedoch nach wie vor.

# 100 Jahre Motorisierung des Straßenverkehrs – Rückblick und Ausblick

Am 3. Juli 1886 probierte Karl Benz seinen ‹Patent-Motorwagen› auf der Ringstraße in Mannheim aus. Erstmals legte ein Automobil mit Hilfe des zehn Jahre zuvor entwickelten Viertaktmotors nach Nikolaus August Otto eine Wegstrecke mit eigener Kraft zurück.

Wohl kaum eine andere Erfindung hat größeren Einfluß auf die menschliche Geschichte ausgeübt als der Ottomotor und seine Anwendung im Auto. Das Kraftfahrzeug ist in den Industrienationen zu einem entscheidenden Wirtschaftsfaktor herangewachsen. Die Autoindustrie erbringt für sich genommen bereits eine beträchtliche Wertschöpfung. Hinzu kommt der Anteil einer Reihe von Zulieferindustrien, wie für Mineralöl-, Stahl-, Glas- und Kunststoffprodukte. Weitere wirtschaftliche Einflüsse gehen vom Straßenbau und vom Reparaturgewerbe aus. Den Anteil am Bruttosozialprodukt, der durch das Auto und dessen Umfeld erreicht wird, schätzt man für die USA auf etwa 20 %. In der Bundesrepublik ist fast jeder siebte Arbeitsplatz direkt oder indirekt vom Automobil abhängig.

Für die Landwirtschaft hat die Motorisierung eine besondere Bedeutung. Ohne den leichten Hubkolbenmotor in landwirtschaftlichen Fahrzeugen und Geräten ist es wohl kaum möglich, die zunehmende Weltbevölkerung zu ernähren.

Dem einzelnen hat das Auto eine Bewegungsfreiheit beschert, die noch vor 100 Jahren ins Reich der Fabel verwiesen worden wäre. Das Auto hat unsere Lebensführung in Beruf und Freizeit verändert, die Wahl des Arbeitsplatzes und der Hobbies kann unabhängig von Entfernungen getroffen werden. Nach dem Zweiten Weltkrieg bestimmte die Massenmotorisierung die Entwicklung der Verkehrsstruktur. Der Individualverkehr in der Bundesrepublik erreicht inzwischen einen Anteil von rund 80 % an der gesamten Verkehrsleistung. In den USA mit dürftig entwickelten öffentlichen Verkehrsträgern ist das Auto zum unentbehrlichen Transportmittel geworden.

Dem gesellschaftlichen Nutzen stehen freilich auch unerwünschte Nebenwirkungen gegenüber. Jeder dritte Bundesbürger fühlt sich durch den Straßenverkehrslärm belästigt. Abgase und Erschütterungen zerstören jahrhundertealte, kulturgeschichtlich wertvolle Bausubstanz in unseren Städten. Die Einflüsse von Abgasen und Reifenabrieb beeinträchtigen die Gesundheit der Bevölkerung. Die Todes- und Unfallrate ist hoch. In der Bundesrepublik starben 1980, dem seit 1959 ‹günstigsten› Jahr in der Unfallstatistik, fast 12 900 Menschen, das sind 36 Verkehrstote pro Tag. Verletzt wurden täglich 1404 Menschen.

Bei der kaum noch vorstellbaren Zahl von 360 Millionen Fahrzeugen, die derzeit auf der Erde unterwegs sind, erfordert die Vermeidung oder Einschränkung der vom Auto verursachten Folgebelastungen eine globale Strategie. Gesetzgeberische Einzelmaßnahmen nationaler Regierungen genügen nicht mehr. Noch immer fehlen die schon in den fünfziger Jahren geforderten interdisziplinären Kader, die Wissen über Ingenieurtechnik, Verhaltensforschung, Unfallmedizin, Ökologie, Traffic Engineering und andere Spezialgebiete aus dem Umfeld des Autos vermitteln. Ihr Mitspracherecht in Politik und Wirtschaft könnte die Flut der Verordnungen und Gesetze eindämmen und koordinieren, ohne die sich die Autoindustrie erfahrungsgemäß zu Änderungen an ihren Fahrzeugen nicht veranlaßt sieht. Aufgabe der Kader der neuen Disziplin wäre es, die Folgen und Nebenwirkungen einer von der Industrie vorgenommenen technischen Maßnahme im Hinblick auf das soziale und kulturelle Umfeld zu untersuchen. Ein technisches Gebilde ausschließlich unter dem Gesichtspunkt des Nutzen-Kosten-Verhältnisses zu betrachten, reicht nicht mehr aus. Die Korrektur negativer Begleiterscheinungen, von denen immer mehr Menschen betroffen sind, erfordert einen größeren Aufwand als vorbeugende Maßnahmen.

Die Entwicklung des Autos vollzog sich in drei Etappen. In der ersten, die etwa bis zum Ersten Weltkrieg dauerte, mühten sich Autodidakten und Mechaniker mit den Tücken eines neuen technischen Produkts. Eine Vielzahl von Einzelpersonen und Firmen befaßte sich mit der Herstellung von Automobilen. In diese Zeit fallen fast alle Erfindungen, die für das Auto bedeutsam wurden: Mehrzylindermotoren, Anlasser, Luftreifen, unabhängig aufgehängte Räder, Ganzstahlkarosserie, Dieselmotor. In der zweiten Phase hatten die Ingenieure die Technik des Autos im Griff. Motor, Fahrwerk und Einzelaggregate unterlagen einer fortwährenden Leistungssteigerung. Das Auto verlor an technischer Bedeutung und gewann an wirtschaftlichem Gewicht. Eine große Motorisierungswelle erfaßte zunächst Nordamerika, dann Europa und Japan. Die dritte Phase hat gerade erst begonnen. Eine jährliche Welt-Produktion von rund 30 Mio Personenwagen, die Erkenntnis über endliche Rohstoffvorkommen und zunehmende Umweltbelastung zwingen zu einer Konzeptänderung des Autos. Zielvorgaben sind nicht mehr Steigerung der Motorleistung und der Höchstgeschwindigkeit, sondern Verbrauchssenkung, Schadstoff- und Geräuschverminderung, Sicherheit, sparsamer Rohstoff- und Energieeinsatz sowie Recycling-Möglichkeit. Mit Hilfe verfeinerter Techniken sollte es möglich sein, die bedrohlichen Folgeerscheinungen der Massenmotorisierung zu mildern und das Automobil zu einem nützlichen Werkzeug des Menschen weiterzuentwickeln.

# Studien im Deutschen Museum

Die Abteilung Landverkehr befindct sich im Südteil des Museumsgebäudes und ist von der Eingangshalle auf einem längeren Weg durch die Abteilungen Schiffahrt und Luftfahrt oder Elektrische Energietechnik, Wasserbau und Straßen- und Brückenbau zu erreichen (s. Lageplan A).

Die Ausstellung umfaßt folgende Bereiche:
  Die Entwicklung des Rades
  Kutschen und Schlitten
  Fahrräder und Motorräder
  Eisenbahnen und Bergbahnen
  Personenkraftwagen mit Teileentwicklung
  Sport- und Rennwagen
  Lastwagen und Omnibusse
  Kraftmaschinen

Im Zusammenhang mit dem Thema dieses Bandes sind vor allem die vier letztgenannten Bereiche von Interesse. Sie befinden sich (ausgenommen die Kraftmaschinen) im Untergeschoß (s. Lageplan B), das über eine Rolltreppe von der Halle Landverkehr (Eisenbahnhalle) erreicht werden kann.

Da die Abteilung Landverkehr derzeit umgebaut und neu gestaltet wird, kann kein Gang durch die Ausstellung beschrieben werden. Um dennoch einen Eindruck von der Vielfalt der Exponate zu geben, folgen hier die wichtigsten Ausstellungsgegenstände:

Windkraftwagen (s. Abb. 1).
Windkraft- oder Segelwagen (Modell) um 1600 von Simon Stevin für den Prinzen Moritz von Nassau-Oranien. Mit 30 Personen an Bord soll er an der holländischen Küste bei starkem Wind Geschwindigkeiten zwischen 30 und 40 km/h erreicht haben.

Lageplan A

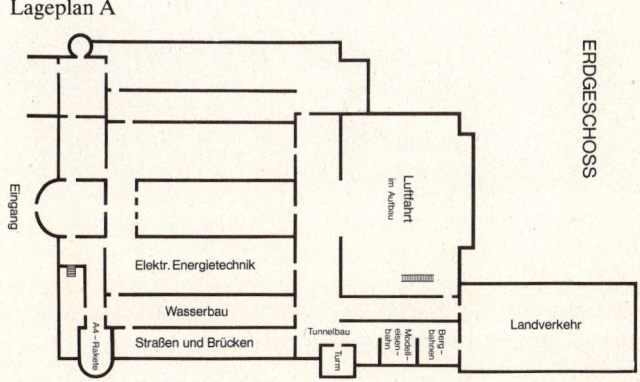

199

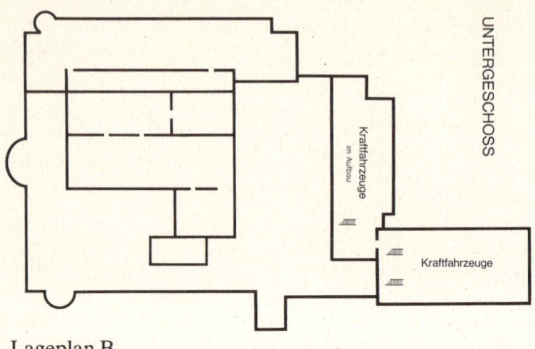

Kraftfahrzeuge
im Aufbau

Kraftfahrzeuge

Lageplan B

Muskelkraftwagen (s. Abb. 2).
Vierrädriger Muskelkraftwagen (Original) 1765, von Jackman in London für die kur-
fürstliche Wagenburg in München erbaut und im Schloßpark Nymphenburg zu Spa-
zierfahrten benutzt.

149: Pferd und Wagen.
Fünfspänniger Wagen (Original) der Schweizer Alpenpost (1889), achtsitziger Coupé-
Landauer: 2-sitziges Coupé (unter Kutschbock), 4-sitziges Innenabteil mit aufklapp-
barem Verdeck (Landauer) und 2-sitzige Banquette hinten. Gewicht 1450 kg (zum
Vergleich: VW Polo 700 kg).

200

Rad (s. Abb. 3).
Nachbildung des ältesten, aus Abbildungen bekannten Rades, um 3500 v. Chr.

Berline mit Langbaum und C-Federn, 1830 (s. Abb. 11).
Vorder- und Hinterachse sind miteinander durch einen Langbaum verbunden. Die
Federung des Wagenkastens übernehmen C-Federn aus Stahl mit Lederriemen, Stoß-
riemen begrenzen die Schwingungen des Wagenkastens.

Coupé mit Voll-Elliptikfedern, um 1890 (s. Abb. 14).
Selbsttragender Wagenaufbau durch Aufhängung der Federn und Achsen am Wagenkasten (kein Langbaum).

150: Doppeltwirkende
Dampfmaschine von
Watt, 1788 (Nachbil-
dung).
Die Dampfmaschine
diente bis 1858 zum An-
trieb von Werkzeugma-
schinen. Beachtenswert:
☐ Parallelogramm zur
Geradführung der Kol-
benstange;
☐ Schwungkugel-Regu-
lator mit Drosselklappe;
☐ Kondensator mit Kalt-
wasser-Einspritzung;
☐ Planetengetriebe zur
Erzeugung einer Drehbe-
wegung.

152 (Seite 202, unten): Dampfwagen von Serpollet, 1891 (Original).
Technische Daten: 2-Zylinder-Hochdruck-Dampfmaschine; Leistung etwa 4 PS;
Koksfeuerung; Zweigang-Zahnrad-Wechselgetriebe; Antrieb der Hinterräder über
Ausgleichgetriebe und Ketten; Klotzbremse; Höchstgeschwindigkeit etwa 25 km/h.

151: Dampfwagen von Cugnot, 1771 (Modell).
Technische Daten: 2-Zylinder-Hochdruck-Dampfmaschine; Kolben-Durchmesser 30,5 cm; Kessel-Durchmesser 134 cm; Länge über alles 732 cm; Höhe 220 cm; Vorder-rad-Durchmesser 128 cm; Tragfähigkeit oder Zugkraft: 4000–5000 kg; Geschwindig-keit 3,5–3,9 km/h; Marschdauer 12–15 min.

153: Gasmotor Lizenz Lenoir, 1861 (Original).
Der von Koch & Co., Leipzig, nach Lizenzen von Lenoir hergestellte Gasmotor leistete 1 PS bei 80/min. Gasverbrauch 3 m³/PSh, Wirkungsgrad = 4,2 %.

154 (Seite 204, oben): Atmosphärische Gasmaschine von Otto, 1867.
Das unten am Fuß der säulenförmigen Maschine über einen Schieber einströmende
Gas-Luft-Gemisch wird durch eine Flamme entzündet, wodurch der Kolben nach oben
geschleudert wird (daher auch Flugkolbenmaschine). In den unter dem Kolben nach der
Verbrennung entstehenden Unterdruck schiebt der in der Umgebung herrschende atmosphärische Luftdruck den Kolben zurück, wobei dieser über eine gezahnte Kolbenstange und ein oben auf der Säule angeordnetes Steuerwerk das Schwungrad antreibt.
    Die atmosphärische Gasmaschine von Otto erhielt auf der Weltausstellung in Paris
1867 die höchste Auszeichnung, weil sie nur halb soviel Gas verbrauchte wie die anderen ausgestellten Maschinen.
    Leistung 0,75 PS bei 80–100/min, Gasverbrauch 1 m³/PSh, Wirkungsgrad = 12,6 %.
Die Maschine kann vorgeführt werden.

155 (Seite 204, unten): Erster Versuchs-Viertaktmotor von Otto, 1876 (Nachbildung).
Der noch etwas behelfsmäßig anmutende Versuchsmotor ist der Vorläufer für alle
Viertakt-Motoren geworden.
    Leistung 3 PS bei 180/min, Gasverbrauch 0,95 m³/PSh.

Viertakt-Motor von Otto, 1876/77 (s. Abb. 24).
Der von Wilhelm Maybach etwas veränderte Viertaktmotor gehört zu der ersten der
von der Gasmotoren-Fabrik Deutz in Köln-Deutz gebauten Serie. Der Motor kann
vorgeführt werden. Leistung 4 PS bei 180/min.

Daimler/Maybach-Motorrad von 1885 (Nachbau, s. Abb. 26).
Mit Holzrahmen, unter dem Sitz angeordnetem Motor, Riemenspannrolle und Stütz-
rädern.

Benz-Motorwagen, 1885/86 (Original, s. Abb. 29).
Karl Benz stiftete diesen Motorwagen, das erste fahrtüchtige Automobil mit Verbrennungsmotor, dem Deutschen Museum im Jahr 1906.

Maybach/Daimler-Stahlradwagen, 1889 (s. Abb. 30).
Nachbildung des 2. Stahlradwagens mit dem kleineren Motor. V2 Zylinder, 565 cm³,
1,65 PS.

156: Benz Vis-à-Vis, 1893.
Schwestertyp des Benz Viktoria mit einander gegenübersitzenden (vis-à-vis) Fahrgä-
sten. 1 Zylinder, 1700 cm³, 3 PS.

158 (Seite 206, unten): De Dion-Bouton Einbaumotor, ca. 1896.
Die ein- und zweizylindrigen Einbaumotoren von de Dion-Bouton mit Luft- oder Wasserkühlung fanden um die Jahrhundertwende weite Verbreitung in Europa. 1 Zylinder, 240 cm³, 1,75 PS.

157: Daimler-Riemenwagen, 1895.
Keinen Fortschritt gegenüber den Vorgängermodellen stellt der Riemenwagen (1892–1897) dar. Spritzdüsenvergaser, Glührohrzündung, Riemengetriebe. 2 Zylinder, 784 cm³, 2–3 PS.

De-Dion-Bouton-Motordreirad, 1898 (s. Abb. 36).
Einen wesentlichen Anteil an der Motorisierung Frankreichs und Deutschlands hatten
die Tricycles von de Dion-Bouton. 1 Zylinder, 240 cm$^3$, 1,75 PS.

Léon Bollée Voiturette, 1896 (s. Abb. 37).
Erster Motorwagen mit serienmäßiger Luftbereifung. Liegender Motor mit Glührohrzündung und Maybach-Spritzdüsenvergaser. 1 Zylinder, 922 cm$^3$, 3 PS.

159: Renault Voiturette, 1898 (Modell).
Louis Renaults erster Wagen hatte bereits Kardanwelle und ein gekapseltes Dreigang-
Getriebe mit direktem und Rückwärtsgang. Der Motor stammte von de Dion-Bouton.
1 Zylinder, 273 cm$^3$, 1,75 PS.

Opel Lutzmann, 1899 (s. Abb. 38).
Die von Friedrich Lutzmann nach Vorbild des Benz Viktoria gebauten Lutzmann-
Patent-Motorwagen von 1893–97 wurden ab 1898 von Opel in Lizenz gebaut. Im ersten
Jahr konnten 11 Exemplare verkauft werden. 1 Zylinder, 1500 cm$^3$, 4 PS.

160: Akroyd-Motor, 1905.
Viertakt-Glühkopfmotor, Konstruktion Herbert Akroyd Stuart 1890, London. Der Kraftstoff (Öl, Petroleum o. ä.) wird über das Einspritzventil in den Glühkopf eingespritzt und verdampft dort. Die Zündung tritt ein, wenn der Kolben einen Teil der auf ca. 3 bar verdichteten Luft durch den engen Hals zwischen Arbeitszylinder und Glühkopf geschoben hat (ungesteuerte Zündung).

«Erster Dieselmotor», 1897 (s. Abb. 91).
Ortsfester Viertakt-Dieselmotor mit Kreuzkopf. Der Behälter neben dem Ständer speicherte außer Druckluft zum Anlassen auch die Einblaseluft, die den Kraftstoff (Petroleum) mit etwa 40 bar über einen «Zerstäuber» in den Zylinder preßte. 1 Zylinder, $19635\ cm^3$, 18 PS bei 154/min.

Mobile Dampfwagen, 1900 (s. Abb. 48).
Leichter Dampfwagen nach Stanley-Patenten. Zweizylindermaschine mit 5 PS, $^v$ max = 40 km/h.

Polymobil Lizenz Oldsmobile, 1904 (s. Abb. 49).
Deutscher Lizenzbau des amerikanischen Oldsmobile Curved Dash. 1 Zylinder, 1550 $cm^3$, 4,5 PS.

Ford T, 1922 (s. Abb. 50).
Bis 1972 mit mehr als 15 Millionen Exemplaren meist produziertes Fahrzeug der Welt.
4 Zylinder, 2898 cm$^3$, 20 PS.

Knight-Schiebermotor von Mercedes, 1909–1913 (s. Abb. 51).
Nach Lizenzen von C. Y. Knight von der Daimler-Motoren-Gesellschaft hergestellter
Schiebermotor. 4 Zylinder, 4100 cm$^3$, 40 PS.

161: Cyklonette, 1904.
Die Cyklonette der Cyklon-Werke in Berlin war neben dem Phänomobil das einzige in
nennenswerten Stückzahlen hergestellte deutsche Cyclecar. Sie wurden von 1903 bis
1922 gebaut. 1 Zylinder, 450 cm$^3$, 3,5 PS.

Daimler-Lastwagen, 1896 (Modell, s. Abb. 61).
Der stark an Pferdefuhrwerke erinnernde Daimler-Lastwagen hatte bereits Schrau-
benfedern hinten und ein Lenkrad statt Lenkstange. Die Drehschemellenkung dagegen mutet reichlich primitiv an.

Opel 4/12 PS Laubfrosch, 1924 (s. Abb. 76).
Der Kühler mit dem Opel-Emblem und die noch rechts angeordnete Lenkung sind die
hauptsächlichen Unterscheidungsmerkmale zum Citroën 5 CV von 1922.

162: Mercedes 1,5 l Kompressor, 1922.
Der Roots-Kompressor steht senkrecht vor dem Motorblock und wird beim Niedertreten des Gaspedals eingeschaltet. Der Motor leistet dann statt 25 PS 40 PS.

Rumpler-Tropfenwagen, 1921 (s. Abb. 85).
Neben vorzüglichen aerodynamischen Qualitäten wies der Rumpler-Tropfenwagen auch einige praktische Mängel auf, z. B. nur zwei Türen und keinen Kofferraum. Das Ersatzrad war im Fahrgestell untergebracht.

163: Röhr 8, 1929.
Fortschrittlicher Familienwagen, Konstruktion Gustav Röhr: Pendelachse hinten, Querblattfedern vorn, Plattformrahmen, kurzbauender Achtzylindermotor in Reihe, Schneckenradantrieb der Hinterachse, Gewicht unter 1000 kg.

SAFIR-Dieselmotor, 1908/10 (s. Abb. 92).
Der von Benzinbetrieb auf das Dieselverfahren umgestellte Saurer-Lastwagenmotor
zeigt auf dem verlängerten Kurbelgehäuse vor dem ersten Zylinder die Zweistufen-
Luftpumpe, die als Anlaßhilfe und zum Einblasen des Kraftstoffs diente. Die Kupfer-
spirale sollte die komprimierte Luft kühlen. Im Zylinderkopfdeckel der komplizierte
Umsteuermechanismus, der während der Versuche ebenso wenig befriedigte wie die
Vierkolben-Kraftstoffpumpe. 4 Zylinder, 5740 cm$^3$, 30 PS bei 800/min.

164: Benz-Dieselmotor für LKW, 1924.
Statt Lufteinblasung Druckeinspritzung des Kraftstoffs durch Einspritzpumpe und
-düsen. Vorkammerverfahren, hängende Ventile. Motorgewicht 520 kg, Leistungsgewicht 11,6 bis 10,4 kh/PS. 4 Zylinder, 8840 cm$^3$, 45 bis 50 PS bei 1000/min.

Lancia Lambda, 1925 (s. Abb. 102).
Dank gewichtsparenden Stahlblechrahmens, der als Vorläufer der selbsttragenden
Karosserie angesehen werden kann, wiegt der Lambda nur 780 kg. Bauzeit 1923–31, in
den letzten Jahren wieder mit herkömmlichen Leiterrahmen. 4 Zylinder, 2120 cm$^3$, 49
PS.

DKW Meisterklasse, 1937 (s. Abb. 104).
Mit quergestelltem Motor und Vorderradantrieb nahm DKW das Erfolgskonzept heutiger Kleinwagen um Jahrzehnte vorweg. 2 Zylinder Zweitakt, 692 cm$^3$, 20 PS.

Auto-Union-Rennwagen, 1936, Fahrwerk (s. Abb. 105).
Vor der Hinterachse eingebauter Motor mit Kompressor, Einzelradaufhängung und hydraulische Bremsen waren 1933/34, als der erste Auto-Union-Rennwagen erschien, ungewöhnliche Konstruktionsdetails. Mit diesem Wagen gewann Bernd Rosemeyer den Großen Preis von Deutschland 1936. V 16 Zylinder, 6810 cm$^3$, 520 PS (Typ C).

Mercedes-Benz-Rennwagen W 154, 1938 (s. Abb. 106).
Ab 1938 galt eine neue Rennformel mit Mindestgewichten von 850 kg und Hubraumbeschränkung auf 3 Liter bei Kompressormotoren. Auch dieser Rennwagentyp erwies sich als äußerst erfolgreich. V 12 Zylinder, 2962 cm$^3$, 480 PS.

Tatra 87, 1940 (s. Abb. 109).
Der ab 1937 gebaute Tatra 87 stellt eine Weiterentwicklung des 77 dar. Neben einer aerodynamisch verbesserten Karosserie konnte das Gewicht verringert und die Fahrleistung erhöht werden. Höchstgeschwindigkeit 160 km/h, $c_w$ = 0,36, Durchschnittsverbrauch 14 l/ 100 km. V 8 Zylinder, 2960 cm$^3$, 75 PS.

165: BMW 328 mit Wendler-Karosserie, 1938.
Wendler in Reutlingen stellte seit 1936 mehrere strömungsgünstige Karosserien auf BMW – und Fahrwerken anderer Autowerke her. Dieser Wagen wurde 1938 an einen privaten Käufer ausgeliefert. 6 Zylinder, 1971 cm$^3$, 80 PS.

Horch-Einheits-PKW, 1938 (s. Abb. 116).
Mittlerer geländegängiger Einheits-PKW von Horch mit Aufbau von der Karosserie-firma Trutz in Coburg. Gewicht 2700 kg. V 8 Zylinder, 3482 cm$^3$, 80 PS.

Volkswagen-Schwimmwagen, 1944 (s. Abb. 117).
Weiterentwicklung des VW Kübel mit Vierradantrieb und herunterklappbarer Schiffs-schraube. 4 Zylinder, 1131 cm$^3$, 25 PS.

Mercedes-Benz 300 SLR, 1955 (s. Abb. 133).
Neben der damals noch ungewöhnlichen Benzineinspritzung sind zwangsgesteuerte Ventile, Kraftabnahme zwischen Zylinder 4 und 5, Fünfgang-Getriebe an der Hinter-achse (Transaxe-System) und ein Gitterrohrrahmen bemerkenswert. Gewicht 830 kg, Höchstgeschwindigkeit knapp 300 km/h. 8 Zylinder, 2982 cm$^3$, 300 PS.

# Anhang

## Wort- und Begriffserklärungen

**Abgas-Turbolader** Vorrichtung zur Wirkungsgrad- und Leistungssteigerung bei Diesel- und Benzinmotoren und zur Senkung des spezifischen Kraftstoffverbrauchs bei Dieselmotoren. Die Abgase treiben ein Turbinenrad und ein auf gleicher Welle angeordnetes Schaufelrad an, das Frischluft mit leichtem Überdruck in die Zylinder drückt (Patent nach Alfred J. Büchi, CH, 1905). Saugarbeit des Motors entfällt, größerer Luftmengendurchsatz pro Arbeitsspiel möglich.

**Achsschenkellenkung** Beim Durchfahren einer Kurve schwenken gewöhnlich nur die Vorderräder um je einen Achszapfen (oder je zwei Aufhängungspunkte). Die Verlängerung der Achsen beider Vorderräder müssen dabei die Verlängerung der Hinterachse in einem Punkt schneiden. Fast ausschließliche Verwendung der Achsschenkellenkung bei Autos. Mögliche Ausnahmen: Traktoren (Drehschemellenkung), Militärfahrzeuge und Erdbewegungsmaschinen (Knicklenkung). Erfindung von Georg Lankensperger um 1816, von Rudolf Ackermann in England zum Patent angemeldet (daher auch Ackermann-Lenkung).

**Ausgleichgetriebe (Differential)** Meist Kegelradgetriebe, das das Antriebsdrehmoment auf die zwei Antriebsräder, unabhängig von deren Drehzahl, verteilt. Dadurch Abrollen der Räder bei Kurvenfahrt ohne Schlupf (= Verschleiß) zwischen Rad und Straße möglich.

**Benzin-Einspritzung** Statt Gemischaufbereitung durch Vergaser kann bei Zwei- oder Viertakt-Benzinmotoren auch Benzin direkt (in den Verbrennungsraum) oder indirekt (in das Saugrohr) eingespritzt werden. Zunächst mechanische, später elektronisch gesteuerte Einspritzgeräte unterschiedlicher Bauart. Vorteile: Leistungssteigerung, Verbrauchssenkung, Drehmomenterhöhung, bessere Abgaszusammensetzung. Nachteile: höhere Herstellungskosten, kompliziertere Wartung.

**Bienenwabenkühler von Maybach 1900** Weiterentwicklung des Röhrenkühlers: Vierkantröhrchen (statt runder Röhrchen) mit größeren Durchgangsquerschnitten für die Luftströmung und engeren für das Kühlwasser (= erhöhte Geschwindigkeit), dadurch Verminderung der mitzuführenden Kühlwassermenge.

**Buggy** Leichter, einspänniger, meist offener Wagen mit zwei (England) und vier (USA) hohen Rädern. Neuerdings auch Bezeichnung für geländegängiges, offenes Freizeitauto, meist auf Volkswagen-Käfer-Basis.

**Carnot-Kreisprozeß** In Verbrennungsmotoren läßt man Kraftstoff-Luft-Gemisch oder zunächst Luft allein einen Kreisprozeß durchlaufen, d. h. Änderung des Temperatur-, Druck- und Volumenzustandes. Während des Kreisprozesses soll aus dem Wärmeinhalt des zugeführten Kraftstoffs bei möglichst kleinem Wärmeverlust (Kühlung, Strahlung, Auspuff) ein möglichst hoher Wärmebetrag in Arbeit umgewandelt werden. Der Wirkungsgrad des Kreisprozesses ist dann das Verhältnis zwischen Arbeitsgewinn und Aufwand an zugeführter Kraftstoffwärme.

Der theoretische Kreisprozeß nach Sadi Carnot (1796–1832) würde den denkbar günstigsten Wirkungsgrad ergeben, wenn Gas oder Luft wie in der Abbildung je zwei adiabate (ohne Wärmeaustausch) und isotherme (gleiche Temperatur habende) Zustandsänderungen durchlaufen würde:

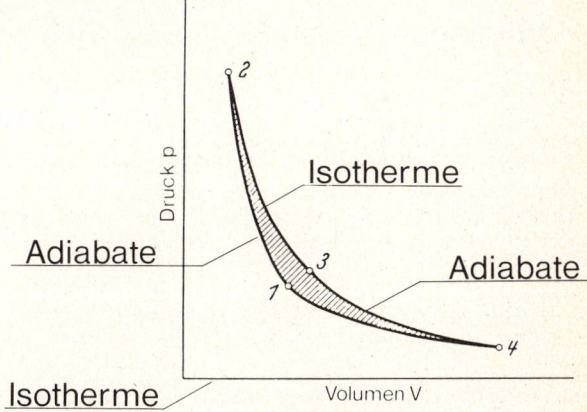

166: Schematische Darstellung des Carnot-Prozesses durch das Druck-Volumen-Diagramm

Der sich von rechts nach links bewegende Arbeitskolben verdichtet Luft auf der Isotherme 4–1 (konstante Temperatur). Auf der Adiabate 1–2 soll Wärme weder zu- noch abgeführt werden, die Temperatur steigt hoch an. In 2 sind höchste Verdichtungstemperatur und -druck erreicht, der Kolben kehrt Bewegungsrichtung um. Der auf der Isotherme 2–3 zugeführte Kraftstoff entzündet sich in der hocherhitzten Luft. Dabei soll die Temperatur nicht steigen, was auf der Adiabate 3–4 durch zurückgehenden Kolben (Abkühlung durch Expansion) angestrebt wird: die Wärmeenergie wird in Arbeitsenergie umgewandelt.

**Dampfmaschine** Die Dampfmaschine ist eine Wärmekraftmaschine, bei der der Druck, den der Dampf auf einen Kolben ausübt, eine Bewegung des Kolbens bewirkt (Umwandlung der Druckenergie des Dampfes in mechanische Energie). Über Kolbenstange, Kreuzkopf und Schubstange wird die Kolbenbewegung auf eine Kurbelwelle übertragen (Umwandlung der hin- und hergehenden in eine Drehbewegung), Leistungsabnahme am Schwungrad möglich. Beaufschlagung des Kolbens mit Dampf entweder nur auf Deckelseite (einfachwirkende D.) oder auf Deckel- und Kurbelseite (doppeltwirkende D.). Schieber, Ventile oder Schlitze steuern den Eintritt des Frisch-

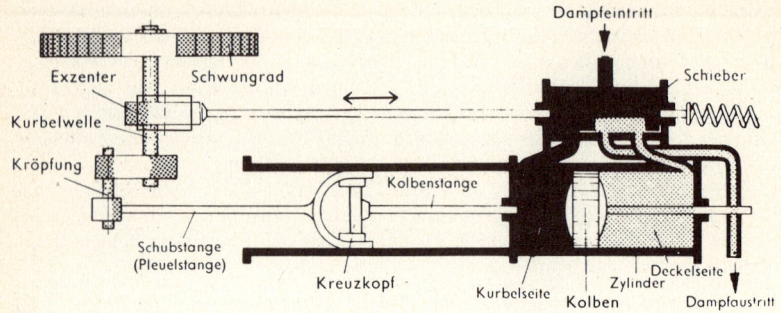

167: Schematische Darstellung einer doppeltwirkenden Dampfmaschine.

dampfes in den Arbeitszylinder und den Austritt des benutzten Dampfes, der entweder ins Freie (Auspuffdampfmaschine) oder in einen Kondensator (Kondensator-D.) strömen kann. Dort Verdichtung zu Wasser durch Abkühlung (Röhrenkühler oder Wassereinspritzung) und Rückführung des Wassers zum Kessel/Verdampfer (Erwärmung, Verdampfung, Wiedereinspeisung des Dampfes).

**Direkter Gang** Bei einem Dreigang-Getriebe ist der 3. Gang der direkte Gang, d. h. die Hauptwelle läuft mit derselben Drehzahl wie die Antriebswelle. Die Vorgelegewelle läuft dabei leer mit.

**Direkteinspritzung** Dieselmotor, bei dem der Kraftstoff direkt in den nicht unterteilten Verbrennungsraum eingespritzt wird. Guter thermischer Wirkungsgrad (niedriger Verbrauch), günstige Anlaßbedingungen, Geräuschbildung. Mehrlochdüsen, Einspritzdruck 150–300 bar. Andere Konstruktionsformen des Verbrennungsraumes bei Dieselmotoren:
Vorkammer: Dieselmotor mit unterteiltem Verbrennungsraum, bei dem der Kraftstoff in eine mit dem Arbeitszylinder über eine oder mehrere verhältnismäßig enge Öffnungen in Verbindung stehende Kammer (Vorkammer) eingespritzt wird. Höhere Drehzahlen, geringerer Schadstoffanteil im Abgas, Einspritzdruck 80–150 bar.
Wirbelkammer: Dieselmotor mit unterteiltem Verbrennungsraum, bei dem der Kraftstoff in eine mit dem Arbeitszylinder durch eine verhältnismäßig weite Öffnung in Verbindung stehende Kammer eingespritzt wird. Einspritzdruck 80–150 bar.
Luftspeicher: Dieselmotor mit unterteiltem Verbrennungsraum, bei dem der Kraftstoff unmittelbar in den Zylinderhauptraum eingespritzt wird und nur von hier aus in den Nebenraum (Luftspeicher) gelangen kann. Einspritzdruck 80–150 bar.

**Diesel-Einspritzausrüstung**
Einspritzpumpe: (Einspritzdrücke 80–500 bar) mit Drehzahlregler (sichert Leerlauf- und begrenzt Höchstdrehzahl) und Spritzversteller (Vorverlegung des Einspritzbeginns bei steigenden Drehzahlen)

216

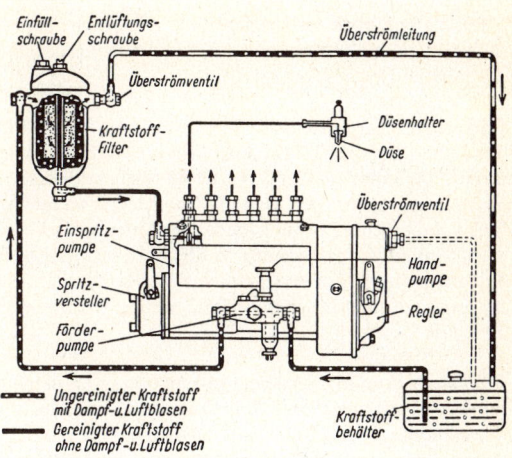

168: Anordnung der Diesel-Einspritzausrüstung mit Zubehör.

Einfüll-schraube · Entlüftungs-schraube · Überströmleitung · Überströmventil · Kraftstoff-Filter · Düsenhalter · Düse · Überströmventil · Einspritz-pumpe · Hand-pumpe · Spritz-versteller · Regler · Förder-pumpe

---- Ungereinigter Kraftstoff mit Dampf-u. Luftblasen
—— Gereinigter Kraftstoff ohne Dampf-u. Luftblasen

Kraftstoff-behälter

Düsen: (flüssigkeitsgesteuerte Nadelventile unterschiedlicher Bauart zur Zerstäubung des Kraftstoffs im Verbrennungsraum)
Kraftstoffilter
Förderpumpe
Druckleitungen
Glühkerzen (zum Anlassen)

**Drehschemellenkung**
Beim Durchfahren einer Kurve schwenkt die ganze Vorderachse um einen senkrecht angeordneten Zapfen. Die Stellung der Räder vorn und hinten bleibt paarweise parallel. Zur Einleitung der Lenkbewegung genügt eine einfache Stange (Deichsel).
   Keine Verwendung der Drehschemellenkung bei Automobilen, weil
● bei zunehmendem Einschlagen der Vorderräder Kippgefahr besteht,
● durch schwere Teile (Deichselarme und Reibscheit oder Drehkranz zum Zapfen) große Reibungswiderstände entstehen,
● die eingeschlagenen Räder großen Platzbedarf haben. Behelf: Durchlauf (Kröpfung des Rahmens nach oben) bei Pferdewagen, eingezogener Rahmenvorderteil oder Anordnung des Rahmenvorderteils über den Rädern bei LKW-Anhängern.

**Druckumlaufschmierung** Eine meist im Bereich der Kurbelwelle angeordnete und von ihr angetriebene Pumpe saugt das Schmieröl aus dem Sumpf (Ölwanne) und drückt es durch Kanäle zu den Schmierstellen. Von dort Rücklauf zum Ölsumpf. Löste Tauchschmierung ab (am unteren Ende der Pleuelstangen angebrachte Schöpfer förderten Motoröl bei Drehung der Kurbelwelle in dafür vorgesehene Tröge, Ringe und Rinnen, von denen es zu den Schmierstellen gelangte).

**Elektroantrieb bei Straßenfahrzeugen** Elektroauto: von Gleis und Draht unabhängiges Fahrzeug mit meist Gleichstrom-Reihenschlußmotor, der im Augenblick des Einschaltens sein höchstes Drehmoment entwickelt. Hohe Anfahrbeschleunigung durch Steigerung der Umdrehungszahl. Aktionsradius und Höchstgeschwindigkeit batteriebetriebener E-Autos begrenzt.

**Gasturbine** Aus Verdichter, Brennkammer und Turbine bestehende Verbrennungsmaschine. Atmosphärische Luft wird im Verdichter komprimiert und anschließend in die Brennkammer geleitet. Dort wird Kraftstoff eingespritzt und durch Zündung zum Brennen gebracht. Das Gas-Luft-Gemisch expandiert in die Turbine. Die von der Turbine aufgebrachte Leistung dient zum Antrieb des Verdichters, die Differenzleistung, also Turbinenleistung minus Verdichterleistung, ist Nutzleistung. Bei Antrieb von Kraftfahrzeugen Zusatzaggregate (Wärmetauscher, Zwischenkühler usw.) zur Verbesserung des thermischen Wirkungsgrades erforderlich. Thermischer Wirkungsgrad 30 % (1972).

**Gegenkolbenmotor** Motor mit gegenläufig sich bewegenden Kolben in einem Zylinder mit einem oder mehreren Zylindern, als Zwei- oder Viertakt, als Benzin-, Gas- oder Dieselmotor möglich. Die Kurbelwellen arbeiten durch Hebel- oder Zahnradübertragung auf gemeinsamen Abtrieb. Bekannt geworden durch Junkers.

**Gemischregelung von Benz 1893** Die vom Schwimmervergaser kommende Leitung e führt fettes, nicht entzündbares Gemisch zum Mischgehäuse a, in das über den Siebstutzen f und je nach Stellung der Handkurbel c und eines mit ihr verbundenen Rohrschiebers soviel Frischluft eingelassen wird, bis ein zündfähiges Gemisch entsteht (Mischungsregelung).

Über das Gestänge i kann die Drossel g in der zum Einlaßventil führenden Leitung h verstellt werden (Drosselregelung). Nebeneffekt: Brandsicherer Schwimmervergaser durch zu fettes Gemisch in der Leitung e.

Aus: Sass, Geschichte des deutschen Verbrennungsmotorenbaues, Berlin 1962.

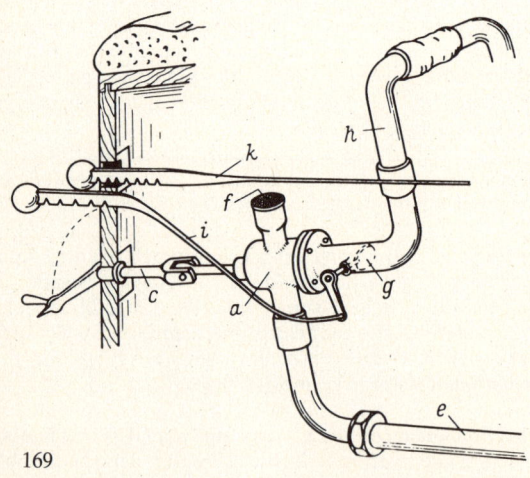

169

**Glühkopf-Motor** (Hot Bulb Engine, Semi-Diesel Engine) Frischluftansaugender Zwei- oder Viertaktmotor mit mittelgroßer Verdichtung (ca. 15 bar) und Verdichtungstemperaturen von ca. 400° C. Der Kraftstoff wird auf die Wandung eines ungekühlten, rotglühenden Teils des Zylinderkopfes (Glühkopf) gespritzt, wo er verdampft, sich mit der Verbrennungsluft vermischt und bei der Verdichtung durch den Kolben entzündet wird. Lötlampe oder besondere Anlaßzündung zum Anlassen erforderlich. Bekanntestes Anwendungsbeispiel in Deutschland: Lanz Bulldog Schlepper.

**Heißluftmotor** Wärmekraftmaschine mit äußerer Verbrennung. Der Heißluft- oder Stirling-Motor wird durch die Ausdehnung erwärmter Luft (oder anderer Gase) betrieben. Durch zwei in Abhängigkeit voneinander in einem Zylinder laufende Kolben (Verdränger- und Arbeitskolben), die sich zeitweise gleich-, zeitweise gegenläufig bewegen, wird Luft (oder Gas) abwechselnd an einem Kühler verdichtet und in einem Erhitzer wieder ausgedehnt, wobei Arbeit geleistet wird.

**Hydropneumatische Luftfederung** Die Radbewegung wird über ein entsprechendes Hebelwerk auf einen Kolben in einem Hohlkörper übertragen, der teilweise mit Flüssigkeit (Öl), teilweise mit Gas gefüllt ist (Trennung meist durch Membrane). Bei Belastungsänderung würde der Kolben über das inkompressible Öl das kompressible Gas zusammendrücken. Durch Nachpumpen von Flüssigkeit bleibt der Kolben in seiner ursprünglichen Lage bei gestiegenem Flüssigkeitsspiegel. Niveauregelung über Höhenregler, Ventile, Ölpumpe mit Ölbehälter.

**Jeep** Die Herkunft der Bezeichnung Jeep ist nicht eindeutig geklärt. Die amerikanischen Soldaten belegten leichte Geländewagen mit verschiedenen Namen, z. B. Blitz Buggy, Pygmy, Gnat, Midget, Peep und GP (für general purpose). Aus einem der beiden zuletzt genannten dürfte sich Jeep abgeleitet haben. Heute ist Jeep eine der American Motors Corporation (AMC) geschützte Markenbezeichnung für Geländefahrzeuge.

**Kreiskolbenmotor nach Wankel**
Ein auf einer Exzenterwelle gelagerter Läufer kreist in einem festen Gehäuse.
Arbeitsweise:
A, B und C zeigen die drei Kolbenflanken und die jeweiligen Kammervolumen.
1. Nachdem aus Kammer A der letzte Rest verbrauchter Gase ausgeschoben ist, beginnt der Ansaugtakt. B verdichtet, C dehnt sich aus.
2. A saugt weiter an, B verdichtet. In Kammer C haben die verbrannten Gase ihre volle Wirkung getan. Die Auslaßsteueröffnung ist freigegeben.
3. A saugt noch an, B hat voll verdichtet. Ein Zündfunke entzündet das komprimierte Benzin-Luft-Gemisch. Aus Kammer C werden die verbrannten Gase weiter ausgeschoben.
4. Kammer A hat ihr größtes Volumen erreicht; die Einlaßöffnung wird geschlossen. In B expandieren die verbrennenden Gase und treiben über den Kolben die Exzenterwelle in Drehrichtung voran. Aus C werden die verbrannten Gase weiter ausgeschoben.

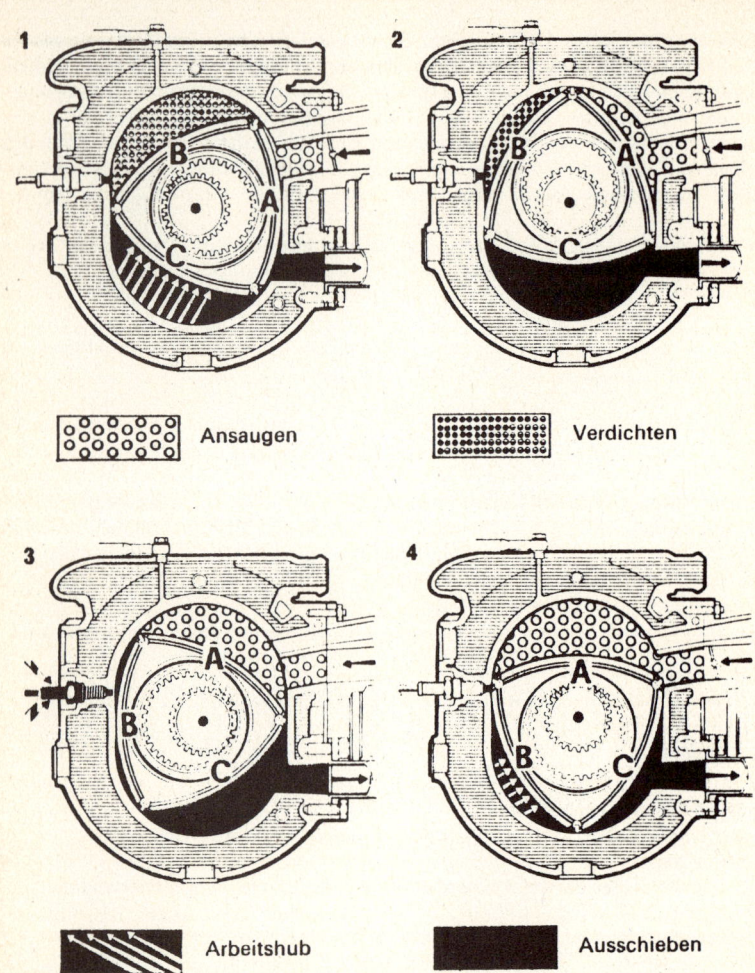

**1**     ▢ Ansaugen

**2**     ▢ Verdichten

**3**     ▢ Arbeitshub

**4**     ▢ Ausschieben

170: Kreiskolbenmotor nach Wankel

**Kurbeltrieb** Der heute nahezu bei allen Kolbenmaschinen anzutreffende Kurbeltrieb zur Umwandlung einer hin- und hergehenden in eine Drehbewegung ist zwar schon seit dem Mittelalter (Spinnrad, Fußdrehbank) bekannt, doch hielt ihn Watt, der 1779 an einem Modell einer zweizylindrigen Dampfmaschine Kurbeln benutzt hatte, zur Übertragung größerer Kräfte für zu schwach. Als der Kurbeltrieb in Verbindung mit der Dampfmaschine dann doch patentiert wurde (J. Pickard, Patentdauer 1780–1795), mußte Watt nach anderen Lösungen suchen. – Cugnot hatte sich 1769/71 für den Sperr-klinkenantrieb entschieden.

**Nachverbrennung** Wegen verschärfter Abgasrichtlinien ist eine Nachverbrennung oder Reduktion der Abgasschadstoffe erforderlich. Beide Maßnahmen erfolgen au-ßerhalb des Motors. Sie können erst dann entfallen, wenn durch geeignete Maßnah-men am Motor selbst eine sauberere Verbrennung des Kraftstoff-Luft-Gemisches er-zielt wird. Katalytische Reaktoren: Der Katalysator (Nickel, Kupfer) entzieht dem Stickstoffoxid Sauerstoff, die Stickoxide werden zu Stickstoff reduziert. Der freige-wordene Sauerstoff unterstützt dann die Oxidation des Kohlenmonoxids und der Koh-lenwasserstoffe, d. h. er verwandelt sie in harmloses Kohlendioxid und Wasser. Kata-lytische Reaktoren verlangen unverbleite Vergaser-Kraftstoffe, da Blei den Katalysa-tor zerstört. Unverbleite Kraftstoffe sind zur Zeit nur in Japan und in den USA vorge-schrieben.

Thermische Reaktoren: In einen Reaktor (auspufftopfförmiges Gebilde mit wär-meisolierendem Material) wird mit Hilfe einer Pumpe Luft eingeblasen. Der zugeführ-te Sauerstoff reagiert mit den giftigen Verbindungen, die bei der Verbrennung entstan-den sind: Kohlenmonoxid wird in Kohlendioxid verwandelt, beim Kohlenwasserstoff verbinden sich zwei Atome Wasserstoff mit einem Atom Sauerstoff zu Wasser, der Kohlenstoff oxidiert zu Kohlendioxid. Verbleite Kraftstoffe sind unschädlich, jedoch ist mit Verbrauchsanstieg und Leistungsverlust zu rechnen.

**Obengesteuerter Motor** Motorbauart mit hängenden Ventilen, bei der Ventilteller und Gaswege über der Ebene des Kolbenbodens bei Stellung im oberen Totpunkt liegen. Nockenwelle kann oben oder unten liegen.

Gegensatz: seitengesteuerter Motor (stehende Ventile) mit unter der genannten Ebene liegenden Gaswegen, Ventilschäften und meist auch Ventiltellern. Heute nicht mehr üblich.

Mischbauweise, z. B. hängende Einlaß-, stehende Auslaßventile (wechselgesteuer-ter Motor) bis in die fünfziger Jahre im PKW-Bau anzutreffen.

**Ottomotor** Der Ottomotor wird heute allgemeiner definiert als früher. Die Literatur spricht von einem Verbrennungsmotor, bei dem die Verbrennung des verdichteten Kraftstoff-Luft-Gemisches durch zeitlich gesteuerte Fremdzündung eingeleitet wird (Bosch: Kraftfahrtechnisches Taschenbuch, Stuttgart 1966; Buschmann/Koessler: Ta-schenbuch für den Kraftfahrzeug-Ingenieur, Stuttgart 1963). Abgrenzung also nur ge-genüber dem Dieselmotor, nicht gegenüber dem Zweitakt – und dem Gasmotor.

**Overdrive** Zusatz-Einrichtung zur Drehzahl-Untersetzung. Reduziert Motordrehzah-len im (meist) 3. und 4. Gang (Kraftstoffersparnis).

**Planetengetriebe** Planeten- oder Umlaufgetriebe sind Getriebe, bei denen Zahnräder umeinanderlaufen (bei Wattschen Dampfmaschinen: zwei Zahnräder). Heute meist in Verbindung mit automatischen Getrieben, bestehend aus: Sonnen-(Innen-)rad, 3 Planetenrädern und Außenrad.

**Radbefestigung** Fest mit der Achswelle befestigte Räder bezeichnet man als Radsatz, lose auf der Achse laufende Räder als Loseradanordnung. Beim Bogenfahren ist der Kraftaufwand bei der Loseradanordnung kleiner als beim Radsatz. Alle Straßenfahrzeuge weisen Loseradanordnung auf, alle Schienenfahrzeuge (Eisenbahn) Radsatz.
Siehe dazu die Demonstration «Führungskräfte des nicht oder wenig elastischen Rades» in Abt. Landverkehr des Deutschen Museums, Einführungsraum.

**Reibradgetriebe (Friktionsgetriebe)** Gegen eine mit der Motorkurbelwelle verbundene Antriebsscheibe wird ein zu ihr unter einem Winkel von 90° angeordnetes Reibrad verschoben, dessen Welle mit den weiteren Kraftübertragungsorganen verbunden ist. Je nach Stellung des Reibradumfanges zur Antriebsscheibe (Richtung Peripherie: schneller, Richtung Mittelpunkt: langsamer) wird das Reibrad und damit die Antriebsräder verschieden schnell angetrieben. – Nur geeignet für geringe Antriebskräfte (Schlupf, Belag-Verschleiß).

**Röhrenkühler von Maybach 1897** In das aus Messingblech gefertigte Kühlergehäuse a tritt das Heißwasser bei b ein, umrieselt die zahlreichen, von der Luft durchströmten Kühlröhrchen und wird bei c von einer Umlaufpumpe abgesaugt (Wasserpumpenküh-

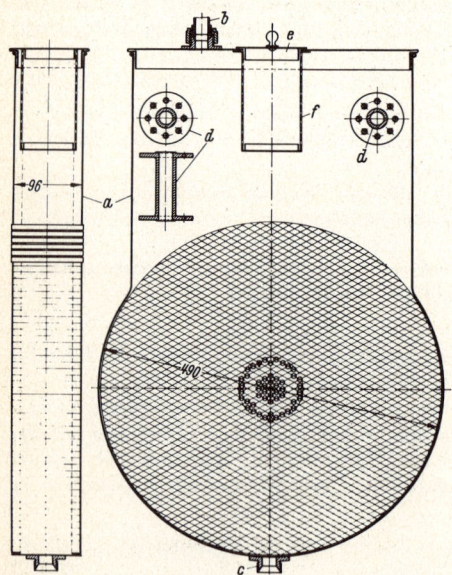

171: Röhrenkühler

lung). Ein Ventilator hinter dem Kühler macht die Kühlung vom Fahrtwind unabhängig, wobei die Blätter des Ventilators entsprechend der von innen nach außen zunehmenden Umfangsgeschwindigkeit verwunden ausgeführt sind. d = Aufhängungsstutzen des Kühlers im Wagen, e = Nachfüllöffnung, f = Sieb.
Aus: Sass, Geschichte des deutschen Verbrennungsmotorenbaues, Berlin 1962.

**Rutschkupplung** Reibungskupplung, bei der der Anpreßdruck, den Federn auf Reibscheiben ausüben, einstellbar ist. Dadurch bestimmbares Drehmoment, bei dem die Kupplung durchrutschen kann.
Für die Antriebsräder eines Straßenfahrzeugs nur bedingt geeignet.

**Schneckengetriebe** Schraubengetriebe zur Verringerung der Geschwindigkeit (Untersetzung), bestehend aus Schnecke und Schneckenrad. Geräuscharm, niedrige Lage der Kardanwelle (flacher Kardantunnel), aber aufwendige Fertigung und Wartungsprobleme, daher bei PKW und LKW selten (im Gegensatz zum Kegelradgetriebe).

**Schwimmervergaser von Maybach, 1885** In den Benzinbehälter a wird über das Einfüllrohr b soviel Benzin gefüllt, daß der Schwimmer c frei beweglich bleibt. In der trichterförmigen Erweiterung des Schwimmers steht das Benzin relativ zu diesem stets in gleicher Höhe, d. h. die über den Rohrstutzen h, das Filtergitter i und das Luftzuführungsrohr e abgesaugte Luft muß durch eine stets gleichhohe Benzinschicht strömen (konstante Gemischzusammensetzung). Unter Umgehung der Prallbleche d und k passiert das Kraftstoff-Luft-Gemisch das Drahtgitter zur Flammensicherung l und gelangt über die Ansaugrohre m und g zum Motor-Einlaßventil. Mit dem Mischventil n läßt sich dem zu fetten Gemisch noch Zusatzluft beigeben. f = Teleskoprohr.
Aus: Sass, Geschichte des Deutschen Verbrennungsmotorenbaues, Berlin 1962.

**Schwimmervergaser von Benz, 1886** Der vom Motorkolben über die Ansaugleitung a im Benzinbehälter erzeugte Unterdruck saugt die über das Drahtsieb b und das Rohr c eintretende Luft durch das Benzin. Das dabei entstehende Benzin-Luft-Gemisch verläßt über die Ansaugleitung a den Vergaser in Richtung Einlaßventil, wobei die schweren Benzintropfen bei der Richtungsumkehr im Abscheider e in den Trichter f und zurück in den Benzinbehälter fallen. Ein Schwimmer g hält den Benzinpegel auf annähernd gleicher Höhe, indem das obere, als Ventilkegel ausgebildete Ende der Stange den Benzinzufluß bei i je nach Pegelhöhe sperrt oder freigibt. Ein Teil der Auspuffgase strömt bei k in den doppelwandigen Boden des Vergasergehäuses und wärmt das Benzin bei niedrigen Außentemperaturen vor. l = Heizgas-Austrittsöffnungen, m = Ablaßhahn. Siehe auch Schwimmervergaser Benz 1886, Standort Motorenhalle Konsole vor Vergaserwand.
Aus: Sass, Geschichte des deutschen Verbrennungsmotorenbaues, Berlin 1962.

**Spritzdüsenvergaser von Maybach 1893** Der Spritzdüsenvergaser arbeitet nach dem Prinzip des vom Luftstrom aus einer Düse mitgerissenen Kraftstoffs und dadurch bedingter inniger Vermischung von Luft- und Kraftstoffteilchen.
Durch den niedergehenden Arbeitskolben (nicht gezeichnet) entsteht im Arbeitszylinder a ein Unterdruck, wodurch sich das – hier noch selbsttätig auf Unterdruck reagierende – Einlaßventil b öffnet. Atmosphärische Luft kann bei c eintreten, erfährt bei der Drosselstelle e eine Geschwindigkeitserhöhung und reißt den Kraftstoff, hier Ben-

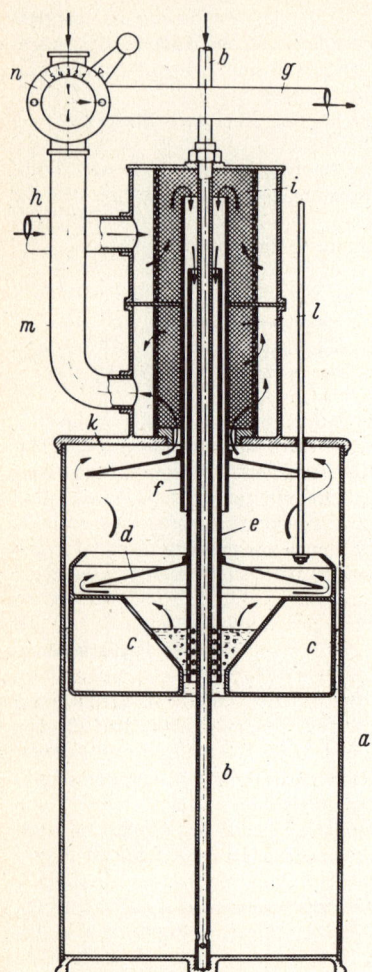

172: Schwimmervergaser von Maybach.

173: Schwimmervergaser von Benz.

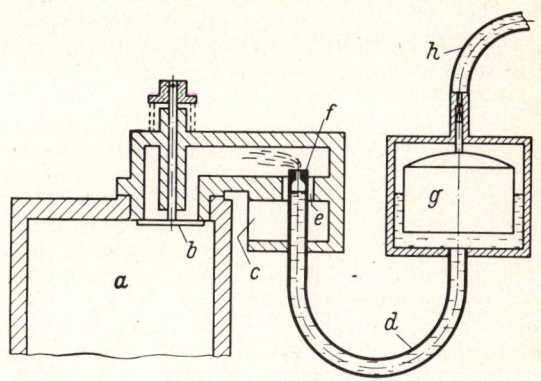

174: Spritzdüsenvergaser
von Maybach

zin, aus der Düse f mit sich. Es entsteht ein Benzin-Luft-Gemisch. Eine Zuleitung d verbindet die Düse f mit der Schwimmerkammer, in der der Schwimmer g den Benzin-pegel mit Hilfe von Nadel und Ventilsitz in der Zuleitung h annähernd konstant hält.

**Sternmotor** Motor mit senkrecht zur Kurbelwellenachse sternförmig angeordneten Zylindern. Je nach Raumbedarf 3, 5, 7 oder 9 Zylinder in einer oder mehreren Ebenen (Einstern-, Doppelstern-, Dreisternmotor). Sternmotoren mit fester Kurbelwelle und sich drehendem Zylinderstern sind Rotationsmotoren (selten).

**Tauchkolben** Die bei Hubkolbenmotoren allgemein übliche Bauart, den Kolben über die Pleuelstange auf die Kurbelwelle wirken zu lassen. Im Gegensatz dazu Kreuzkopf-Konstruktion (Kolben-Kolbenstange-Kreuzkopf-Pleuelstange-Kurbelwelle).

**Trockensumpfschmierung** Der Ölvorrat des Motors wird nicht im Kurbelgehäuse (Sumpf) aufbewahrt, sondern in einem besonderen Behälter, von dem das Öl an die Schmierstellen gepumpt wird. Das Abtropföl sammelt sich im Sumpf und wird zurück zum Behälter gefördert. Anwendung bei Unterflur- und Rennmotoren.

**Übersteuern/Untersteuern** Fahrzeug fährt kleineren (Untersteuern: größeren) Kur-venradius, als es dem Lenkeinschlag entspricht.
Ursache für Übersteuern (Untersteuern): Wenn mit zunehmender Kurvenbeschleu-nigung, d. h. hohe Geschwindigkeit in enger Kurve, das Verhältnis Seitenkraft zu Be-lastung bei der Hinterachse (Vorderachse) stärker wächst als bei der Vorderachse (Hinterachse), so erfordert dies einen größeren Schräglaufwinkel, d. h. das Wagen-heck (der Vorderwagen) geht nach außen. Angestrebt wird neutrales Kurvenverhal-ten.

**Viertakt-Verfahren** Beim Viertaktmotor spielen sich die den Kreisprozeß bildenden vier Takte oberhalb des Kolbens im Arbeitszylinder ab. Die einzelnen Takte sind:
1. Takt: Ansaugen. Bei der Bewegung des Kolbens vom oberen Totpunkt (OT) nach unten entsteht im Zylinder ein gegenüber dem atmosphärischen Luftdruck geringer

Unterdruck, so daß Außenluft bei geöffnetem Einlaßventil in den Zylinder strömt. Beim Benzinmotor reißt sie dabei Kraftstoff in Form feinster Tröpfchen aus dem Vergaser mit sich.

2. Takt: Verdichten. Bei geschlossenen Ventilen wird die Zylinderfüllung durch den aufwärtsgehenden Kolben zusammengedrückt (beim Benzinmotor auf etwa $\frac{1}{6}$ bis $\frac{1}{10}$ des ursprünglichen Rauminhalts, beim Dieselmotor auf etwa $\frac{1}{14}$ bis $\frac{1}{24}$). Druck und Temperatur und damit das Arbeitsvermögen der Gase steigen an.

3. Takt: Arbeiten. Kurz vor OT wird beim Benzinmotor die Füllung durch den Zündfunken zur Entzündung gebracht, beim Dieselmotor Kraftstoff eingespritzt, der die erhitzte Luft entzündet. Durch die Verbrennung steigen Temperatur und Druck weiterhin an, die sich anschließende Ausdehnung der Zylinderfüllung treibt den Kolben arbeitsleistend nach unten.

4. Takt: Ausstoßen. Das Auslaßventil öffnet bereits, bevor der Kolben den unteren Totpunkt (UT) erreicht hat, damit die verbrannten Gase vollständig entspannen können. Der aufwärtsgehende Kolben schiebt dann die Abgase durch das Auslaßventil aus dem Zylinder. Der Ansaug-Takt schließt wieder an.

**Zweitakt-Verfahren** Beim Zweitaktmotor spielen sich die den Kreisprozeß bildenden vier Takte in zwei getrennten Räumen des Motors (Arbeitszylinder, Ladepumpe) ab. Die Ladepumpe, bei Fahrzeugmotoren die zweckmäßigerweise dazu ausgebildete Kurbelkammer mit Kolbenunterseite, saugt dabei Frischgase an und unterstützt gleichzeitig das Ausspülen des Zylinders von den verbrannten Gasen. Die einzelnen Takte sind:

1. Takt: Verdichten im Zylinder, zugleich Ansaugen in der Kurbelkammer.
2. Takt: Arbeiten im Zylinder, zugleich Vorverdichten in der Kurbelkammer und wenig später Eintritt der vorverdichteten Füllung über einen Überströmkanal in den Arbeitszylinder.

**Wirkungsgrad (Nutzeffekt)** Der Wirkungsgrad ist die Bezeichnung für das Verhältnis von nutzbar abgegebener Leistung (oder Energie) zur aufgewendeten Energie. Er ist stets kleiner als 1 (oder 100 %). Man unterscheidet zwischen thermischem und mechanischem Wirkungsgrad.

| *Benzin-Vergasermotoren* | | *Wirkungsgrade (%) um 1970* | |
|---|---|---|---|
| | | therm. | mech. |
| Hubkolben | 2 Takt Motorrad | 14–18 | |
| Hubkolben | 2 Takt PKW | 17–18 | |
| Hubkolben | 4 Takt Motorrad | 25–31 | |
| Hubkolben | 4 Takt PKW | 22–30 | 75–88 |
| Kreiskolben | 4 Takt PKW | 22–30 | 85–95 |
| Hubkolben | 4 Takt LKW | 16–27 | |
| *Dieselmotor* | | | |
| Hubkolben | 4 Takt | 32–40 | |
| Gasturbine | | 22–35 | |
| Elektromotor (Motor + Batterie) | | 57 | |
| Dampfturbine, ortsfest | | 19–25 | |
| Dampflokomotive | | 9–12 | |

**Zahnstangenlenkung** Lenkgetriebe, bei dem die über Lenkrad und Lenkspindel wirkenden Lenkkräfte von einem Zahnritzel auf eine Zahnstange übertragen werden.

**Zentralrohrrahmen** Mittelträgerrahmen mit kreis- oder kastenförmigem Querschnitt.

**Zündsysteme** (Siehe dazu auch «Die Entwicklung der Zündsysteme») mit Objekten und Demonstrationsmodellen in der Motorenhalle des Deutschen Museums.

*Flammenzündung (hier: am Otto-Viertaktmotor 1876)*
Das Gas-Luft-Gemisch im Zylinderraum kann sich bei entsprechender Stellung des Schiebers und damit der Schiebermulde an einer ständig brennenden Gasflamme entzünden. Der Kamin läßt die Flamme ruhig brennen. Problematische Abdichtung auch bei nur geringen Drücken, obere Drehzahlgrenze 200/min.
    Aus: Schildberger, Bosch und die Zündung, Stuttgart 1952.

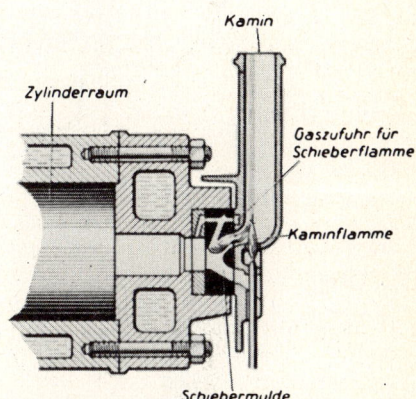

175: Flammenzündung

*Glührohrzündung (ungesteuert), Maybach/Daimler 1885*
Ein Brenner hält ein zum Verbrennungsraum hin offenes Glührohr ständig auf Rotglut, so daß sich das Kraftstoff-Luft-Gemisch beim Verdichten an ihm entzünden kann. (Gesteuerte G.: Zusätzlicher Schieber mit Kanälen zwischen Verbrennungsraum und Glührohr). Mögliche Brandschäden, lange Anheizzeit, Startschwierigkeiten: keine Zündungen bei noch zu kaltem und Rückschläge bei überhitztem Glührohr.
    Aus: Schildberger, Bosch und die Zündung, Stuttgart 1952.

*Summerzündung, Lenoir 1860*
Ein von einem galvanischen Element (Voltasäule) oder einer anderen Stromquelle gespeister Ruhmkorffscher Funkeninduktor baut ein Magnetfeld bei geschlossenem Primärstromkreis auf. Erreicht er eine bestimmte Größe, wird ein Anker angezogen und der Primärstrom unterbrochen, so daß das Magnetfeld verschwindet. Im Sekundärstromkreis wird eine hohe Spannung induziert, die sich an der Funkenstrecke

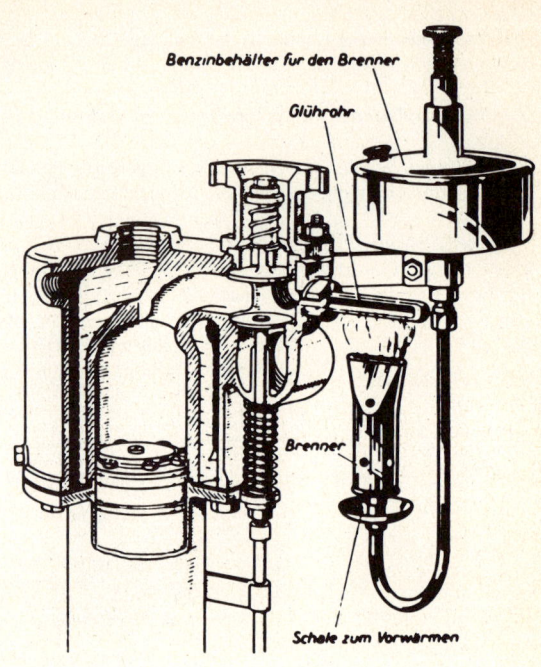

Benzinbehälter für den Brenner

Glührohr

Brenner

Schale zum Vorwärmen

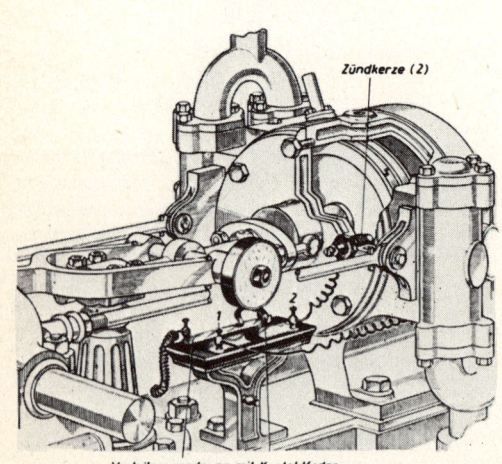

Zündkerze (2)

Verteileranordnung mit Kontaktfeder

177: Summerzündung, Lenoir.

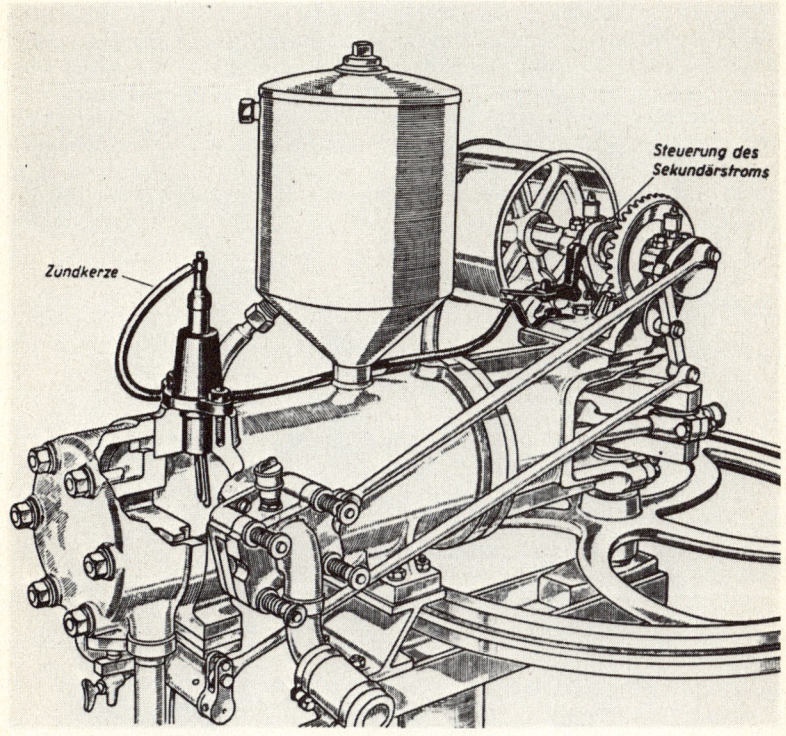

178: Summerzündung, Benz

(Zündkerze) als Funkenüberschlag (Zündfunke) ausgleicht. Stromverteilung (Zünd-verteiler) durch Schleifkontakt und Strombrücke. Urform der Zündkerze (zwei durch Porzellan isolierte Platindrähte als Elektroden) von Lenoir. Bezeichnung Summerzün-dung von Summerton des Wagnerschen Hammers im Ruhmkorffschen Funkeninduk-tor.

Schnelle Erschöpfung der galvanischen Elemente. Siehe auch Abb. 22.

Aus: Schildberger, Bosch und die Zündung, Stuttgart 1952.

*Summerzündung, Benz 1885*

Prinzip wie Summerzündung Lenoir. Die Steuerung des Sekundärstroms erfolgt über eine Steuerscheibe, deren unrunder Umfang über einen Hebel die obere Blattfeder bewegt. Berühren sich die beiden Blattfedern nicht (Abb.), fließt der Sekundärstrom zur Zündkerze (Funkenbildung). Die Zündkerze entwarf und baute Benz selbst. Durch ständig fließenden Primärstrom Erschöpfung der galvanischen Elemente be-reits nach 10 km Fahrt.

Aus: Schildberger, Bosch und die Zündung, Stuttgart 1952.

*Verbesserte Summerzündung, Benz 1893*

Der Zündfunke springt nur dann über, wenn der von der Batterie gelieferte Primärstromkreis geschlossen wird. Das ist dann der Fall, wenn das auf der umlaufenden
Steuerscheibe m befestigte Kontaktstück n den Abnehmerkontakt o berührt.

Zündzeitpunktverstellung per Hand über die Zugstange q, die den Halter p nach
oben (Spätzündung) oder nach unten (Frühzündung) um die Achse der Steuerscheibe
m schwenkt.

Aus: Sass, Geschichte des deutschen Verbrennungsmotorenbaues, Berlin 1962.

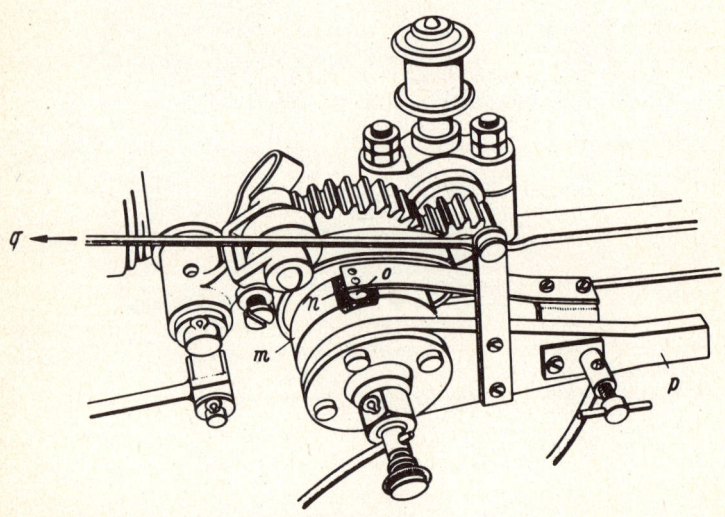

179: Verbesserte Summerzündung, Benz

*Magnetelektrische Niederspannungs-Abschnappzündung, Otto 1884*

Ein von Siemens 1856 entwickelter Doppel-T-Anker ist zwischen den Polschuhen der
senkrecht angeordneten Magnetstäbe schwenkbar gelagert. Auf seiner Achse ist ein
Winkelhebel befestigt, der von einem Nocken kurzzeitig aus seiner Mittellage gelenkt
wird. Dadurch wird in den Windungen des Ankers ein kurzer Stromstoß erzeugt, der
zu dem Zündstift im Zündflansch geleitet wird. Eine in einer Hülse geführte Ab-
schnappfeder läßt den Winkelhebel gleichzeitig zurückschnellen, so daß über die Stoß-

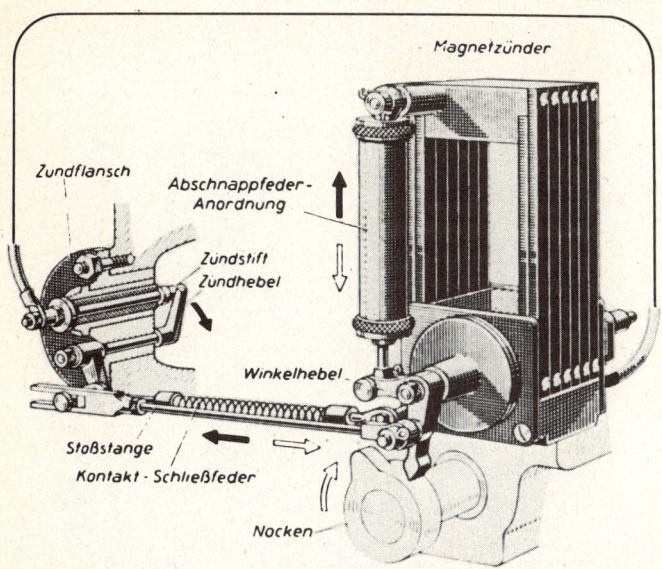

180: Magnetelektrische Niederspannungs-Abschnappzündung, Otto.

stange der Kontakt zwischen Zündstift und Zündhebel unterbrochen wird: zwischen beiden springt der Funke über und entzündet das Gemisch. Führendes Zündsystem im Stationärmotorenbau bis zur Jahrhundertwende. Batterieunabhängig. Drehzahlen nur bis etwa 200/min.

Aus: Schildberger, Bosch und die Zündung, Stuttgart 1952.

*Abreißzündung, Bosch 1897*
Prinzip wie magnetelektrische Niederspannungs-Abreißzündung von Otto 1884, aber:
■ zwangsweise Hin- und Rückbewegung (bei Abschnappzündung: nur zwangsweise Hinbewegung) des Ankers durch eine Kurbelschwinge
● Einbau einer leichten, als Kraftlinienleitstück zwischen dem (schweren) Anker und den Polschuhen pendelnden Hülse, dadurch Verringerung der Massen und Möglichkeit zur Erhöhung der Drehzahlen.

Aus: Schildberger, Bosch und die Zündung, Stuttgart 1952.

*Hochspannungs-Magnetzündung, Bosch 1902*
Bei der Drehung eines Doppel-T-Ankers mit zwei Wicklungen, eine mit wenigen Wicklungen und dickem Draht und die andere mit vielen Wicklungen und dünnem Draht, wird zunächst eine niedere Spannung erzeugt. Gleichzeitig wird der Wicklungsteil mit den wenigen Windungen durch einen Unterbrecher kurzgeschlossen, wodurch

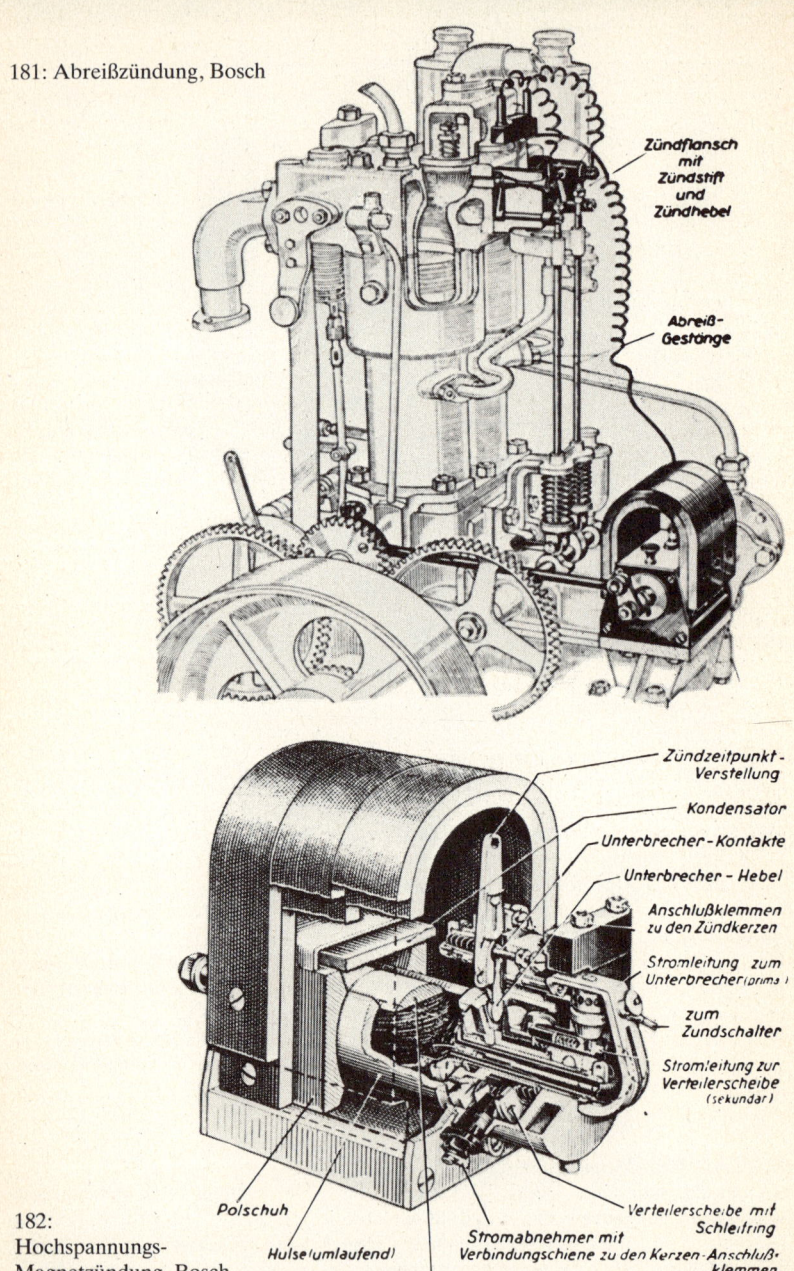

181: Abreißzündung, Bosch

Zündflansch
mit
Zündstift
und
Zündhebel

Abreiß-
Gestänge

Zündzeitpunkt-
Verstellung

Kondensator

Unterbrecher – Kontakte

Unterbrecher – Hebel

Anschlußklemmen
zu den Zündkerzen

Stromleitung zum
Unterbrecher(prima)

zum
Zündschalter

Stromleitung zur
Verteilerscheibe
(sekundär)

Verteilerscheibe mit
Schleifring

Stromabnehmer mit
Verbindungsschiene zu den Kerzen-Anschluß-
klemmen

Polschuh

Hülse(umlaufend)

Doppel T-Anker

182:
Hochspannungs-
Magnetzündung, Bosch.

dort ein starker Strom entsteht, der gleich darauf unterbrochen wird. In der anderen Wicklung tritt eine hohe Spannung auf, die die Funkenstrecke der Zündkerze durchschlägt und leitend macht. Die gleiche Wicklung erzeugt bei weiterer Drehung des Ankers eine niedrige Spannung, die einen Strom durch die nunmehr leitend gewordene Funkenstrecke schickt und einen Lichtbogen erzeugt.

Erhöhung der Motordrehzahl durch Wegfall des Abreißgestänges. Zündkerzen statt Abreißkontakte.

Aus: Schildberger, Bosch und die Zündung, Stuttgart 1952.

*Batteriezündung, Bosch 1926*

Die Batteriezündanlage besteht aus Zündspule, -verteiler, -kerzen und -schalter. Der Primärstrom der Zündspule wird der Fahrzeugbatterie entnommen und von Unterbrecherkontakt und Nocken im Verteiler gesteuert. Bei jeder Unterbrechung des Primärstroms entsteht ein Hochspannungs-Impuls, der durch den Verteilerfinger der Zündkerze zugeleitet wird und dort den Zündfunken einleitet. Die erzeugte Zündspannung ist – im Gegensatz zur Magnetzündung – bei kleiner Drehzahl am größten und sinkt mit steigender Drehzahl.

Aus: Schildberger, Bosch und die Zündung, Stuttgart 1952.

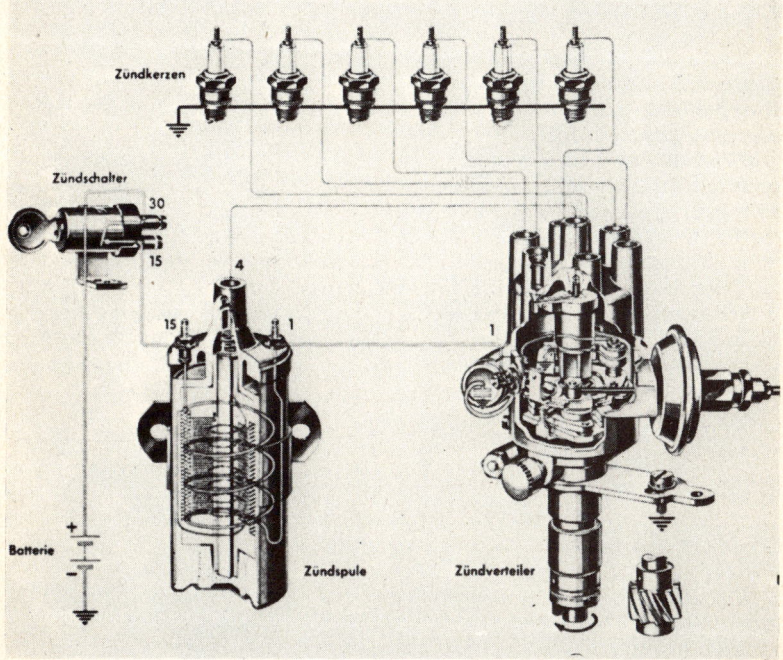

183: Batteriezündung, Bosch.

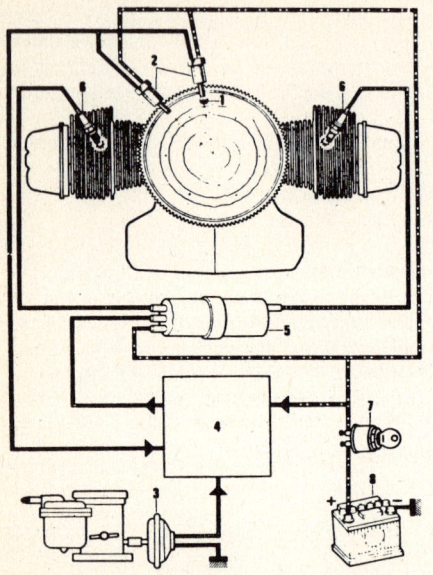

Die vollelektronische Zündung besteht aus folgenden Elementen: 1 Metallnocken auf Schwungrad, 2 Fühler, 3 Unterdruckmesser, 4 elektronisches Steuergerät, 5 Zündspule, 6 Kerzen, 7 Zündschloss u. 8 Batterie.

*Elektronische Zündung*

Zwei Systeme: Transistorzündung (TSZ) und Thyristor- oder Hochspannungs-Kondensator-Zündung (HKZ).

TSZ: Aufbau wie Batteriezündung, aber statt des Unterbrecherkontaktes ein berührungslos (verschleißfrei) arbeitender magnetischer Geber. Keine Drehzahlgrenze, höhere Zündkerzenspannung, wartungsfrei, weite Anwendung.

HKZ: Ein auf ca. 400 V aufgeladener Kondensator wird im Zündzeitpunkt über einen elektronischen Schalter in die Zündspule entladen. Hohe Zündspannung, aber nur kurze Funkenbrenndauer (NSU Wankel, Porsche).

Weiterentwicklung zu vollelektronischen Anlagen mit Gebern und Sensoren zur Erfassung aller Betriebszustände und deren Auswertung in einem zentralen Rechner (Computer). Steuerung von Zündung und Gemischzusammensetzung (Bosch Motronic 1979) und anderen Funktionen möglich.

Aus: Automobil Revue, Bern.

# Ingenieure und Biografien

**Agnelli, Giovanni (1866–1945), italienischer Unternehmer**
1899 Gründung der Fabrica Italiana Automobili Torino (FIAT) mit Carlo Biscaretti di Ruffia, 1899 erster Personenwagen, 1903 erster Lastwagen, ab 1905 Erweiterung FIATs zum Industriekonzern (Kugellager, Schiffbau, Flugzeugbau, Eisenwerke usw.) und Übernahme verschiedener Autowerke.

**Austin, Herbert (1866–1941), britischer Unternehmer**
1906 Gründung der Austin Motor Co., 1922 (–38) Produktion des Austin Seven (erster Großserienwagen in England) mit Lizenznehmern in Deutschland, Frankreich, USA.

**Bánki, Donát (1859–1922), ungarischer Ingenieur**
Professor an der TH Budapest. Bedeutende Beiträge zur Entwicklung von Wasser- und Dampfturbinen, von Gasmaschinen und der Anlage von Ferngasleitungen und Wasserkraftwerken. Erfindung des Spritzdüsenvergasers für Automobile.

**Barény, Béla (geb. 1907), österreichischer Ingenieur**
Studium am Wiener Technikum, Tätigkeiten bei Steyr, Adler und in England, 1939–74 Leiter der Abt. Vorentwicklung bei Daimler-Benz, zahllose Patente und grundlegende Arbeiten über passive und aktive Sicherheit im Automobilbau.

**Benz, Karl (1844–1929), deutscher Ingenieur und Unternehmer**
1864–70 Lehrzeit, Selbststudium und Tätigkeit als Konstrukteur, 1871 Gründung eines Geschäfts für technische Artikel, 1877 Versuche zum Bau einer Zweitakt-Gasmaschine, 1883 Gründung der Benz & Co., Rheinische Gasmotoren-Fabrik in Mannheim, 1886 erste Ausfahrt des Benz-Motorwagens, 1903 Austritt aus der Rheinischen-Gasmotoren-Fabrik und Gründung (1905) der Fa. C. Benz & Söhne in Ladenburg.

**Bosch, Robert August (1861–1942), deutscher Unternehmer**
1886 Gründung einer Werkstatt für Elektroteile, 1887 Herstellung von Magnetzündern und Entwicklung weiterer Zündvorrichtungen, 1900 Übergang von handwerklicher auf industrielle Fertigung, 1906 Einführung der achtstündigen Arbeitszeit, 1940 Eröffnung des Robert-Bosch-Krankenhauses.

**Chrysler, Walter P. (1875–1940), amerikanischer Ingenieur und Unternehmer**
1920 Gründung der Chrysler Corp. nach Tätigkeit bei Eisenbahngesellschaften, General Motors und Willys-Overland, 1924 erstes Chrysler-Auto, 1928 Übernahme von Dodge und Einführung zweier neuer Marken (Plymouth, De Soto), 1934 Stromlinienwagen (Airflow).

**Cugnot, Nicolas Joseph (1725–1804), französischer Ingenieur**
Ausbildung in Deutschland, Beschäftigung mit Jakob Leupolds Werken über die Maschinenbautechnik, Veröffentlichungen über Festungsbau und Kriegstechnik in Paris, 1769 Bau eines Versuchs-Dampfwagens, 1771 Fertigstellung eines Lastkarrens (fardier) für Kriegszwecke.

**Daimler, Gottlieb Wilhelm (1834–1900), deutscher Maschinenbau-Ingenieur und Unternehmer**
1853–59 Lehrzeit und Besuch der Polytechnischen Schule in Stuttgart, 1861–72 Praktikant in England und Tätigkeit in verschiedenen deutschen Maschinenfabriken, 1872–82 Technischer Leiter der Gasmotoren-Fabrik Deutz, 1882–89 Versuchswerkstatt in Cannstatt, Konstruktion (Maybach) und Bau von Ottomotoren für Fahrzeuge, 1890 Gründung der Daimler-Motoren-Gesellschaft DMG, 1895 Mitglied des Aufsichtsrats der DMG.

**Daimler, Paul (1869–1945), deutscher Ingenieur**
Sohn Gottlieb Daimlers, 1897–1902 Technischer Leiter der Daimler-Motoren-Gesellschaft DMG (1899 PD-Kleinwagen), 1902–05 Technischer Direktor bei der Österreichischen Daimler-Motoren-KG, 1905–22 Konstruktion von Kraftfahrzeug-, Luftschiff-, Flugzeug- und U-Boot-Motoren bei der DMG, 1922–28 Technische Leitung der Horch-Werke, 1929–45 beratender Ingenieur.

**Diesel, Rudolf (1858–1913), deutscher Ingenieur**
1875–1880 Polytechnikum München, 1881 Leiter der Gesellschaft für Linde's Eismaschinen in Paris und Konstruktion eines Ammoniakmotors, 1890 Leiter von Linde's in Berlin und Beginn der Arbeiten an einem Verbrennungsmotor (später Dieselmotor), 1892 Patent 67 207, 1893 Buch «Theorie und Konstruktion eines rationellen Wärmemotors», ab 1893 Bau von Diesel-Versuchsmotoren.

**Dunlop, John Boyd (1840–1921), britischer Tierarzt und Erfinder**
1888 Wiedererfindung des Luftreifens (zunächst für Fahrräder), 1889 Gründung der Dunlop Rubber Co. Ltd. in London, 1893 Dunlop Gummi Co. in Hanau/Main, 1894 Luftreifen für Autos mit Drahtwulst.

**Durant, William C. (1861–1947), amerikanischer Unternehmer**
1908 Gründung von General Motors, 1911 von Chevrolet, 1921 Zusammenschluß einiger Autowerke zum Autokonzern Durant Motors Inc. (bis 1932).

**Ford, Henry (1863–1947), amerikanischer Ingenieur und Industrieller**
1892 erster Motorwagen, 1903 Gründung der Ford Motor Co., 1913 Einführung des Fließbandes im Automobilbau, 1936 Gründung der Ford-Foundation (Stiftung zur Förderung des Erziehungs- und Ausbildungswesens).

**Guericke, Otto von (1602–1686), deutscher Naturforscher**
1656 Konstruktion der ‹Magdeburger Halbkugeln› zur Demonstration der Größe des Luftdrucks, 1661 Nachweis des Arbeitsvermögens eines Kolbens, der durch den äußeren Luftdruck in einen evakuierten Zylinder hineingetrieben wird.

**Huygens, Christiaan (1629–1695), holländischer Physiker, Mathematiker und Astronom**
1673 Bau einer Schießpulvermaschine. Wahrscheinlichkeitsrechnung, Zeitmessung, Gesetz des Stoßes, Statik, Hydrostatik, Gravitation.

**Jaray, Paul (1889–1974), österreichischer Ingenieur**
ab 1912 Entwürfe von Wasserflugzeugen und Luftschiffen, 1920 wissenschaftliche Untersuchungen zur Aerodynamik an Kraftfahrzeugen und erste Patente (1921), ab 1922 Stromlinienautos nach Jaray-Patenten.

**Ledwinka, Hans (1878–1967), österreichischer Konstrukteur**
1897–1902 Konstrukteur bei der Nesselsdorfer-Wagenbau-Fabriks-Gesellschaft, 1902–05 Dampfwagenbau, 1905 Technischer Leiter bei der Nesselsdorfer, 1917–21 Chefkonstrukteur bei Steyr, 1921–45 Technischer Direktor bei Nesselsdorfer/Tatra (Konstruktionen von PKW und LKW mit Zentralrohrrahmen und luftgekühlten Motoren, Tatra-Stromlinienwagen mit Pontonkarosserien).

**Lenoir, Jean Joseph Étienne (1822–1900), belgischer Mechaniker**
1860 Bau des ersten betriebsfähigen Gasmotors, 1862 Einbau in ein Straßenfahrzeug, 1866 in ein Boot. Emailliertechnik, Eisenbahnsignalsystem, elektrische Bremse.

**Marcus, Siegfried (1831–1898), deutscher Mechaniker und Erfinder**
ab 1860 zahlreiche Erfindungen, darunter 1864 magnetelektrischer Zündinduktor (›Wiener Zünder‹) für die Sprengtechnik, 1870 Konstruktion eines Benzinmotors für Handwagen, 1882 Bürstenvergaser mit Vorwärmung, 1883 magnetelektrische Zündung, 1888 2. Marcus-Wagen mit Viertakt-Benzinmotor.

**Maybach, Wilhelm (1846–1929), deutscher Konstrukteur und Unternehmer**
1861–72 Lehrzeit mit Selbststudium und Tätigkeit als Konstrukteur, ab 1869 engster Mitarbeiter von Daimler, 1872–82 Chef der Konstruktionsabteilung der Gasmotoren-Fabrik-Deutz, 1882–89 Konstruktion von Fahrzeugmotoren in der Daimlerschen Versuchswerkstatt in Cannstatt, 1890–1907 Daimler-Motoren-Gesellschaft, 1909 Gründung der Luftfahrzeug-Motoren GmbH Bissingen mit Sohn Karl und Graf Zeppelin.

**Otto, Nikolaus August (1832–1891), deutscher Kaufmann und Erfinder**
1860–62 Weiterentwicklung des Gasmotors von Lenoir, 1862–67 Konstruktion und Bau von atmosphärischen Gasmaschinen, 1864 Gründung der Firma N. A. Otto & Cie. mit Eugen Langen (ab 1872 Gasmotoren-Fabrik Deutz, später Klöckner-Humboldt-Deutz AG), 1876 Erfindung des Viertaktmotors, 1884 Entwicklung der magnetelektrischen Abreißzündung.

**Papin, Denis (1647–1712/14), französischer Naturforscher**
1688 Bau einer Schießpulvermaschine in Hessen, 1690 Bau einer atmosphärischen Dampfmaschine in Hessen, 1706 direktwirkende Dampfpumpe. 1681 Erfindung des Dampfkochtopfs mit druckdichtem Deckel und Sicherheitsventil (Papinscher Topf).

**Porsche, Ferdinand (1875–1951), österreichischer Konstrukteur und Unternehmer**
1900 Lohner-Porsche-Elektromobil, 1906–23 Österreichische Daimler-Motoren KG (Flugmotoren, Heereszugmaschinen, Sportwagen), 1923–29 Daimler-Motoren-Gesellschaft/Daimler-Benz AG Stuttgart, 1929–30 Steyr Werke, 1931–44 Konstruktionsbüro Porsche in Stuttgart (Konstruktion des Auto Union-Rennwagens 1934, des KdF-Wagens/Volkswagens 1935 u. a.), 1945 Bau von Porsche Sportwagen in Gmünd/Österreich und Stuttgart (ab 1950).

**Renault, Louis (1877–1944), französischer Mechaniker und Unternehmer**
1898 erster Renault-Wagen, 1899 Gründung der Société Renault Frères, ab 1900 Beteiligungen an Straßenrennen, 1907 Flugmotorenbau, Ausbau zu einem der größten französischen Autowerke.

**Rumpler, Edmund (1872–1940), österreichischer Konstrukteur und Unternehmer**
bis 1907 Konstrukteur in der Autoindustrie (Nesselsdorfer, Daimler-Marienfelde, Adler), 1908 Gründung der Rumpler Luftfahrzeugbau GmbH, (Rumpler-Taube u. a.), 1921 Rumpler-Tropfenwagen, frontgetriebene Lastwagen und Absorptions-Kältemaschinen, ab 1933 USA.

**Vollmer, Joseph (1871–1955), deutscher Konstrukteur und Unternehmer**
1894–98 Bergmann Industriewerke Gaggenau (Konstruktion des 5 PS ‹Orient-Express›), 1898–1902 Kühlstein-Wagenbau (E- und Benzinautos, Lastwagen, Vorspann-Aggregate), 1902–06 NAG (PKW und DURCH-Lastzug), 1906–36 eigene Deutsche Automobil-Constructions-GmbH DAC (Benzin- und Dieselmotoren, Kraft- und Militärfahrzeuge aller Art: 1916 Tank A7V, 1917/18 leichte Kampfwagen, 1919 Raupenschlepper für Hanomag, Podeus, Dinos).

**Wankel, Felix (geb. 1902), deutscher Autodidakt und Erfinder**
seit 1924 Beschäftigung mit Rotationskolbenmaschinen, 1936 Wankel-Versuchswerkstatt in Lindau und Entwicklung von Drehschieber-, Walzen- und Scheibensteuerungen sowie von neuartigen Dichtteilen, 1951 Zusammenarbeit mit NSU, 1954 Patent Drehkolbenmotor, 1957 erster Wankel-Drehkolben-Versuchsmotor (NSU), 1964 erstes Serienauto mit Wankel-Kreiskolbenmotor (NSU Spider).

**Watt, James (1736–1819), schottischer Mechaniker und Erfinder**
1763/64 Versuche an Newcomen-Dampfmaschinen, 1769 Patent 913 auf einfachwirkende Dampfmaschine, 1773 geschäftliche Verbindung mit Matthew Boulton, 1774 erste von Boulton & Watt hergestellte Dampfmaschine im Betrieb, 1782 Patenterteilung auf doppeltwirkende Dampfmaschine, 1784 Patent auf Parallelogramm-Konstruktion.

# Literatur

ADAC: Technisches ADAC-Jahrbuch 1933–34
  München 1934
Automobile Quarterly: The American Car Since 1775
  New York 1971
Benz, Carl: Lebensfahrt eines deutschen Erfinders
Erinnerungen eines Achtzigjährigen
  Leipzig 1925
Benz & Cie: Die Benz-Wagen
  Neustadt a. d. Haardt, 1911
Biscaretti di Ruffia, Rodolfo: Il Museo dell'Automobile Torino
  Turin 1966
Bloomfield, Gerald: The World Automotive Industry
  Newton Abbot 1978
Robert Bosch GmbH: Kraftfahrtechnisches Taschenbuch
  Stuttgart 1966
Bröhl, H. P.: Paul Jaray, Stromlinienpionier
  Bern ca. 1977
Brunswig, Hans: Feuerwehrfahrzeuge
  Hannover 1957
Buschmann H./Koessler P.: Taschenbuch für den Kraftfahrzeug-Ingenieur
  Stuttgart 1963 und 1973
Caunter, C. F.: The Light Car
  London 1970
Ceram, C. W.: Götter, Gräber und Gelehrte
  Hamburg 1949
Clymer, Floyd: Those Wonderful Old Automobiles
  New York 1953
Conservatoire National des Arts et Métiers: Transports sur Route
  Paris 1953
Conservatoire National des Arts et Métiers: La Voiture à Vapeur de Cugnot
  Paris 1956
Crowley, T. E.: Discovering Old Motor Cycles
  Aylesburg 1973
Daimler-Benz AG: 75 Jahre Nutzfahrzeug-Entwicklung 1896–1971
  Stuttgart 1971
Daimler-Benz AG: Chronik – Mercedes-Benz Fahrzeuge u. Motoren
  Stuttgart 1972/73
Daimler-Motoren-Gesellschaft: Zum 25jährigen Bestehen der DMG
  Stuttgart 1915
DDAC: Das Technische DDAC Jahrbuch 1938
  Frankfurt/M. 1938
Deutscher Automobil Club: Gordon Bennet Führer 1904
  München 1904
Deutscher Normenausschuß: Fakra-Handbuch 1958
  Frankfurt/M. 1958

Diesel, Eugen: Die Geschichte des Diesel-Personenwagens
Stuttgart 1955
Diesel, Eugen, G. Goldbeck u. F. Schildberger: Vom Motor zum Auto
Stuttgart 1957
Fersen, Hans-Heinrich von: Autos in Deutschland 1885–1920
Stuttgart 1965
Ford, Henry: Mein Leben und Werk
Leipzig 1925
Georgano, G. N.: The Complete Encyclopaedia of Motorcars
1885–1968
London 1968
Georgano, G. N.: The Complete Encyclopaedia of Commercial Vehicles
Osceola/Wisconsin 1979
Ginzrot, Johann Christian: Die Wägen und Fahrwerke der Griechen und Römer und
anderer alter Völker, I und II
München 1817
Goldbeck, G.: Siegfried Marcus
Düsseldorf 1961
Hansen, Georg: Steinöl und Brunnenfeuer
Kassel 1975
Kirchberg, Peter: PS-Veteranen
Berlin 1965
Klemm, Friedrich: Kurze Geschichte der Technik
Freiburg 1961
Klemm, F./Roosen, R./Treue, W.: 200 Jahre industrielle Revolution
München 1969
Klemm, Friedrich: Die alte Technik in Bilddokumenten
München 1977
Koenig-Fachsenfeld, Reinhard: Aerodynamik des Kraftfahrzeugs
Frankfurt 1951
Koeppen, Hans: Im Auto um die Welt
Berlin 1908
Kraft, K.-Fr.: Die Kraftübertragung an Daimlers Stahlradwagen aus dem Jahr 1889
Stuttgart 1965
Krüger, R.: Tanks
Berlin 1921
Kühner, Kurt: Geschichtliches zum Fahrzeugantrieb
Friedrichshafen 1965
Lehr, Wilhelm: Kleine Chronik der Motorenzündung
Stuttgart 1966
Mayer-Larsen, Werner: Der Untergang des Unternehmers
München 1978
Mayer-Larsen, Werner: Auto-Großmacht Japan
Reinbek 1980
Meyer: Meyers Enzyklopädisches Lexikon
Mannheim 1974
Nehring, Walter K.: Die Geschichte der deutschen Panzerwaffe
Frankfurt/M. 1969

O'Brien, Robert: Die Maschinen
Reinbek 1970

Oertel, Walter: Der Motor in Kriegsdiensten
Küster's Autotechnische Bibliothek
Leipzig 1906

Oswald, Werner: Kraftfahrzeuge und Panzer der Reichswehr, Wehrmacht und Bundeswehr
Stuttgart 1973

Otzen, Robert: Die Autostraße Hamburg–Frankfurt–Basel
Hannover ca. 1927

Posthumus, Cyril: Die ersten Autos
München 1976

Reichardt, Hans: Berliner Omnibusse
Düsseldorf 1975

Reismann, Otto: Reichsautobahnen
Frankfurt/M. 1935

Richard, Yves: Renault 1898–1965
Paris 1965

Rosemann, E./Demand, C.: Das große Rennen
Frankfurt 1955

Royal Armoured Corps Tank Museum: Tanks of other Nations: Germany
Dorchester 1969

Royal Armoured Corps Tank Museum: Illustrated Record of British Tanks
Dorchester 1971

Sass, Friedrich: Geschichte des deutschen Verbrennungsmotorenbaues
Berlin 1962

Scheel, J. D.: Berühmte Autos
Kopenhagen 1962

Schildberger, Friedrich: Bosch und die Zündung
Stuttgart 1952

Schildberger, Friedrich: Entwicklungsrichtungen der Daimler- und Benz-Arbeit bis um die Jahrhundertwende
Stuttgart ca. 1962

Schildberger, Friedrich: Daimler und Benz auf der Pariser Weltausstellung 1889
Stuttgart 1964

Schildberger, Friedrich: Gottlieb Daimler, Wilhelm Maybach und Karl Benz
Stuttgart 1968

Schmid, Ernest: Automobiles Suisses
Château de Grandson 1967

Schuricht, Walter: Das Motorrad und seine Behandlung
Küster's Autotechnische Bibliothek
Berlin 1907

Schuster, George: The Longest Auto Race
New York 1966

Science Museum: Steam Road Vehicles
London 1953

Science Museum: Carriages
London 1970

Sedgwick, Michael: Cars of the 1930s
    London 1970
Sedgwick, Michael: FIAT
    London 1974
Seherr-Toss, H. C. Graf von: Die Deutsche Automobilindustrie
    Stuttgart 1974
Seper, Hans: Damals als die Pferde scheuten
    Wien 1968
Seper, Hans: Siegfried Marcus und seine Verbrennungsmotoren
    Wien 1974
Spielberger, Walter: Hanomag Sd. Kfz 251/1
    Armour in Profile
    Surrey o. J.
Stern, Horst: Rettet den Wald
    München 1979
Tarr, László: Karren, Kutsche, Karosse
    München 1970
Treue, Wilhelm: Achse, Rad und Wagen
        München 1965
Vanderveen, Bart H.: M. 3 Half Track APC
    Armour in Profile
    Surrey o. J.
Vanderveen, Bart H.: Tanks and Transport Vehicles World War II
    London/New York 1974
Wankel, Felix: Einteilung der Rotationskolbenmaschinen
    Stuttgart 1963
Weymann, Werner: Untersuchungen des Gaswechsels und der Leistung an histori-
    schen Daimler-Motoren aus den Jahren 1885/86 und 1889
    Stuttgart 1961
Wherry, Joseph H.: Automobiles of the World
    New York 1968
Wise, David Burgess: The Motor Car
    London 1977


**Periodika verschiedener Jahrgänge.**
ADAC-Motorwelt, München
Allgemeine Automobil Zeitung, Berlin
Automobil + Motorrad Chronik, München
Automobile Quarterly, New York/NY
Automobil Revue, Bern
Automobil Revue Katalog, Bern
Auto Motor Sport, Stuttgart
Autotechnische Zeitschrift, Stuttgart
Cars & Parts, Sidney/Ohio
Deutsche Fahrzeug-Technik, Gera
Handelsblatt, Düsseldorf
Motor-Jahr, Berlin-Ost

Motor-Kritik, Darmstadt
Motor Rundschau, Frankfurt/M
Motor Schau, Berlin
Motortechnische Zeitschrift, Stuttgart
Neue Kraftfahrer Zeitung, Stuttgart
Old Motor, London
Special Interest Auto, Stockton/Cal.
Spiegel, Hamburg
Süddeutsche Zeitung, München
Tatsachen + Zahlen RDA/VDA, Frankfurt/M
Thoroughbred & Classic Cars, London
Veteran & Vintage Magazine, London
Wehrpolitische Rundschau, Karlsruhe
Firmenzeitschriften
Unterlagen des Verfassers

# Personen- und Sachregister

Seitenzahlen mit * beziehen sich auf Begriffe, die im Abschnitt «Wort- und Begriffser-
klärungen» näher erläutert werden.

248

# Bildquellen

1 Kupferstich – um 1600. Foto: Deutsches Museum München, Bildstelle

2 Muskelkraftwagen – 1765. Sammlungen des Deutschen Museums, Fachgebiet Landverkehr. Foto: DM München, Bildstelle

3 Sumerisches Vollrad – um 3500 v. Chr. (Nachbildung). Sammlungen des Deutschen Museums, Fachgebiet Landverkehr. Foto: DM München, Bildstelle

4 Standarte von Ur – um 2750 v. Chr. (Rückseite). Hier aus C. L. Woolley: Ur und die Sintflut. Sieben Jahre Ausgrabungen in Chaldäa, der Heimat Abrahams. Leipzig 1931. Taf. 19 (Ausschnitt)

5 Kupferstich von C. Schleich aus J. Chr. Ginzrot: Die Wägen und Fahrwerke der Griechen und Römer und anderer alten Völker ... München 1817. Taf. I. A., Fig. 9 (bei S. 26)

6 Kupferstich von C. Schleich aus J. Chr. Ginzrot: Die Wägen und Fahrwerke der Griechen und Römer und anderer alten Völker ... München 1817. Taf. III., Fig. 3 (bei S. 40)

7 Kupferstich von C. Schleich aus J. Chr. Ginzrot: Die Wägen und Fahrwerke der Griechen und Römer und anderer alten Völker ... München 1817. Taf. III., Fig. 4 (bei S. 40)

8 Zeichnung nach einem in Kalkstein versenkten Relief aus dem großen Säulensaal in Rammesseum bei Luxor – um 1290 v. Chr.
Hier aus W. Wreszinski: Atlas zur altägyptischen Kulturgeschichte. Tl. 2., Bd. 2, Leipzig 1935. Taf. 109

9 Kupferstich von N. Seitz aus J. Chr. Ginzrot: Die Wägen und Fahrwerke der Griechen und Römer und anderer alten Völker ... München 1817. Taf. V., Fig. 2 (bei S. 110)

10 Kupferstich von C. Schleich aus J. Chr. Ginzrot: Die Wägen und Fahrwerke der Griechen und Römer und anderer alten Völker ... München 1817. Taf. XXI., Fig. 2 (bei S. 294)

11 Berline – 1830. Sammlungen des Deutschen Museums, Fachgebiet Landverkehr. Foto: DM München, Bildstelle

12 Technische Zeichnung aus: Deutsche Fahrzeug-Technik. Hf. 6. Gera 1919. S. 143 (Ausschnitt)

13 Technische Zeichnung aus: Deutsche Fahrzeug-Technik. Hf. 6. Gera 1919. S. 138

14 Coupé – um 1890. Sammlungen des Deutschen Museums, Fachgebiet Landverkehr. Foto: DM München, Bildstelle

15 Skizze von Chr. Huygens – 1673. Hier aus Chr. Huygens: Œuvres complètes. Bd. 7. La Haye 1897. S. 356

16 Zeichnung von J. Watt für sein Dampfmaschinenpatent – 1769. Hier aus H. W. Dickinson: James Watt and the steam engine. Oxford 1927. Taf. 14

17 Stahlstich von U. Parent nach Midderich aus L. Figuier: Les merveilles de la science. Bd. 1. Paris um 1870. Abb. 123, S. 265

18 Technische Zeichnung aus K. Kühner: Geschichtliches zum Fahrzeugantrieb. Friedrichshafen, Zahnradfabrik Friedrichshafen AG 1965. Abb. 8, S. 15

19 Stahlstich von U. Parent (nach einem englischen Stich – um 1802) aus L. Figuier: Les merveilles de la science. Bd. 1. Paris um 1870. Abb. 124, S. 268

20 Stahlstich – um 1833. Hier aus B. Saunier, Ch. Dollfus u. E. de Geoffroy: Histoire de la locomotion terrestre. Bd. 2. Paris, L'Illustration 1936. S. 229

21 Zeichnung von I. de Rivas – 1807. Französische Patentschrift No. 731

22 Technische Zeichnung aus Fr. Sass: Geschichte des deutschen Verbrennungsmotorenbaues von 1860–1918. Berlin, Göttingen, Heidelberg, Springer Verlag 1962. Abb. 5, S. 11

23 Stahlstich aus: Le monde illustré. Paris, Juni 1860

24 Stahlstich aus: Prospekt No. 100. Gasmotoren. Otto's neuer Motor. Deutz 1893. S. 9

25 Technische Zeichnung von W. Maybach (1885) aus Fr. Sass: Geschichte des deutschen Verbrennungsmotorenbaues von 1860–1918. Berlin, Göttingen, Heidelberg, Springer Verlag 1962. Abb. 44, S. 98

26 Technische Zeichnung aus: Patentschrift No. 36423. Berlin, Kaiserliches Patentamt 29. 8. 1885. Blatt 1, Fig. 1

27 Foto: Deutsches Museum München, Bildstelle

28 Technische Zeichnung (1884) aus Fr. Sass: Geschichte des deutschen Verbrennungsmotorenbaues von 1860–1918. Berlin, Göttingen, Heidelberg, Springer Verlag 1962. Abb. 53, S. 115

29 Foto: Daimler-Benz AG, Stuttgart

30 Stahlradwagen – 1889. Sammlungen des Deutschen Museums, Fachgebiet Landverkehr. Foto: DM München, Bildstelle

31 Technische Zeichnung (1889) aus Fr. Sass: Geschichte des deutschen Verbrennungsmotorenbaues von 1860–1918. Berlin, Göttingen, Heidelberg, Springer Verlag 1962. Abb. 86, S. 174

32 Foto: Deutsches Museum München, Bildstelle

33 Foto: Deutsches Museum München, Bildstelle

34 Zeichnung von C. Demand aus E. Rosemann u. C. Demand: Das große Rennen. Die Entwicklung des Automobil-Rennsports. Frankfurt a. M., Nest Verlag 1955. Abb. 2

35 Foto: Deutsches Museum München, Bildstelle

36 Foto aus B. Saunier, Ch. Dollfus u. E. de Geoffroy: Histoire de la locomotion terrestre. Bd. 2. Paris, L'Illustration 1936. S. 294

37 Foto: Deutsches Museum München, Bildstelle

38 Zeichnung von W. Goetze aus H. Hauser: Opel, ein deutsches Tor zur Welt. Frankfurt a. M., Verlag Hauserpresse 1937. S. 97

39 Foto: Dr. Hans Seper, Wien

40 Foto: Technisches Museum, Wien

41 Marcus-Wagen, 1888. Sammlungen des Technischen Museums, Wien. Foto: TM Wien

42 Titelblatt der Zeitschrift: The mechanic – Juli 1834. Hier aus Gr. u. D. Bathe: Oliver Evans. A chronicle of early american engineering. Philadelphia, The Historical society of Pennsylvania 1935. Taf. 24

43 Technische Zeichnung aus der amerikanischen Patentschrift No. 549, 160 – November 1895. Fig. 1

44 Zeichnung von C. Demand aus E. Rosemann u. C. Demand: Das große Rennen. Die Entwicklung des Automobil-Rennsports. Frankfurt a. M., Nest Verlag 1955. Abb. 4

45 Foto: Deutsches Museum München, Bildstelle

46 Foto: Deutsches Museum München, Bildstelle

47 Foto: Deutsches Museum München, Bildstelle

48 Dampfwagen – 1900. Sammlungen des Deutschen Museums, Fachgebiet Landverkehr. Foto: DM München, Bildstelle

49 Archiv Erik Eckermann, Seeshaupt

50 Anzeige aus: Western Motor Car. Nr. 12, Vol. 1, 1909. S. 25. Archiv Erik Eckermann, Seeshaupt

51 Archiv Erik Eckermann, Seeshaupt

52 Anzeige aus: Western Motor Car. Nr. 12, Vol. 1, 1909. S. 84. Archiv Erik Eckermann, Seeshaupt

53 Archiv Erik Eckermann, Seeshaupt

54 Archiv Erik Eckermann, Seeshaupt

55 Technische Zeichnung aus Fl. Clymer: Those wonderful old automobiles. New York, Toronto, London, McGraw-Hill Book Company, Inc., 1953. S. 41

56 Swift – 1912. Danmarks tekniske Museums udstilling i Helsingør. Foto: Dansk Diavision

57 Zeichnungen von Gerhard Preschl, Unterhaching

58 Foto: Deutsches Museum München, Bildstelle

59 Daimler-Benz Archiv, Stuttgart

60 Archiv Erik Eckermann, Seeshaupt

61 Verkaufsprospekt der Daimler-Motoren-Gesellschaft Cannstatt 1897

62 Internationaler Verkaufsprospekt der Firma Benz & Co., Rheinische Gasmotorenfabrik. Mannheim, Januar 1899. S. 14

63 Anzeige aus: Allgemeine Automobil Zeitung. Jg. 4. Berlin 1905. Hf. 32, S. 102

64 Foto: Deutsches Museum München, Bildstelle

65 Verkaufsprospekt der Firma Müllerzug, Berlin. Plansammlung des Deutschen Museums München, Firmenschriften

66 Foto: Deutsches Museum München, Bildstelle

67 Foto: Daimler-Benz AG, Stuttgart

68 Foto aus B. Saunier, Ch. Dollfus u. E. de Geoffroy: Histoire de la locomotion terrestre. Bd. 2. Paris, L'Illustration 1936. S. 370

69 Anzeige aus: Motor. Berlin 1916. Hf. Mai/Juni, S. 159

70 Foto: Werner Oswald, Deisenhofen

71 Zeichnung von K. Albrecht aus: Illustrirte Zeitung. Bd. 150. Leipzig 1918. Nr. 3889, S. 35

72 Foto: Deutsches Museum München, Bildstelle

73 Zeichnung von L. Fauret aus: J'ai vu – 1914. Archiv Renault, Paris

74 Technische Zeichnung aus: Automobiltechnische Zeitschrift. Jg. 35. Berlin 1932. Hf. 7, S. 169

75 Foto: Citroën AG, Paris

76 Zeichnung von W. Goetze aus H. Hauser: Opel, ein deutsches Tor zur Welt. Frankfurt a. M., Verlag Hauserpresse 1937. S. 167

77 Foto: Erik Eckermann, Seeshaupt

78 Foto: Deutsches Museum München, Bildstelle

79 Archiv Erik Eckermann, Seeshaupt

80 Archiv Ralf Kieselbach, München

81 Anzeige aus: Motor. Berlin 1922. Hf. Juli/August, S. 177

82 Archiv Erik Eckermann, Seeshaupt

83 Foto: Deutsches Museum München, Bildstelle

84 Zeichnung von C. Demand aus E. Rosemann u. C. Demand: Das große Rennen. Die Entwicklung des Automobil-Rennsports. Frankfurt a. M., Nest Verlag 1955. Abb. 44

85 Foto: Volkswagen AG, Wolfsburg

86 Archiv Erik Eckermann, Seeshaupt

87 Archiv H. P. Bröhl, Bern

88 Tatra 11–1923. Sammlungen des Deutschen Museums, Fachgebiet Landverkehr. Foto: DM München, Bildstelle

89 Zeichnung aus: Motor, Berlin 1921. Hf. September/Oktober, S. 287

90 Archiv Erik Eckermann, Seeshaupt

91 Dieselmotor – 1897. Sammlungen des Deutschen Museums, Fachgebiet Landverkehr. Foto: DM München, Bildstelle

92 Dieselmotor – 1907/10. Foto: Deutsches Museum München, Bildstelle

93 Foto: Deutsches Museum München, Bildstelle

94 Archiv Erik Eckermann, Seeshaupt

95 Foto: Deutsches Museum München, Bildstelle

96 Archiv H. O. Neubauer, Hamburg

97 Archiv Erik Eckermann, Seeshaupt

98 Foto: Cummins Engine Co., Columbus, Indiana/USA

99 Foto: Ford AG, Köln

100 Nach einer technischen Zeichnung von Dr.-Ing. Johannes Loomann, Friedrichshaven. Hier aus: Automobil Revue, Jg. 65. Bern 1970. Hf. 3, S. 35, Abb. 7 u. 8.

101 Zeichnung aus H. Hauser: Opel, ein deutsches Tor zur Welt. Frankfurt a. M., Verlag Hauserpresse 1937. S. 206/207

102 Archiv Erik Eckermann, Seeshaupt

103 Archiv Erik Eckermann, Seeshaupt

104 Foto: Deutsches Museum München, Bildstelle

105 Zeichnung von C. Demand aus E. Rosemann u. C. Demand: Das große Rennen. Die Entwicklung des Automobil-Rennsports. Frankfurt a. M., Nest Verlag 1955. Abb. 86

106 Zeichnung von C. Demand aus E. Rosemann u. C. Demand: Das große Rennen. Die Entwicklung des Automobil-Rennsports. Frankfurt a. M., Nest-Verlag 1955. Abb. 64

107 Anzeige aus: Motor-Schau, Jg. 3. Berlin 1939. Hf. 4, S. 391

108 Foto: Deutsches Museum München, Bildstelle

109 Technische Zeichnung aus: Motor-Schau, Jg. 3. Berlin 1939. Hf. 4, S. 302

110 Foto: Deutsches Museum München, Bildstelle

111 Foto: Erik Eckermann, Seeshaupt

112 Zeichnung aus: Steyr aktuell, vom 3. 4. 1974, S. 26. Archiv Erik Eckermann, Seeshaupt

113 Archiv Erik Eckermann, Seeshaupt

114 KdF-Wagen – 1939. Archiv Erik Eckermann, Seeshaupt

115 Foto aus: Motor-Schau, Jg. 5. Berlin 1941. Hf. 7, S. 589

116 Foto aus: Motor-Schau, Jg. 3. Berlin 1939. Hf. 6, S. 429

117 Foto aus: Motor-Schau. Jg. 8. Berlin 1944. Vierteljahresheft April–Juni. S. 58

118 Technische Zeichnungen von Russell von Sauers (The Graphic Automobile Studio). Hier aus: Special interest autos. Bennington 1975. Nr. 31, S. 31

119 Foto aus: War departement technical manual. Washington 1944. S. 8

120 Foto aus: Motor-Schau, Jg. 5. Berlin 1941. Hf. 4, S. 375

121 Foto: Citroën AG, Paris

122 Archiv Erik Eckermann, Seeshaupt

123 Foto: Fiat AG, Turin

124 Archiv Erik Eckermann, Seeshaupt

125 Foto: Citroën AG, Paris

126 Foto: British Leyland, Birmingham

127 Anzeige aus Automobil Revue – Katalog. Bern 1956. S. 195

128 Foto: Borgward, Bremen

129 Foto: Volkswagen AG, Wolfsburg

130 Foto: Hans Glas, Dingolfing

131 Archiv Erik Eckermann, Seeshaupt

132 Foto: Mercedes Benz, Fotodienst. Technische Zeichnung aus: Special Interest Autos. Bennington 1972. Nr. 52, S. 38

133 Foto: Mercedes Benz, Fotodienst

134 Foto: Erik Eckermann, Seeshaupt

134a Foto: Volkswagen AG, Wolfsburg

135 Foto: Peter Lindner GmbH & Co. KG, Frankfurt a. M. – Rödelheim

136 Foto: Erik Eckermann, Seeshaupt

137 Technische Zeichnung von Th. Page aus: Automobil Revue, Jg. 55. Bern 1960. Hf. 11, S. 19

138 Archiv Erik Eckermann, Seeshaupt

139 Foto: Mercedes Benz, Fotodienst

140 Technische Zeichnung: Honda, Tokio

141 Foto: Mitsubishi, Tokio

142 Foto: Erik Eckermann, Seeshaupt

143 Technische Zeichnung aus: Automobil Revue, Jg. 74. Bern 1979. Hf. 44, S. 37

144 Archiv Erik Eckermann, Seeshaupt

145 Archiv Erik Eckermann, Seeshaupt

146 Foto: NSU, Neckarsulm

147 Foto: NSU, Neckarsulm

148 Foto: Mazda, Hiroshima

149 Fünfspänniger Wagen – 1889. Sammlungen des Deutschen Museums, Fachgebiet Landverkehr. Foto: DM München, Bildstelle

# Bildquellen für Anhang

| | |
|---|---|
| Dampfmaschine | Meyers Enzyklopädisches Lexikon Mannheim 1972 Band 6 Seite 216 |
| Flammenzündung (hier: am Otto-Viertaktmotor 1876) | F. Schildberger: Bosch und die Zündung Stuttgart 1952 S. 33 |
| Glührohrzündung (ungesteuert) Maybach/Daimler 1885 | Schildberger S. 45 |
| Summerzündung Lenoir 1860 | Schildberger S. 28 |
| Summerzündung Benz 1885 | Schildberger S. 47 |
| Verbesserte Summerzündung | F. Sass: Geschichte des deutschen Verbrennungsmotorenbaues, Berlin, Göttingen, Heidelberg 1962, S. 264 |
| Magnetelektrische Niederspannungs-Abschnappzündung Otto 1884 | Schildberger S. 37 |
| Abreißzündung Bosch 1897 | Schildberger S. 57 |
| Hochspannungs-Magnetzündung Bosch 1902 | Schildberger S. 69 |
| Batteriezündung Bosch 1926 | Schildberger S. 105 |
| Elektronische Zündung | Automobil Revue Bern 28. 9. 78 (Test Citroën) |
| Schwimmervergaser Maybach 1885 | Sass S. 95 |
| Schwimmervergaser Benz 1886 (?) | Sass S. 123 |
| Gemischregelung Benz 1893 | Sass S. 262 |
| Maybach Spritzdüsenvergaser 1893 | Sass S. 194 |
| Maybach Röhrenkühler 1897 | Sass S. 236 |
| Carnot-Kreisprozeß | Sass S. 385 |
| Einspritzausrüstung für Dieselmotoren | Kraftfahrtechnisches Taschenbuch Bosch, Stuttgart 1965, S. 277 |